"十三五"示范性高职院校建设成果教材

工程招标投标与合同管理

主　编　赵兴军　于英慧

北京理工大学出版社
BEIJING INSTITUTE OF TECHNOLOGY PRESS

内容提要

本书突出职业教育特点，以最新工程招投标与合同管理等有关国家法律法规为依据，参照编者多年教学经验编写完成。全书共分4个项目17个任务，项目1为项目招标，包括6个任务：认识建筑市场、招标准备、规划招标程序、编制资格预审文件、编制招标文件、发售招标文件；项目2为项目招标，包括2个任务：招标前期工作、编制投标文件；项目3为开标、评标、定标，包括4个任务：开标前工作、开标、评标、定标；项目4为合同管理，包括5个任务：合同谈判、建设工程合同、建设工程施工合同、施工合同管理、其他工程合同。

本书可作为高等职业教育建筑工程技术、工程造价、建设工程管理等专业的教材，也可作为建设单位及施工企业相关工程人员的参考用书。

版权专有　侵权必究

图书在版编目(CIP)数据

工程招标投标与合同管理／赵兴军，于英慧主编．—北京：北京理工大学出版社，2017.1（2020.1重印）

ISBN 978-7-5682-3427-6

Ⅰ.①工… Ⅱ.①赵… ②于… Ⅲ.①建筑工程－招标－高等学校－教材 ②建筑工程－投标－高等学校－教材 ③建筑工程－经济合同－管理－高等学校－教材 Ⅳ.①TU723

中国版本图书馆CIP数据核字(2016)第288199号

出版发行 /	北京理工大学出版社有限责任公司
社　　址 /	北京市海淀区中关村南大街5号
邮　　编 /	100081
电　　话 /	（010）68914775（总编室）
	（010）82562903（教材售后服务热线）
	（010）68948351（其他图书服务热线）
网　　址 /	http://www.bitpress.com.cn
经　　销 /	全国各地新华书店
印　　刷 /	北京紫瑞利印刷有限公司
开　　本 /	787毫米×1092毫米　1/16
印　　张 /	17
字　　数 /	392千字
版　　次 /	2017年1月第1版　2020年1月第3次印刷
定　　价 /	48.00元

责任编辑／江　立
文案编辑／瞿义勇
责任校对／周瑞红
责任印制／边心超

图书出现印装质量问题，请拨打售后服务热线，本社负责调换

前 言

工程招标投标与合同管理工作在建筑企业经营管理的活动中有着举足轻重的作用，是建筑企业主要经营活动之一。"工程招标投标与合同管理"课程是工程造价专业的核心必修课程之一，其主要研究建设工程领域内招标投标与合同管理的相关问题。

本书以项目教学法为依托，贴合实际，以实际工程为载体，全面系统地论述招标投标与合同管理的相关知识，以使学生掌握招标投标与合同管理的相关概念、基本程序、工作内容，以及建设工程合同管理的基本原理和方法，具备组织项目招标投标、编制招标和投标文件、组织和参与项目开标、评标、定标及工程合同谈判管理的能力，使学生能够"零距离"上岗。

本书根据《中华人民共和国招标投标法》《中华人民共和国招标投标法实施条例》《中华人民共和国合同法》《建设工程施工合同（示范文本）》等法律法规，吸取国内优秀教材经验，借鉴最新研究成果，并结合编者多年教学实践心得编写。其中包括了建设项目招标、投标、开标、评标、定标、合同管理等内容，全书共包括17个任务，总学时60学时。

本书由赵兴军和于英慧担任主编，赵兴军负责任务1～任务10的编写工作，于英慧负责任务11～任务17的编写工作。

本书在编写过程中，修改、引用大量网络上的招标文件、资格预审文件等实例，在此表示感谢。

本书虽然经过多次修改，但是由于编者水平有限，书中存在的疏漏和不妥之处，敬请各位专家、教师和同学指正。

编 者

目　录

项目1　项目招标

任务1　认识建筑市场 ……………… 1
1.1　任务导读 ……………………… 1
1.1.1　任务描述 ………………… 1
1.1.2　任务目标 ………………… 1
1.2　理论基础 ……………………… 2
1.2.1　建筑市场 ………………… 2
1.2.2　建设工程交易中心 ……… 2
1.2.3　建筑市场的主体与客体 … 4
1.2.4　建筑市场的资质管理 …… 5
1.2.5　工程招标投标 …………… 9
1.2.6　招标投标法的法律效力 … 10
1.3　任务实施 ……………………… 13
1.4　任务评价 ……………………… 13
技能实训 …………………………… 13

任务2　招标准备 …………………… 16
2.1　任务导读 ……………………… 16
2.1.1　任务描述 ………………… 16
2.1.2　任务目标 ………………… 16
2.2　理论基础 ……………………… 16
2.2.1　建设工程项目程序 ……… 16
2.2.2　实行招标项目必须具备的条件 …… 17
2.2.3　建设工程项目的报建 …… 17
2.2.4　建设工程招标方式 ……… 17
2.2.5　建设单位招标应具备的条件 …… 18
2.2.6　招标范围 ………………… 19

2.2.7　建设工程招标的种类 …… 21
2.2.8　设立招标组织机构 ……… 23
2.2.9　标段划分与合同打包 …… 23
2.3　任务实施 ……………………… 24
2.4　任务评价 ……………………… 24
技能实训 …………………………… 25

任务3　规划招标程序 ……………… 27
3.1　任务导读 ……………………… 27
3.1.1　任务描述 ………………… 27
3.1.2　任务目标 ………………… 27
3.2　理论基础 ……………………… 27
3.3　任务实施 ……………………… 32
3.4　任务评价 ……………………… 32
技能实训 …………………………… 33

任务4　编制资格预审文件 ………… 35
4.1　任务导读 ……………………… 35
4.1.1　任务描述 ………………… 35
4.1.2　任务目标 ………………… 35
4.2　理论基础 ……………………… 35
4.2.1　资格审查分类 …………… 35
4.2.2　资格审查程序 …………… 36
4.2.3　资格审查方法 …………… 41
4.2.4　资格审查步骤 …………… 41
4.2.5　联合体资格预审 ………… 42
4.3　任务实施 ……………………… 43
4.4　任务评价 ……………………… 43

技能实训 ………………………………… 44

任务5　编制招标文件 ……………… **47**
　5.1　任务导读 ………………………… 63
　　5.1.1　任务描述 ……………………… 63
　　5.1.2　任务目标 ……………………… 63
　5.2　理论基础 ………………………… 64
　　5.2.1　招标文件的组成 ……………… 64
　　5.2.2　招标文件的作用 ……………… 64
　　5.2.3　招标文件的编制依据及原则 …… 64
　　5.2.4　招标文件的内容 ……………… 65
　　5.2.5　编制标底 ……………………… 70
　5.3　任务实施 ………………………… 71
　5.4　任务评价 ………………………… 71
　　技能实训 ……………………………… 72

任务6　发售招标文件 ……………… **75**
　6.1　任务导读 ………………………… 75
　　6.1.1　任务描述 ……………………… 75
　　6.1.2　任务目标 ……………………… 75
　6.2　理论基础 ………………………… 75
　　6.2.1　发售招标文件 ………………… 75
　　6.2.2　踏勘现场 ……………………… 75
　　6.2.3　召开投标预备会 ……………… 76
　6.3　任务实施 ………………………… 77
　6.4　任务评价 ………………………… 77
　　技能实训 ……………………………… 77

项目2　项目投标

任务7　投标前期工作 ……………… **79**
　7.1　任务导读 ………………………… 79
　　7.1.1　任务描述 ……………………… 79
　　7.1.2　任务目标 ……………………… 79
　7.2　理论基础 ………………………… 79
　　7.2.1　投标的基本概念 ……………… 79
　　7.2.2　建设工程施工投标程序 ……… 80

　　7.2.3　投标前期工作 ………………… 80
　7.3　任务实施 ………………………… 83
　7.4　任务评价 ………………………… 83
　　技能实训 ……………………………… 84

任务8　编制投标文件 ……………… **85**
　8.1　任务导读 ………………………… 85
　　8.1.1　任务描述 ……………………… 85
　　8.1.2　任务目标 ……………………… 85
　8.2　理论基础 ………………………… 85
　　8.2.1　计算和复核工程量 …………… 85
　　8.2.2　编制施工组织设计 …………… 86
　　8.2.3　报价决策 ……………………… 86
　　8.2.4　投标报价计算及技巧 ………… 87
　　8.2.5　编制投标文件 ………………… 88
　8.3　任务实施 ………………………… 100
　8.4　任务评价 ………………………… 100
　　技能实训 ……………………………… 100

项目3　开标、评标、定标

任务9　开标前工作 ……………… **102**
　9.1　任务导读 ………………………… 102
　　9.1.1　任务描述 ……………………… 102
　　9.1.2　任务目标 ……………………… 102
　9.2　理论基础 ………………………… 102
　　9.2.1　招标人准备工作 ……………… 102
　　9.2.2　投标人准备工作 ……………… 103
　9.3　任务实施 ………………………… 105
　9.4　任务评价 ………………………… 105
　　技能实训 ……………………………… 106

任务10　开标 ……………………… **108**
　10.1　任务导读 ………………………… 108
　　10.1.1　任务描述 …………………… 108
　　10.1.2　任务目标 …………………… 108

10.2 理论基础 109
 10.2.1 开标时间和地点 109
 10.2.2 开标参与人 109
 10.2.3 开标的准备工作 109
 10.2.4 开标程序 110
 10.2.5 关于禁止串标的法律规定 112
 10.2.6 废标的法律规定 112
10.3 任务实施 115
10.4 任务评价 115
技能实训 116

任务11 评标 117
11.1 任务导读 117
 11.1.1 任务描述 117
 11.1.2 任务目标 117
11.2 理论基础 117
 11.2.1 评标委员会的相关规定 117
 11.2.2 评标的原则及程序 118
 11.2.3 投标文件评审步骤 120
 11.2.4 常用的评标方法 123
 11.2.5 工程施工评标办法与选择 126
 11.2.6 评标方法的应用 126
11.3 任务实施 128
11.4 任务评价 128
技能实训 129

任务12 定标 131
12.1 任务导读 131
 12.1.1 任务描述 131
 12.1.2 任务目标 131
12.2 理论基础 131
 12.2.1 评标定标的期限 131
 12.2.2 定标的条件 132
 12.2.3 工程投标的定标规则 132
 12.2.4 定标的过程 133
 12.2.5 发出中标通知书及合同签订 134

12.2.6 定标案例 136
12.3 任务实施 137
12.4 任务评价 137
技能实训 138

项目4 合同管理

任务13 合同谈判 139
13.1 任务导读 139
 13.1.1 任务描述 139
 13.1.2 任务目标 139
13.2 理论基础 139
 13.2.1 合同的概念 139
 13.2.2 合同的法律特征 141
 13.2.3 合同的分类 141
 13.2.4 合同法律关系 146
 13.2.5 合同订立 148
 13.2.6 合同谈判 150
13.3 任务实施 152
13.4 任务评价 152
技能实训 152

任务14 建设工程合同 154
14.1 任务导读 154
 14.1.1 任务描述 154
 14.1.2 任务目标 154
14.2 理论基础 155
 14.2.1 建设工程合同的概念及特征 155
 14.2.2 建设工程合同的主要内容 156
 14.2.3 建设工程合同的种类 157
 14.2.4 建设工程合同关系 158
 14.2.5 无效建设工程合同的认定 162
14.3 任务实施 164
14.4 任务评价 165
技能实训 165

任务15 建设工程施工合同 …… **167**

15.1 任务导读 …… 167
15.1.1 任务描述 …… 167
15.1.2 任务目标 …… 167

15.2 理论基础 …… 167
15.2.1 建设工程施工合同的概念及特点 …… 167
15.2.2 建设工程施工合同承发包方式 …… 170
15.2.3 建设工程施工合同的类型及其选择 …… 172
15.2.4 建设工程施工合同主要条款 …… 174
15.2.5 建设工程分包合同 …… 190

15.3 任务实施 …… 193
15.4 任务评价 …… 193
技能实训 …… 193

任务16 施工合同管理 …… **197**

16.1 任务导读 …… 197
16.1.1 任务描述 …… 197
16.1.2 任务目标 …… 197

16.2 理论基础 …… 197
16.2.1 施工合同变更管理 …… 197
16.2.2 合同解除与终止 …… 201
16.2.3 争议解决 …… 203
16.2.4 索赔 …… 208
16.2.5 索赔值的计算 …… 218

16.3 任务实施 …… 224
16.4 任务评价 …… 224
技能实训 …… 225

任务17 其他工程合同 …… **228**

17.1 任务导读 …… 228
17.1.1 任务描述 …… 228
17.1.2 任务目标 …… 228

17.2 理论基础 …… 229
17.2.1 监理合同 …… 229
17.2.2 勘察合同 …… 239
17.2.3 设计合同 …… 242
17.2.4 物资采购合同 …… 248

17.3 任务实施 …… 252
17.4 任务评价 …… 252
技能实训 …… 252

附录 …… **256**

参考文献 …… **264**

项目1 项目招标

任务1 认识建筑市场

从外太空看向地球，如果望远镜倍数足够，就可以看到人类如同蚂蚁一样，忙忙碌碌而又有序地生活着，他们从事的主要生产活动，无非是衣食住行。近些年，随着我国人民生活水平的提高，对住房的要求越来越高，不再是满足居住的需要，而是向着舒适安逸发展。

民用住房，是建筑产品的一种。每一天，建筑产品的需求者都会发布各种各样的信息，各大报纸杂志、网络媒体上都有这类信息。与此同时，建筑产品的提供者则会通过各种渠道获取相关信息。在各种建筑产品的需求信息中，选择合适的项目，联系需求者，与其他建筑产品提供者展开竞争，获取建筑产品的建设合同。

事实上，除建筑产品的供应者和需求者外，每时每刻，还有无数的钢铁厂、玻璃厂、水泥厂等建筑材料生产商都从事着各类生产交易活动，同时，无数劳动者进入建筑市场获取建筑工程方面的工作，无数的造价咨询公司、监理公司等中介公司从事着中介活动。这一切活动都是在建筑市场中完成的。

1.1 任务导读

1.1.1 任务描述

××学院准备建设一栋教学楼，但是对建筑市场不熟悉，迫切想了解建筑市场的一些相关知识。

1.1.2 任务目标

(1)能够正确地使用建设工程交易市场。
(2)能够利用资质管理知识辨别建筑工程企业的实力状况。

思考： 当前我国建筑业蓬勃发展，有很多超高、超大建筑，这些大型建筑是所有建筑公司都可以承包施工的吗？它们是怎样承包这些建筑工程的呢？

1.2 理论基础

1.2.1 建筑市场

"市场"就是指"商品交换的场所"。市场的出现，与生产力发展有关。随着生产力发展，社会分工和商品生产出现了，两者的出现促使市场的产生。随着时代的发展，市场具有了两方面含义：一种是指商品交易的场所，如农贸市场、股票市场等；另一种是所有交易行为的总称。显然，第二种含义包含了第一种含义，即市场不仅是交易场所，也包括了交易行为。前一种含义是市场的狭义定义，只包括有形市场；后一种则是市场的广义定义，既包括有形市场，又包括无形市场。

有形市场是指有固定交易场所的市场，如每个家庭都经常去的农贸市场、超市等；无形市场是指没有固定交易场所的市场，只有一些交易行为，如现在流行的网络交易。

建筑市场是指建筑商品和相关生产要素交换的市场。建筑市场有狭义和广义之分。狭义的建筑市场是指有固定交易场所的市场，即有形建筑市场。在我国，有形建筑市场一般是指建设工程交易中心。广义的建筑市场是指有形的建筑市场和无形的建筑市场，包括与建筑生产有关的生产要素交易关系的总和。与建筑市场有关的生产要素，包括建筑产品生产经营活动过程中所有的要素，如建筑商品市场、资金市场、劳动力市场、建筑材料市场和技术市场等。

1.2.2 建设工程交易中心

建设工程交易中心是我国独创的一种新型管理制度，旨在提高建设工程交易的透明度，降低交易成本。建设工程交易中心是由政府或者政府授权的主管部门批准设立的自收自支的非营利性质的事业单位，并非政府部门。它为招标投标活动提供公平、公正、平等的服务。当然，各个地区对建设工程交易中心的称呼也有所不同，但其基本功能都是一样的。

一个地区规定范围内的建设工程，从工程报建、发布招标信息、签订合同和申领施工许可证等都要在建设工程交易中心进行。建设工程交易中心为招标投标活动提供了集中办公的一条龙服务"窗口"，一方面提高了招标投标活动的效率，另一方面有效地杜绝了招标投标活动中的各种违法现象。

建设工程交易中心工作流程，如图 1-1 所示。

1. 建设工程交易中心的运行原则

(1)信息公开原则。建设工程交易中心应及时公布国家建筑业的相关政策法规、建筑企业的资质、造价指数、评标标准等信息，应保证建筑市场各方能够及时全面地获取相关信息资料，确保招标信息的公开。

(2)依法管理原则。建设工程交易中心一切活动应遵守我国的法律法规。建设工程交易

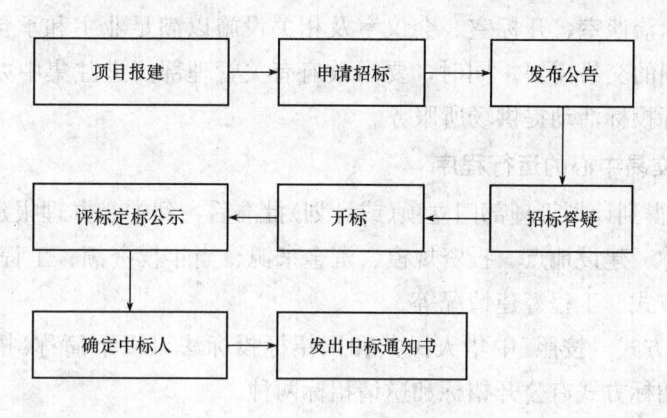

```
项目报建 → 申请招标 → 发布公告
                              ↓
评标定标公示 ← 开标 ← 招标答疑
    ↓
确定中标人 → 发出中标通知书
```

图1-1　建设工程交易中心工作流程

中心内举办的招标投标活动，应尊重招标人和投标人的意愿，任何单位和个人不得非法干预。

（3）公平公正原则。建设行政主管部门应建立监督制约机构，公开办事规则和程序，制定完善的管理制度，防止垄断、官商勾结、串标、围标等各种违法行为，保护市场参与方合法权益不受侵犯。

（4）属地管理原则。除特大城市外，一个地区（包括市、自治州、盟）经有关部门批准，原则上只设立一个建设工程交易中心，对跨省、自治区、直辖市的铁路、公路、水利等工程，在有关部门的监督下，可通过公告，由项目法人组织招标、投标。

2. 建设工程交易中心的基本功能

建设工程交易中心有集中办公、信息服务和场所服务三大功能。

（1）集中办公功能。建设工程交易中心将建设行政主管有关职能部门集中起来，集中办理有关审批手续并进行管理。建设行政主管有关职能部门进驻建设工程交易中心，按照各自办事制度和程序集中办公，可以一站式办理工程报建、招标登记、资质审查、合同登记、质量报监、发放施工许可证等内容。集中办公有助于对建设工程交易活动监督，又有利于提高办事效率，方便当事人办事。

（2）信息服务功能。建设工程交易中心，一般设有大型电子墙、网站等，用于收集、存储和发布各类法律法规、造价、物价指数等信息，为承包商服务。建设工程交易中心要定期发布工程造价指数、建筑材料价格、人工费、机械费、咨询费等各类工程指导价格，指导业主、承包商和咨询单位进行投资控制和投标报价。

在当前市场经济条件下，建设工程交易中心公布的造价指数仅仅作为一种参考，投标人进行投标时，往往需要根据自己公司的经验或企业定额、市场竞争情况以及本身生产效率、管理水平等各种因素综合考虑制定投标报价。

（3）场所服务功能。我国法律明确规定，所有建设项目进行招标投标必须在有形建筑市场内进行，必须由有关管理部门进行监督。因此，建设工程交易中心必须为工程承发包交易双方提供相应设施和场所，便于建设工程的招标、评标、定标、合同谈判等。

住房和城乡建设部发布的《建设工程交易中心管理办法》规定，建设工程交易中心应具备信息发布大厅、洽谈室、开标室、会议室及相关设施以满足业主和承包商、分包商、设备材料供应商之间的交易需要。同时，要为政府有关管理部门进驻集中办公、办理有关手续和依法监督招标投标活动提供场所服务。

3. 建设工程交易中心的运行程序

(1)拟建工程得到计划管理部门立项(或计划)批准后，到中心办理报建备案手续。报建内容包括工程名称、建设地点、投资规模、资金来源、当年投资额、工程规模、开工日期、竣工日期、发包方式、工程筹建情况等。

(2)确认招标方式。按照《中华人民共和国招标投标法》(以下简称《招标投标法》)的规定，我国现在的招标方式有公开招标和邀请招标两种。

(3)确定勘察、设计、施工、监理以及与工程有关的重要设备、材料等的招标投标程序。

(4)发包单位与中标单位签订合同。

(5)按规定进行质量、安全监督登记。

(6)统一缴纳有关工程前期费用。

(7)领取建设工程施工许可证。

1.2.3 建筑市场的主体与客体

1. 建筑市场的主体

主体是认识和实践活动的承担者，建筑市场的主体是指在建筑市场中进行交易活动的当事人，包括各种组织或个人。按参与交易活动的目的不同，主体可以分为业主、承包商和中介机构。

(1)业主。业主是指既有进行某种工程的需求，又具有工程建设资金和各种准建手续，是在建筑市场中发包建设任务，并最终得到建筑产品，达到其投资目的的法人、其他组织和个人。在我国，常常将业主称为建设单位、甲方、发包人，它可以是房地产开发公司，也可以是学校、医院等事业单位等。所有具有某种工程的需求，又具有工程建设资金和各种准建手续的人，都可以称为业主。

(2)承包商。承包商是指有一定生产能力、技术装备、流动资金，具有承包建设工程的建设资格，在建筑市场中能够按照业主的要求，提供不同形态的建筑产品，并获得工程价款的建筑企业。在我国工程施工中，承包商通常被称为承包人、乙方，它可以是勘察设计单位、施工安装单位等。

(3)中介机构。中介机构是指具有一定注册资金和相应的专业服务能力，持有从事相关执业执照，能够为工程建设提供估算测量、管理咨询、工程监理等智力型的服务或代理，并取得服务费用的咨询服务机构和其他为工程建设服务的专业中介机构。建筑市场常见中介机构有各种专业事务所、评估机构、仲裁机构、监理机构、招标代理机构等。

2. 建筑市场的客体

客体是主体认识和实践活动指向的对象。建筑市场的客体是指可供交换的商品和服务，包括有形的物质产品和无形的服务。

建筑市场的客体一般被称作建筑产品，它包括建筑物、构筑物等有形建筑产品，也包括无形建筑产品，如各种劳务、咨询报告、图纸等智力成果。

1.2.4 建筑市场的资质管理

由于建筑产品与其他产品相比，技术性和专业性较强，并且一旦发生问题，会对人民生命财产造成极大危害，因此，我国为保证建设工程质量安全，对从事建筑活动的单位和个人实行资质管理制度。

建筑市场的资质管理分为两个部分：一个是对从业企业的资质管理；另一个是对专业人员的资质管理。

1.2.4.1 从业企业资质管理

建筑业企业从业资质管理分为勘察设计企业资质管理、建筑业企业资质管理、工程咨询企业资质管理等。

1. 勘察设计企业资质管理

建设工程勘察、设计资质分为工程勘察资质、工程设计资质。工程勘察资质分为工程勘察综合资质、工程勘察专业资质、工程勘察劳务资质。

(1)工程勘察资质。工程勘察综合资质只设甲级；工程勘察专业资质根据工程性质和技术特点设立类别和级别；工程勘察劳务资质不分级别。

取得工程勘察综合资质的企业，承接工程勘察业务范围不受限制；取得工程勘察专业资质的企业，可以承接同级别相应专业的工程勘察业务；取得工程勘察劳务资质的企业，可以承接岩土工程治理、工程钻探、凿井工程勘察劳务工作。

(2)工程设计资质。工程设计资质分为工程设计综合资质、工程设计行业资质、工程设计专项资质。工程设计综合资质只设甲级；工程设计行业资质和工程设计专项资质根据工程性质和技术特点设立类别和级别。

取得工程设计综合资质的企业，其承接工程设计业务范围不受限制；取得工程设计行业资质的企业，可以承接同级别相应行业的工程设计业务；取得工程设计专项资质的企业，可以承接同级别相应的专项工程设计业务。

取得工程设计行业资质的企业，可以承接本行业范围内同级别的相应专项工程设计业务，不需要再单独取得工程设计专项资质。

2. 建筑业企业资质管理

建筑业企业资质管理分为施工总承包、专业承包和施工劳务三个序列。

施工总承包序列设有12个类别，一般分为4个等级(特级、一级、二级、三级)；专业承包序列设有36个类别，一般分为3个等级(一级、二级、三级)；施工劳务序列不分类别和等级。

(1)施工总承包资质需要满足以下条件：

1)企业资信能力。

①企业注册资本金为3亿元以上；

②企业净资产为3.6亿元以上；

③企业近3年上缴建筑业营业税均为5 000万元以上；
④企业银行授信额度近3年均为5亿元以上。
2)管理人员要求。
①企业经理具有10年以上从事工程管理工作经历；
②技术负责人具有15年以上从事工程技术管理工作经历，且具有工程序列高级职称及一级注册建造师或注册工程师执业资格；主持完成过两项及两项以上施工总承包一级资质要求的代表工程的技术工作或甲级设计资质要求的代表工程或合同额2亿元以上的工程总承包项目；
③财务负责人具有高级会计师职称及注册会计师资格；
④企业具有注册一级建造师（一级项目经理）50人以上；
⑤企业具有本类别相关的行业工程设计甲级资质标准要求的专业技术人员。
3)科技进步水平。
①企业具有省部级（或相当于省部级水平）及以上的企业技术中心；
②企业近三年科技活动经费支出平均为营业额的0.5%以上；
③企业具有国家级工法3项以上；近5年具有与工程建设相关的、能够推动企业技术进步的专利3项以上，累计有效专利8项以上，其中至少有一项发明专利；
④企业近10年获得过国家级科技进步奖项或主编过工程建设国家或行业标准；
⑤企业已建立内部局域网或管理信息平台，实现了内部办公、信息发布、数据交换的网络化；已建立并开通了企业外部网站；使用了综合项目管理信息系统和人事管理系统、工程设计相关软件，实现了档案管理和设计文档管理。
4)代表工程业绩。近5年承担过下列5项工程总承包或施工总承包项目中的3项，且工程质量合格。
①高度为100 m以上的建筑物；
②28层以上的房屋建筑工程；
③单体建筑面积为5万平方米以上房屋建筑工程；
④钢筋混凝土结构单跨为30 m以上的建筑工程或钢结构单跨36 m以上房屋建筑工程；
⑤单项建安合同额为2亿元以上的房屋建筑工程。
(2)一级资质标准。
1)企业近5年承担过下列6项中的4项以上工程的施工总承包或主体工程承包，工程质量合格。
①25层以上的房屋建筑工程；
②高度为100 m以上的构筑物或建筑物；
③单体建筑面积为3万平方米以上的房屋建筑工程；
④单跨跨度为30 m以上的房屋建筑工程；
⑤建筑面积为10万平方米以上的住宅小区或建筑群体；
⑥单项建安合同额为1亿元以上的房屋建筑工程。
2)企业经理具有10年以上从事工程管理工作经历或具有高级职称；总工程师具有10年以上从事建筑施工技术管理工作经历并具有本专业高级职称；总会计师具有高级会计职称；

总经济师具有高级职称。

企业有职称的工程技术和经济管理人员不少于300人，其中工程技术人员不少于200人；工程技术人员中，具有高级职称的人员不少于10人，具有中级职称的人员不少于60人。

企业具有的一级资质项目经理不少于12人。

3）企业注册资本金为5 000万元以上，企业净资产为6 000万元以上。

4）企业近3年最高年工程结算收入为2亿元以上。

5）企业具有与承包工程范围相适应的施工机械和质量检测设备。

（3）二级资质标准。

1）近5年承担过下列6类中的2类工程的施工总承包或主体工程承包，且工程质量合格。

①12层以上的房屋建筑工程；

②高度为50 m以上的构筑物或建筑物；

③单体建筑面积为1万平方米以上的房屋建筑工程；

④单跨跨度为21 m以上的房屋建筑工程；

⑤建筑面积为5万平方米以上的住宅小区或建筑群体；

⑥单项建安合同额为3 000万元以上的房屋建筑工程。

2）企业经理具有8年以上从事工程管理工作经历或具有中级以上职称；技术负责人具有8年以上从事建筑施工技术管理工作经历并具有本专业高级职称；财务负责人具有中级以上会计职称。

企业有职称的工程技术和经济管理人员不少于150人，其中工程技术人员不少于100人；工程技术人员中，具有高级职称的人员不少于2人，具有中级职称的人员不少于20人。

企业具有的二级资质以上项目经理不少于12人。

3）企业注册资本金为2 000万元以上，企业净资产为2 500万元以上。

4）企业近3年最高年工程结算收入为8 000万元以上。

5）企业具有与承包工程范围相适应的施工机械和质量检测设备。

（4）三级资质标准。

1）企业近5年承担过下列5项中的3项以上工程的施工总承包或主体工程承包，且工程质量合格。

①6层以上的房屋建筑工程；

②高度为25 m以上的构筑物或建筑物；

③单体建筑面积5 000平方米以上的房屋建筑工程；

④单跨跨度为15 m以上的房屋建筑工程；

⑤单项建安合同额为500万元以上的房屋建筑工程。

2）企业经理具有5年以上从事工程管理工作经历；技术负责人具有5年以上从事建筑施工技术管理工作经历并具有本专业中级以上职称；财务负责人具有初级以上会计职称。

企业有职称的工程技术和经济管理人员不少于50人，其中工程技术人员不少于30人；工程技术人员中，具有中级以上职称的人员不少于10人。

企业具有的三级资质以上项目经理不少于10人。

3）企业注册资本金为600万元以上，企业净资产为700万元以上。

4）企业近3年最高年工程结算收入为2 400万元以上。

5）企业具有与承包工程范围相适应的施工机械和质量检测设备。

按照规定，我国施工总承包和施工专业承包资质实行分级审批。特级及一级资质由住建部审批，二级以下资质由企业注册所在地省、自治区和直辖市政府的建设行政主管部门审批；劳务分包企业资质由企业所在省、自治区和直辖市政府建设行政主管部门审批。

审查合格的企业，由资质管理部门颁发相应等级的建筑业企业资质证书。资质证书由国务院建设行政主管部门统一印制，分为正本（1份）和副本（若干份），正本、副本具有同等法律效力。任何单位和个人不得涂改、出租、出借、伪造和转让资质证书，复印资质证书无效。

3. 工程咨询企业资质管理

我国对工程咨询企业实行资质管理，目前，已经明确资质等级评定条件的有工程监理、工程招标代理、工程造价等咨询机构。

(1)工程监理企业资质管理。工程监理企业资质分为综合资质、专业资质和事务所资质。其中，专业资质按照工程性质和技术特点划分为若干工程类别。综合资质、事务所资质不分级别。专业资质分为甲级、乙级，其中，房屋建筑、水利水电、公路和市政公用专业资质可以设立丙级。

专业甲级资质可以承担相应专业工程类别建设工程项目的工程监理业务。专业乙级资质可以承担相应专业工程类别二级以下（含二级）建设工程项目的工程监理业务。专业丙级资质可以承担相应专业工程类别三级建设工程项目的工程监理业务。事务所资质可以承担三级建设工程项目的工程监理业务，国家规定必须实行强制监理的工程除外。

(2)工程招标代理机构资质管理。工程招标代理机构资质分为甲级、乙级和暂定级。

甲级工程招标代理机构可以承担各类工程的招标代理业务。乙级工程招标代理机构只能承担工程总投资为1亿元人民币以下的工程招标代理业务。暂定级工程招标代理机构，只能承担工程总投资为6 000万元人民币以下的工程招标代理业务。工程招标代理机构可以跨省、自治区、直辖市承担工程招标代理业务。

甲级工程招标代理机构资格由国务院建设主管部门认定。乙级、暂定级工程招标代理机构资格由工商注册所在地的省、自治区、直辖市人民政府建设主管部门认定。

(3)工程造价咨询企业资质管理。工程造价咨询企业资质等级分为甲级、乙级。

甲级工程造价咨询企业可以从事各类建设项目的工程造价咨询业务。乙级工程造价咨询企业可以从事工程造价为5 000万元人民币以下的各类建设项目的工程造价咨询业务。工程造价咨询企业依法从事工程造价咨询活动，不受行政区域限制。

1.2.4.2 专业人员资质管理

从事建筑工程活动的人员，需要取得资格证书。从业人员要想取得资格证书，必须通过国家任职资格考试、考核。资格证书由建设行政主管部门注册并颁发。建筑业专业人员执业资格制度是我国强化建设工程市场准入的重要措施。《中华人民共和国建筑法》规定："从事建筑活动的专业技术人员，应当依法取得相应的执业资格证书，并在执业资格证书许可的范围内从事建筑活动。"

建筑工程的从业人员主要包括注册建筑师、注册结构工程师、注册监理工程师、注册工程造价师、注册建造师以及法律、法规规定的其他人员。

严禁出卖、转让、出借、涂改、伪造建筑工程从业者资格证件。违反上述规定的，将视具体情节，追究法律责任。建筑工程从业者资格的具体管理办法，由国务院建设行政主管部门另行规定。

1.2.5 工程招标投标

工程招标投标是指在国内外的工程承包市场中，发承包方为买卖特殊商品而进行的由一系列特定环节组成的特殊交易活动。

"特殊商品"是指建设工程，它既包括建设工程实体，又包括建设工程实体形成过程中所进行的建设工程技术咨询活动。"特殊交易活动"是指交易标的和价格未确定，须通过一系列特定交易环节来确定，即招标、投标、开标、评标、定标和签订合同等，这些特定交易环节就是招标投标过程。

招标投标活动将竞争机制引入工程建设领域，将工程项目的发包方、承包方和中介方统一纳入市场，实行交易公开，鼓励竞争，防止垄断，通过平等竞争，达到优胜劣汰，最大限度地实现投资效益的最优化。

招投标制度在新中国成立前就已经出现，土建方面工程建设招标投标制度一直持续到新中国成立初期。新中国成立后，招标投标制度一度被废止，20世纪80年代，由于经济发展需要，我国重新实行招标投标制度。新中国成立后，我国工程招标投标制度大致经历三个阶段。

1. 第一阶段：招标投标制度初步建立

从新中国成立初期到党的十一届三中全会以前，我国实行的是高度集中的计划经济体制，在这一体制下，政府部门、公有企业及其有关公共部门基础建设和采购任务由主管部门用指令性计划下达，企业的经营活动都由主管部门安排，招标投标曾一度被中止。20世纪80年代，我国试行招标投标制度。招标投标主要侧重于宣传和实践，招标投标方式也以议标为主，缺乏竞争性，主要是为实行招标投标制度提供经验，完善相关法规。

2. 第二阶段：招标投标制度规范发展

20世纪90年代初期到中后期，随着我国改革开放的不断深入，为适应经济发展，全国各地相继成立了招标投标监督管理机构，工程招标投标专职管理人员不断壮大，全国初步形成招标投标监督管理网络，招标投标监督管理水平正在不断地提高。与此同时，招标投标法制建设步入正轨，建设工程交易中心逐步建立，为建筑企业提供"一站式"管理和"一条龙"服务，为招标投标制度的进一步发展和完善创造了条件。工程交易活动已由无形转为有形，由隐蔽转为公开，实现信息公开化和招标程序规范化，已有效遏制了工程建设领域的腐败行为，为在全国推行公开招标创造了有利条件。

3. 第三阶段：招标投标制度不断完善

随着建设工程交易中心的有序运行和健康发展，全国各地开始推行建设工程项目的公开招标。根据我国投资主体的特点,《招标投标法》已明确规定我国的招标方式不再包括议标方式,这是个重大的转变,它标志着我国的招标投标的发展进入了全新的历史阶段。

1.2.6　招标投标法的法律效力

招标投标法是国家用来规范招标投标活动,调整招标投标过程中产生的各种关系的法律规范。广义的招标投标法涵盖所有与招标投标相关的法律法规,这些法律法规从法律效力层次上,分为以下三个层次:

(1)由全国人大及其常委会颁布的招标投标方面的法律。

(2)由国务院颁发的招标投标行政法规以及有立法权的地方人大颁发的地方性招标投标法规。

(3)由国务院有关部门颁发的招标投标的部门规章以及有立法权的地方人民政府颁发的地方性招标投标规章。

法律责任是指行为人因违反法律规定的或合同约定的义务而应当承担强制性的不良后果。

法律责任通常可以分为民事责任、行政责任和刑事责任。《招标投标法》第五章共16个条款,较为全面地规定了招标投标活动中当事人违反法定义务时所应承担的民事、行政和刑事责任。法律责任制度是招标投标制度中的重要部分,它对促进招标投标制度的遵守和实施具有积极作用。

民事责任是指行为人违反民事法律所规定的义务而应当承担的不利后果,可以分为侵权责任和违约责任。侵权责任是指行为人直接违反民事法律所规定的义务或侵害他人的权利而应当承担的责任;违约责任是指行为人违反与他人订立的合同所规定的义务而所承担的责任。

(1)投标人的民事法律责任。投标人的民事法律责任是指投标人因不履行法定义务或违反合同而依法应当承担的民事法律后果。目前,我国对于投标人的行为规范主要体现在《中华人民共和国民法通则》《中华人民共和国合同法》《招标投标法》《中华人民共和国反不正当竞争法》等法律规范中。

投标人承担民事法律责任的主要方式表现为:中标无效、承担赔偿责任、转让无效、分包无效、履约保证金不予退回等。

1)中标无效的民事法律责任。《招标投标法》第53条规定:"投标人相互串通投标或者与招标人串通投标的,投标人以向招标人或者评标委员会成员行贿的手段谋取中标的,中标无效。"

投标人相互串通投标的情况在实践中时有发生,串通投标的行为表现为:各投标人之间彼此达成协议,轮流攻取中标;投标人向招标人或者是评标委员会成员行贿;投标人与招标人之间相互串通投标等。串通投标行为的法律后果是中标行为无效。

《招标投标法》第54条规定:"投标人以他人名义投标或者以其他方式弄虚作假,骗取中标的,中标无效。"

投标人以他人名义投标一般出于以下几种原因:投标人没有承担招标项目的能力;投

标人不具备国家要求的或招标文件要求的从事该招标项目的资质；投标人曾因违法行为而被工商机关吊销营业执照，或是因违法行为而被有关行政监督部门在一定期限内取消其从事相关业务的资格等。除以他人名义投标外，投标人还可能以其他方式弄虚作假，骗取中标。如伪造资质证书、营业执照，在递交的资格审查材料中弄虚作假等。投标人在投标过程中的上述行为即属违法行为，将导致中标的无效。

《中华人民共和国反不正当竞争法》第27条规定："投标者串通投标、抬高标价或者压低标价；投标者互相勾结，以排挤竞争对手的公平竞争的，其中标无效。"

2）赔偿损失的民事法律责任。《招标投标法》第54条规定："投标人以他人名义投标或者以其他方式弄虚作假，骗取中标的，给招标人造成损失的，依法承担赔偿责任。"

投标人的赔偿范围既包括直接损失也包括间接损失。直接损失如因骗取中标导致中标无效后重新进行招标的成本等；间接损失如项目的预期收益的损失等。本条所规定的损害赔偿对象是因投标人的骗取中标行为而遭受损害的招标人。

3）转让无效、分包无效的民事法律责任。《招标投标法》第58条规定："中标人将中标项目转让给他人的，将中标项目肢解后分别转让给他人的，违反本法规定，将中标项目的部分主体、关键性工作分包给他人的，或者分包人再次分包的，转让、分包无效。"

投标人在中标后，不按照法律规定进行中标项目分包的，投标人应当承担转让无效、分包无效的责任。该无效为自始无效，即从转让或者分包时起就无效。因该行为取得的财产应当返还给对方当事人，有过错的一方当事人应当为其无效行为给他人造成的损失，承担赔偿责任。

4）履约保证金不予退还的民事法律责任。根据《招标投标法》的规定，中标人不履行与招标人订立的合同的，履约保证金不予退还，给招标人造成的损失超过履约保证金数额的，还应当对超过部分予以赔偿；没有提交履约保证金的，应当对招标人的损失承担赔偿责任。

（2）投标人的行政法律责任。投标人的行政责任是指投标人因违反行政法律规范，而依法应当承担的法律后果。投标人承担行政责任的主要方式有警告、罚款、没收违法所得、责令停业、取消投标资格及吊销营业执照。

1）《招标投标法》中关于投标人承担行政法律责任方式的规定。

①投标人相互串通投标或者与招标人串通投标的，投标人以向招标人或者评标委员会成员行贿的手段谋取中标的，处中标项目金额5‰以上10‰以下的罚款，对单位直接负责的主管人员和其他直接责任人员处单位罚款数额5%以上10%以下的罚款；有违法所得的，并处没收违法所得；情节严重的，取消其1~2年参加依法必须进行招标的项目的投标资格并予以公告，直至由工商行政管理机关吊销其营业执照。

②投标人以他人名义投标或者以其他方式弄虚作假，骗取中标的，依法必须进行招标的项目的投标人所列行为尚未构成犯罪的，处中标项目金额5‰以上10‰以下的罚款，对单位直接负责的主管人员和其他直接责任人员处单位罚款数额5%以上10%以下的罚款；有违法所得的，并处没收违法所得；情节严重的，取消其1~3年内参加依法必须进行招标的项目的投标资格并予以公告，直至由工商行政管理机关吊销其营业执照。

③中标人将中标项目转让给他人的，将中标项目肢解后分别转让给他人的，违反《招标

投标法》规定将中标项目的部分主体、关键性工作分包给他人的，或者分包人再次分包的，处转让、分包项目金额5‰以上10‰以下的罚款，有违法所得的，并处没收违法所得，可以责令其停业整顿；情节严重的，由工商行政管理机关吊销营业执照。

④中标人不按照与招标人订立的合同履行义务，情节严重的，取消其2～5年参加依法必须进行招标的项目的投标资格并予以公告，直至由工商行政管理机关吊销营业执照。

⑤投标人串通投标、抬高标价或者压低标价；投标者相互勾结，以排挤竞争对手的公平竞争的，监督检查部门可以根据情节处1万元以上20万元以下的罚款。

2)部门规章中关于投标人承担行政法律责任行为和方式的规定。招标投标过程中投标人因违法行为应当承担相应的行政责任，《工程建设项目货物招标投标办法》《工程建设项目招标投标活动投诉处理办法》《工程建设项目施工招标投标办法》《评标委员会和评标方法暂行规定》《机电产品国际招标投标实施办法》《机电产品国际招标机构资格审定办法》等规定，对招标人行政法律责任均做出了非常明确和具体的规定。

投标人在招标投标过程中，因违法行为所应当承担的行政法律责任的方式有：
①警告；
②责令单位停业整顿；
③有违法所得的并处没收违法所得；
④吊销营业执照；
⑤罚款，对违法行为的罚款的处罚是双罚制，既处罚违法的单位也处罚单位的直接负责的主管人员；
⑥取消参与投标的资格，根据其违法人员的违法行为取消其参加投标的资格时间从1年到3年不等，但如果中标人有不履行与招标人订立合同的情况，其处罚参与投标的资格期限比其他违法行为要更为严厉，其取消参与投标的最低期限为2年，最高的期限为5年；
⑦没收投标保证金；
⑧对其违法行为进行公告等。

(3)投标人的刑事法律责任。投标人的刑事法律责任是指投标人因实施刑法规定的犯罪行为所应当承担刑事法律后果，刑事法律责任是投标人承担的最严重的一种法律后果。

1)承担串通投标罪的刑事责任。投标人相互串通投标报价，损害招标人或者其他招标人利益的，情节严重的，处3年以下有期徒刑或者拘役，并处或单处罚金。投标人与招标人串通投标，损害国家、集体、公民合法权益的，处3年以下有期徒刑或拘役，并处或单处罚金。

2)承担合同诈骗罪的刑事责任。投标人以非法占有为目的，在签订、履行合同过程中实施骗取对方当事人财物，数额较大的，处3年以下有期徒刑或者拘役，并处或者单处罚金，数额巨大或者有其他严重情节的，处3年以上10年以下有期徒刑，并处罚金；数额特别巨大或者有其他特别严重情节的，处10年以上有期徒刑或者无期徒刑，并处罚金或者没收财产。

3)承担行贿罪的刑事责任。投标人向招标人或者评标委员会成员行贿，构成犯罪的，处3年以下有期徒刑或者拘役。单位犯前款罪的，对单位判处罚金，并对其直接负责的主管人员和其他直接责任人员，依照上述规定处罚。

1.3 任务实施

请按照要求，了解建筑市场相关信息，为招标投标活动做准备。

1.4 任务评价

本节主要讲述了建筑市场的基本概念，建筑市场是指建筑商品和相关生产要素交换的市场；建设工程交易中心是我国独创的一种新型管理制度，旨在提高建设项目交易的透明度，降低交易成本，可以起到信息服务、集中办公和场所服务的作用；施工总承包企业资质分为特级、一级、二级和三级，造价咨询企业的资质分为甲级和乙级。

请完成下表：

任务1 任务评价表

能力目标	知识点	分值	自测分数
能正确使用建设工程交易中心	建筑市场的基本概念	20	
	招标投标制度	10	
	建设工程交易中心的作用	20	
能利用资质管理知识辨别建筑企业实力状况	建筑公司资质规定	30	
	相关中介机构资质规定	20	

技能实训

一、判断题

1. 工程造价咨询企业最低资质等级为丙级。（ ）
2. 乙级造价咨询企业资质是由建设部审批的。（ ）
3. 甲级造价咨询企业资质是由国务院建设主管部门审批的。（ ）
4. 建筑业企业资质包含劳务分包企业。（ ）
5. 招标代理机构可以从事同一工程的招标代理和投标咨询活动。（ ）
6. 禁止采取提供回扣等手段承接招投标项目，但可以提供2 000元以下礼品作为结交友谊的方式。（ ）
7. 投标代理机构不能与招标投标人存在合作经营以及其他利益关系。（ ）
8. 出租、出借招标代理资格证书是违法的。（ ）

9. 建设工程交易中心不是政府管理部门,所以,不受政府管理部门的监督和管理。(   )
10. 每个地区只能设立一个建设工程交易中心。(   )

二、单选题

1. 《招标投标法》于(   )开始正式实行。
   A. 2000年8月1日   B. 1999年8月30日
   C. 2000年1月1日   D. 1992年12月16日
2. 根据《中华人民共和国建筑法》和《招标投标法》的规定,在中华人民共和国境内从事建设工程勘察、设计、施工、监理的承包单位,必须具有相应的(   ),并在其等级许可的范围内从事建筑活动。
   A. 雄厚的资金实力   B. 资质
   C. 技术力量   D. 专家人数
3. 按照《中华人民共和国建筑法》的规定,凡从事建设工程施工的技术人员必须拥有(   )职业资格证书。
   A. 注册建筑师   B. 注册结构工程师
   C. 注册造价工程师   D. 注册建造师
4. 建设工程交易中心工作的一般程序为(   )。
   A. 发布招标信息—办理质监等手续—招标—投标—评标—签合同—报建—领施工许可证
   B. 报建—发布招标信息—招标—投标—评标—签合同—办理质监等手续—领施工许可证
   C. 报建—发布招标信息—招标—签合同—办理质监等手续—投标—评标—领施工许可证
   D. 报建—签合同—发布招标信息—招标—投标—评标—办理质监等手续—领施工许可证
5. 招投标制度的建立,主要是对建筑市场引入(   )机制。
   A. 法律   B. 竞争
   C. 公开   D. 经济
6. 建设工程招标投标由(   )进行监督。
   A. 人民检察院   B. 建筑市场
   C. 建设工程交易中心   D. 建设行政主管部门

三、思考题

1. 什么是招标投标制度?
2. 建设工程交易中心的作用是什么?
3. 建筑公司资质是如何规定的?
4. 建筑市场主体和客体分别有哪些?

四、案例题

张某从事建筑工程多年,但亏多赚少。在一次偶然机会中,他听到某重点工程即将建设,遂认为自己的机会到来。他私自刻制该重点工程项目管理办公室的公章,又招募若干工作人员，然后以该项目办公室名义与自己签订合同，由自己代办该重点工程招标活动。然后张某开始大肆进行宣传，先后有数家建筑公司参与投标，购买招标文件，并缴纳投标保证金，累计300余万元。张某以知道内情为名，收受投标人各种礼金好处费。

由于张某收到投标保证金和投标文件后，迟迟不能开标，引起投标人怀疑，遂向公安局报案。

问题：
1. 张某的做法属于何种行为应当如何处罚？
2. 如果张某确实是招标人，其收受礼金等行为应当如何处罚？

任务2 招标准备

引例：新阳电子公司为了扩大生产，拟建造一座新厂房，于是向有关部门申请办理各项审批手续。该公司生产任务较重，时间紧，为此要加紧厂房施工。为了赶工期，在没有办理完审批手续的情况下，该公司对新厂房的建设进行了招标。该公司发布招标公告后，有7家建筑公司决定参与投标。7家投标人参加现场踏勘、标前会议后，认真编制投标文件，按时提交投标文件和投标保证金。在开标日，7家潜在投标人按时来到了开标地点。但是，由于该项目审批未被批准，新阳电子公司不得不通知所有投标人该次招标活动取消。该事件给招标人和投标人都造成了损失。

从上述引例可以看出，招标人应当做好招标前准备工作，必须保证项目招标的合法性，应该按照要求办理项目报建、招标审批手续等。

2.1 任务导读

2.1.1 任务描述

××学院因为教学需要，拟新建一座教学楼，建筑面积约为 10 000 m^2，项目总投资约为 3 000 万元。目前任务是做好招标准备工作。

2.1.2 任务目标

(1)能够进行项目报建；
(2)能够组织设立招标机构；
(3)能够办理招标审批手续；
(4)能够确定招标方式及申请招标。

2.2 理论基础

2.2.1 建设工程项目程序

建设工程项目是指为了完成依法立项项目的新建、改建、扩建，进行的有起止日期并需要达到规定要求的一组相互关联的受控活动组成的特定过程，包括策划、评估、决策、设计、施工到竣工验收、投入生产和交付使用等。

建设工程项目执行过程中，各个阶段之间的先后次序非常严格，不能任意颠倒相互之间次序，但是可以合理地交叉进行。

建设工程项目应该先进行策划，并对工程进行评估，如果决策后认为应当进行工程建设，按照法律规定，需要申报的，应当进行项目申报，办理招标投标手续。只有办理完招标手续后，才能进行招标活动。

2.2.2 实行招标项目必须具备的条件

按照我国招标投标相关法律规定，建设项目要实施招标投标活动，则应当满足以下条件：

(1)建设项目已正式列入国家、部门或地方年度固定资产投资计划或经有关部门批准；
(2)概算已经被批准，资格已落实；
(3)建设用地的征用工作已经完成，障碍物全部拆除清理，现场"三通一平"已完成或已经落实，施工单位可以施工；
(4)有能够满足施工需要的施工图纸和技术资料；
(5)主要建筑材料(包括特殊材料)和设备已经落实，能够保证连续施工；
(6)已经项目所在地规划部门批准，并有当地建设主管部门的批准文件。

建设工程项目具备以上条件后，即可向相关部门申请招标。

2.2.3 建设工程项目的报建

建设工程项目的报建，简称报建。建设单位或其委托的代理机构，应当先编制提交工程项目可行性研究报告或者其他立项文件，在可行性研究报告或其他立项文件被批准后，可以向当地建设行政主管部门或其授权机构进行报建。

(1)建设工程项目的报建范围包括各类房屋建筑(包括新建、改建、翻建、大修等)、土木工程、设备安装、管道线路敷设、装饰装修工程等建设工程。
(2)建设工程项目的报建内容包括工程名称、建设地点、投资规模、资金来源、当年投资额、工程规模、发包方式、计划开竣工日期、工程筹建情况等。
(3)办理建设工程项目的报建时应当交验的文件资料：立项批准文件或年度投资计划；固定资产投资许可证；建设工程规划许可证；资金证明。
(4)建设工程项目报建程序：首先，建设单位到建设行政管理部门或其授权机构领取并认真填写统一格式的《工程建设项目报建审查登记表》，如果建设单位有上级主管部门，需将该表报送上级主管部门批准同意，然后将该表报送建设行政管理部门或其授权机构，报送时，需将应当交验的文件资料一并上交，最后，建设行政管理部门或其代理机构审核签署意见后，发还该表，进入施工图文件审查程序。

2.2.4 建设工程招标方式

按照《招标投标法》规定，我国招标方式分为公开招标和邀请招标。

(1)公开招标又称为无限竞争招标，即招标单位以招标公告的方式，邀请不特定法人或者其他组织参与投标，并在符合条件的投标人中选取最优中标人的方式。公开招标通过报刊、广播、电子网络、电视等方式发布招标广告，有投标意向的合格承包商均可参加投标活动。

采用公开招标方式，可以保证所有合格的投标人都有参加投标、公平竞争的机会；投标的承包商多、竞争充分，有利于降低工程造价，提高工程质量和缩短工期。但是，公开招标工作量大，需要投入较多的人力、物力，招标过程所需时间较长，因而，此类招标方式主要适用于投资额度大，工艺、结构复杂的较大型工程建设项目。

(2)邀请招标又称为有限竞争性招标。邀请招标是招标人直接发出投标邀请书，邀请特定的法人或者其他组织参与投标，择优选择中标人的一种方法。该方法只有接到投标邀请书的法人或者其他组织才能参加投标。收到邀请书的单位有权力选择是否参加投标。

由于邀请招标不使用公开的招标方式，接受邀请的单位才是合格的投标人，所以，投标人的数量有限，但无论是公开招标，还是邀请招标，合格投标人不得少于3人，否则需要重新组织招标活动。

邀请招标的优点是参加竞争的投标商数目可以由招标单位控制、目标集中、招标的组织工作较容易、工作量比较小。但是由于参加的投标单位相对较少，竞争性范围较小，使招标单位对投标单位的选择余地较少，可能失去发现最适合承担该项目的承包商的机会。

两种招标方式的比较见表1-1。

表1-1 两种招标方式的比较

	公开招标	邀请招标
潜在投标人	无要求，所有符合条件均可参加	有要求，必须是接到投标邀请书的单位才能参加
投标人数	3人以上	3人以上
竞争性	竞争性强	竞争性弱，可能失去最优中标人
工作量	大	小
费用	高	低
组织工作	复杂	简单
耗用时间	长	短
适用范围	较为广泛	特殊情况

2.2.5 建设单位招标应具备的条件

建设单位招标时，可以自行组织招标，也可以委托代理机构代理招标。

招标单位自行组织招标时，按照《工程建设施工招标投标管理办法》规定，应当具备以下条件：

(1)是法人、依法成立的其他组织；
(2)有与招标工程相适应的经济、技术管理人员；
(3)有组织编制招标文件的能力；
(4)有审查投标单位资质的能力；

(5)有组织开标、评标、定标的能力。

不具备上述各项条件的招标单位,不能自行组织招标,须委托具有相应资质的咨询、监理等单位代理招标。

2.2.6 招标范围

2.2.6.1 强制招标范围规定

根据《招标投标法》规定,在中华人民共和国境内进行下列工程建设项目的勘察、设计、施工、监理以及与工程建设有关的重要设备、材料等的采购,必须进行招标:

(1)大型基础设施、公用事业等关系社会公共利益、公众安全的项目;
(2)全部或者部分使用国有资金投资或者国家融资的项目;
(3)使用国际组织或者外国政府贷款、援助资金的项目。

上面所列项目的具体范围和规模标准,《工程建设项目招标范围和规模标准规定》做出了具体规定。

2000年5月1日依据《招标投标法》的规定颁布了《工程建设项目招标范围和规模标准规定》,对必须招标的工程建设项目的具体范围和规模做出了进一步细化的规定。

1. 关系社会公共利益、公众安全的基础设施项目的范围

(1)煤炭、电力、新能源等能源生产和开发项目;
(2)铁路、公路、管道、航空以及其他交通运输业等交通运输项目;
(3)邮政、电信枢纽、通信、信息网络等邮电通信项目;
(4)防洪、灌溉、排涝、引水、滩涂治理、水土保持、水利枢纽等水利项目;
(5)道路、桥梁、地铁和轻轨交通、地下管道、公共停车场等城市设施项目;
(6)污水排放及其处理、垃圾处理、河湖水环境治理、园林、绿化等生态环境建设和保护项目;
(7)其他基础设施项目。

2. 关系社会公共利益、公众安全的公用事业项目的范围

(1)供水、供电、供气、供热等市政工程项目;
(2)科技、教育、文化等项目;
(3)体育、旅游等项目;
(4)卫生、社会福利等项目;
(5)商品住宅,包括经济适用住房;
(6)其他公用事业项目。

3. 使用国有资金投资项目的范围

(1)使用各级财政预算内资金的项目;
(2)使用纳入财政管理的各种政府性专项建设基金的项目;
(3)使用国有企业事业单位自有资金,并且国有资产投资者实际拥有控制权的项目。

4. 使用国家融资项目的范围

(1)使用国家发行债券所筹资金的项目;

(2)使用国家对外借款、政府担保或者承诺还款所筹资金的项目;
(3)使用国家政策性贷款资金的项目;
(4)政府授权投资主体融资的项目;
(5)政府特许的融资项目。

5. 使用国际组织或者外国政府贷款、援助资金项目的范围

(1)使用世界银行、亚洲开发银行等国际组织贷款资金的项目;
(2)使用外国政府及其机构贷款资金的项目;
(3)使用国际组织或者外国政府援助资金的项目。

2.2.6.2 强制招标金额标准规定

凡是符合《工程建设项目招标范围和规模标准规定》规定的具体范围和规模标准的工程,包括项目的勘察、设计、施工、监理以及与工程建设有关的重要设备、材料等的采购,达到下列标准之一的,必须进行招标:

(1)施工单项合同估算价为200万元人民币以上的;
(2)重要设备、材料等货物的采购,单项合同估算价为100万元人民币以上的;
(3)勘察、设计、监理等服务的采购,单项合同估算价为50万元人民币以上的;
(4)单项合同估算价低于前三项规定的标准,但项目总投资额为3 000万元人民币以上的。

2.2.6.3 可不进行招标项目的规定

《招标投标法》第66条规定:涉及国家安全、国家秘密、抢险救灾或者属于利用扶贫资金实行以工代赈、需要使用农民工等特殊情况,不适宜进行招标的项目,按照国家有关规定可以不进行招标。具体包括以下几种情况:

(1)设计国家安全、国家秘密或者抢险救灾而不适宜招标的。涉及国家安全的项目是指国防、尖端科技、军事装备等涉及国家安全、会对国家安全造成重大影响的项目。所谓国家秘密是指关系国家安全和利益,依照法定程序确定,在一定时间内只限一定范围知悉的事项。

抢险救灾具有很强的时间性,需要在短期内采取迅速、果断的行为,以排除险情、救济灾民。

(2)属于利用扶贫资金实行以工代赈需要使用农民工的。以工代赈是指国家利用扶贫资金建设扶贫工程项目,吸纳扶贫对象参加该工程的建设或成为建成后项目的工作人员,以工资和工程项目的经营收益达到扶贫目的的一种政策。由于以工代赈项目有明确的服务对象,所以无须招标。

(3)施工主要技术采用特定的专利或者专有技术的。
(4)施工企业自建自用的工程,且该施工企业的资质等级符合工程要求的。
(5)在建工程追加的附属小型工程或者主体夹层工程,原中标人仍具备承包能力的。
(6)法律、行政法规规定的其他情形。

2.2.6.4 可进行邀请招标的项目

如果项目适合招标且不适合公开招标的,按照规定,经批准后可以进行邀请招标,主要有以下几种情形：
(1)项目技术复杂或有特殊要求，只有少量几家潜在投标人可供选择的；
(2)受自然地域环境限制的；
(3)涉及国家安全、国家秘密或者抢险救灾，适宜招标但不宜公开招标的；
(4)拟公开招标的费用与项目的价值相比，不值得的；
(5)法律、法规不宜公开招标的。

应用案例

某核电站准备开工建设，已经完成详细设计，技术资料齐全，各种手续符合国家规定，目前正在与银行洽谈贷款事宜，资金问题正在落实。由于核电站施工要求特殊，目前只有几家企业符合要求，因此，该核电站的招标方式拟采用邀请招标。

问题：
1. 该核电站是否可以开始招标？
2. 该核电站是否可以采用邀请招标方式？

2.2.7 建设工程招标的种类

2.2.7.1 按照工程建设程序分类

按照工程建设程序，建设工程招标可分为建设项目前期咨询招标、工程勘察设计招标、材料设备采购招标和工程施工招标。

1. 建设项目前期咨询招标

建设项目前期咨询招标是指对建设项目的可行性研究任务进行的招标。

可行性研究任务招标，投标方一般为工程咨询企业。

中标的承包方要根据招标文件的要求，向发包方提供拟建工程的可行性研究报告，并对其结论的准确性负责。承包方提供的可行性研究报告，应当获得发包方的认可。认可的方式通常由专家组评估鉴定。当有的项目投资者缺乏建设管理经验时，通过招标选择项目咨询者及建设管理者，即工程投资方在缺乏工程实施管理经验时，通过招标方式选择具有专业的管理经验的工程咨询单位，为其制定科学、合理的投资开发建设方案，并组织控制方案的实施。

2. 工程勘察设计招标

工程勘察设计招标是指根据批准的可行性研究报告，择优选择勘察设计单位的招标。勘察和设计是两种不同性质的工作，可以由勘察单位和设计单位分别完成。勘察单位最终提出施工现场的地理位置、地形、地貌、地质、水文等在内的勘察报告。设计单位最终提供设计图纸和成本预算结果。设计招标还可以进一步分为建筑方案设计招标和施工图设计招标。

当施工图设计不是由专业的设计单位承担，而是由施工单位承担时，一般不进行单独招标。

3. 材料设备采购招标

材料设备采购招标是指在工程项目初步设计完成后，对建设项目所需的建筑材料和设备(如电梯、供配电系统、空调系统等)采购任务进行的招标。投标方通常为材料供应商和成套设备供应商。

4. 工程施工招标

工程施工招标是指在工程项目的初步设计或施工图设计完成后，用招标的方式选择施工单位的招标。施工单位最终向业主交付按招标设计文件规定的建筑产品。

2.2.7.2 按照工程项目承包范围分类

按照工程承包范围，建设工程招标可分为项目全过程总承包招标、工程分承包招标及专项工程承包招标。

1. 项目全过程总承包招标

项目全过程总承包招标即选择项目全过程总承包人招标。全过程总承包既可以指工程项目实施阶段的全过程招标，又可以指工程项目建设全过程的招标。工程项目实施阶段的全过程招标是指从项目勘察、设计到施工交付使用进行一次性招标；工程项目建设全过程的招标则是从项目的可行性研究开始，直到交付使用进行一次性招标。

工程项目建设全过程的招标方式又被称为"交钥匙工程"。在这种承包模式下，招标人只需提出项目投资、使用、竣工和交付使用期限等要求，其余工作包括可行性研究、勘察设计、材料和设备采购、土建施工设备安装及调试、生产准备和试运行、交付使用等，完全由一个总承包商负责承包。

2. 工程分承包招标

承揽"交钥匙工程"的承包商被称为总承包商，在绝大多数情况下，总承包商都会通过招标投标的方式，将该工程中部分非关键和次要工程分包给具有相应资质的分承包人，承接这些工程的承包商被称为分包商。中标的分承包人只对招标的总承包人负责。

3. 专项工程承包招标

专项工程承包招标是指在工程承包招标中，对其中某项比较复杂，或专业性强、施工和制作要求特殊的单项工程进行单独招标。

2.2.7.3 按照行业或专业类别分类

按照与工程建设相关的业务性质及专业类别划分，工程招标可分为土木工程招标、勘察设计招标、材料设备采购招标、安装工程招标、建筑装饰装修招标、生产工艺技术转让招标、咨询服务(工程咨询)及建设监理招标等。

(1)土木工程招标是指对建设工程中土木工程施工任务进行的招标。

(2)勘察设计招标是指对建设项目的勘察设计任务进行的招标。

(3)材料设备采购招标是指对建设项目所需的建筑材料和设备采购任务进行的招标。

(4)安装工程招标是指对建设项目的设备安装任务进行的招标。

(5)建筑装饰装修招标是指对建设项目的建筑装饰装修的施工任务进行的招标。

(6)生产工艺技术转让招标是指对建设工程生产工艺技术转让进行的招标。

(7)工程咨询及建设监理招标是指对工程咨询和建设监理任务进行的招标。

随着建筑市场运作模式与国际接轨进程的深入，我国承发包模式也逐渐呈多样化，主要包括前面所说的工程咨询承包、交钥匙工程承包模式、设计施工承包模式，还有BOT工程模式、CM模式等。

设计施工总承包(简称 D/B)，也是一种总承包合同模式，施工承包范围就是设计与施工，多用于基础建设工程(如公路、桥梁、码头等)。BOT(Build—Operate—Transfer)模式，即"建造—运营—移交"模式。是指东道国政府开放本国基础设施建设和运营市场，吸收国外资金，授给项目公司以特许权，由该公司负责融资和组织建设，建成后负责运营及偿还贷款。在特许期满时将工程移交给东道国政府。CM(Construction Management)是指建设管理模式，就是在采用快速路径法进行施工时，从开始阶段就雇用具有施工经验的CM单位参与到建设工程实施过程中来，以便为设计人员提供施工方面的建议且随后负责管理施工过程。

2.2.8 设立招标组织机构

对于任何一项招标活动，招标人都应当成立专门招标机构，完成招标活动。其主要工作内容包括拟定招标文件，组织投标、开标、评标和定标工作等。如果招标人自行组织招标，应当选择工程技术人员、经济管理人员、合同管理人员、法律人员等组成招标机构。

思考：招标组织机构里面的人员，都应该负担什么责任？谁来负责招标组织活动比较合适？

2.2.9 标段划分与合同打包

某些工程招标时，应当对招标工程进行标段划分与合同打包。

标段划分是工程招标项目以及项目管理的重要内容。项目标段划分结果是合同打包的直接依据。

招标人应当依据项目实施阶段和范围内容等，科学合理地对项目工程分类，各分类子项可以单独或组合形成若干标段，再将每个标段分别打包进行招标，以标段(合同包)为基本单位确定相应承包商。

划分标段既要满足招标项目技术经济和管理的客观需要，又要遵守相关法律法规的规定。

招标项目划分标段，通常基于两个方面的客观需要：一是适应不同资格能力的投标人，招标项目包含不同类型、不同专业技术、不同品种和规格的标的，分成不同标段才能使有相应资格能力的单位分别投标；二是满足分阶段实施的要求，同一招标项目由于受资金、设计等条件的限制必须划分标段，以满足分阶段实施的要求。

1. 划分标段需要考虑的因素

(1)划分标段应该符合法律法规规定。《中华人民共和国合同法》第272条第1款和《中华人民共和国建筑法》第24条均规定：招标人划分标段时，不得将应当由一个承包人完成的建筑工程肢解成若干部分分别招标发包给几个承包人投标。《招标投标法》第19条第3款规定：招标人应当合理划分标段，并在招标文件中载明。

（2）经济因素。招标项目应当在市场调研基础上，通过科学划分标段，使标段具有合理适度的规模，保证足够竞争数量的单位满足投标资格能力条件，并满足经济合理性要求。既要避免规模过小，单位固定成本上升，增加招标项目的总投资，可能导致大型企业失去参与投标竞争的积极性；又要避免规模过大，可能因符合资格能力条件的单位过少而不能满足充分竞争的要求，或者具有资格能力条件的单位因受资源投入的限制，而无法保质保量按期完成招标项目，并由此增加合同履行的风险。

（3）招标人的合同管理能力。标段数量增加，必将增加实施招标、评标和合同管理的工作量，因此，划分标段需要考虑招标人组织实施招标和合同履行管理的能力。

（4）项目技术和管理要求。招标项目划分标段时应当既要满足项目技术关联配套及其不可分割性的要求，又要考虑不同承包人或供应商在不同标段同时生产作业及其协调管理的可行性和可靠性。

招标人不得利用划分标段限制或者排斥潜在投标人或者规避招标。招标人不得通过规模过大或过小的不合理划分标段，保护有意向的潜在投标人，限制或者排斥其他潜在投标人。招标人也不得通过划分标段，将项目化整为零，使标的合同金额低于必须招标的规模标准而规避招标；或者按照潜在投标人数量划分标段，使每一潜在投标人均有可能中标，导致招标失去意义。

2. 合同打包

招标人为了节约时间和成本，可以将几个相关联的项目（合同）放在一起进行招标并签订合同。招标人应当合理划分标段，打包合同。合理划分标段、选择合同发包模式，有助于明确合同双方责任权利和义务，有利于将来工程施工时合同管理。

2.3 任务实施

请组织设立招标机构，进行项目报建，办理招标审批手续，确定××学院招标方式及申请招标等活动。

2.4 任务评价

本任务讲述了建设工程项目程序、内容及招标投标制度。根据《招标投标法》规定，涉及国有资金、国有控股、关系公众利益安全的基础设施项目、使用外国资金的项目都属于强制招标范围，符合招标金额要求的，则要进行招标，鼓励公开招标，不宜公开招标的，经批准，可以采用邀请招标，或者不予招标。公开招标是面向不特定的对象，优点是竞争激烈，易于获得好的招标结果；其缺点是成本高、需要时间长。邀请招标面向特定对象，优点是时间相对短，成本低；其缺点是竞争不够充分，有可能不获得最优的招标结果。

请完成下表：

任务 2　任务评价表

能力目标	知识点	分值	自测分数
能够进行项目报建	建设工程项目程序、内容	15	
能够组织设立招标机构	掌握招标机构的人员构成	15	
能够办理招标审批手续	审批所需文件	10	
	违反招标投标法律法规承担的责任	10	
能够确定招标方式及申请招标	招标条件和范围	30	
	招标方式及优缺点	20	

技能实训

一、判断题

1. 建设单位在申领施工许可证之后，就可以到建设工程交易中心办理质量监督、安全监督手续。（　　）
2. 竞争激烈、择优率高是邀请招标的主要优点。（　　）
3. 为承包商提供一个公平竞争的机会是公开招标的一个特点。（　　）
4. 公开招标又称为无限竞争性招标，招标人应在招投标部门指定的公众媒体发布招标公告，愿意参加投标的承包商都可以参加资格预审，预审合格的承包商都可以参加投标。（　　）
5. 邀请招标过程中，邀请的投标人一般不得少于4家。（　　）
6. 投标工作量小，又可以节省招标费用是公开招标的主要优点。（　　）
7. 抢险救灾的工程项目，经过建设行政主管部门的批准可以进行邀请招标。（　　）
8. 投资额度大、结构复杂的大型工程建设项目，实行公开招标较为合适。（　　）
9. 我国把议标作为一种法定的招标方式。（　　）
10. 未办理施工报建的建设项目，也可以办理招投标手续和发放施工许可证。（　　）
11. 招标机构主要工作内容包括拟定招标文件、组织投标、开标、评标和定标工作等。（　　）

二、单选题

1. 无论公开招标还是邀请招标，符合资质的投标人数量不得少于（　　）人。
   A. 5　　　　　　B. 3　　　　　　C. 2　　　　　　D. 6
2. 在招标范围内的各类工程建设项目，施工单项合同估算价在（　　）万元人民币以上的必须进行招标。
   A. 50　　　　　　B. 100　　　　　　C. 200　　　　　　D. 3 000

3. 在招标范围内的各类工程建设项目，重要设备、材料的采购，单项合同估算价在（　　）万元人民币以上的必须进行招标。
   A. 50　　　　　B. 100　　　　　C. 200　　　　　D. 3 000
4. 在招标范围内的各类工程建设项目，勘察、设计、监理等服务的采购，单项合同估算价在（　　）万元人民币以上的必须进行招标。
   A. 50　　　　　B. 100　　　　　C. 200　　　　　D. 3 000
5. 在招标范围内的各类工程建设项目，项目总投资在（　　）万元人民币以上的必须进行招标。
   A. 50　　　　　B. 100　　　　　C. 200　　　　　D. 3 000

三、案例题

某生物制药公司，因产品需求扩大，急需建设新的厂房。该公司为了加快速度，直接聘用勘察单位进行勘察活动，然后聘用设计单位进行设计，采用边设计边审批的方式，争取获得建设行政主管部门批准，补办手续。该公司是国有企业，招标方式准备采用邀请招标方式，认为这样可以保证工程质量，为此，该公司专门成立了招标组织机构。为了节约费用，在工程技术人员缺乏的情况下，准备自己组织招标，为了让某关系户中标，特意将标段划分极为分散，以满足关系户要求。

问题：在该案例中，某生物制药公司违反法律法规的行为都有哪些？

任务3 规划招标程序

引例：白塔信息公司经当地建筑主管部门批准，准备自行组织某项大型工程项目的施工招标工作。

白塔信息公司拟定的招标程序：①根据相关规定，确定本次招标方式为公开招标，并不设标底；②自行编制招标文件；③计划2014年6月4日发布投标邀请书；④对拟参加投标者进行资格预审，并对通过资格审查的投标人发售招标文件及设计图纸、技术资料等；⑤2014年7月1日投标人现场踏勘及参加标前会议；⑥2014年8月3日上午8时开标，审查投标书；⑦各个投标人应按时参加开标会议；⑧由招标人主持组织评标，计划2014年8月9日前决定中标单位；⑨计划2014年8月10日发出中标通知书，并办理有关手续；⑩白塔信息公司拟于2014年8月20日与中标人签订承发包合同。

从上述引例中可以看出，招标投标活动应当有具体招标程序和严格的时间规定，并按照规定确定招标流程。

3.1 任务导读

3.1.1 任务描述

××学院由于教学需要，拟新建一座教学楼，建筑面积约为10 000 m^2，项目总投资约为2 000万元。目前已经被批准，可以开始招标工作，目前要做好招标工作安排。

3.1.2 任务目标

能够熟知招标投标法相关规定，制定符合法规的招标流程。

3.2 理论基础

项目经过批准，办理完审批手续，落实资金来源渠道后，就可以开始招标投标工作。招标工作流程主要包括建设项目立项、委托招标代理机构、组建招标班子、招标申请、资格预审文件、招标文件的编制与送审、标底编制、刊登资审通告或招标通告、资格审查、发售招标文件、勘察现场、投标预备会、接收投标文件、开标、评标、中标以及签订合同等环节。具体如图3-1所示。

图 3-1 招标工作流程示意图

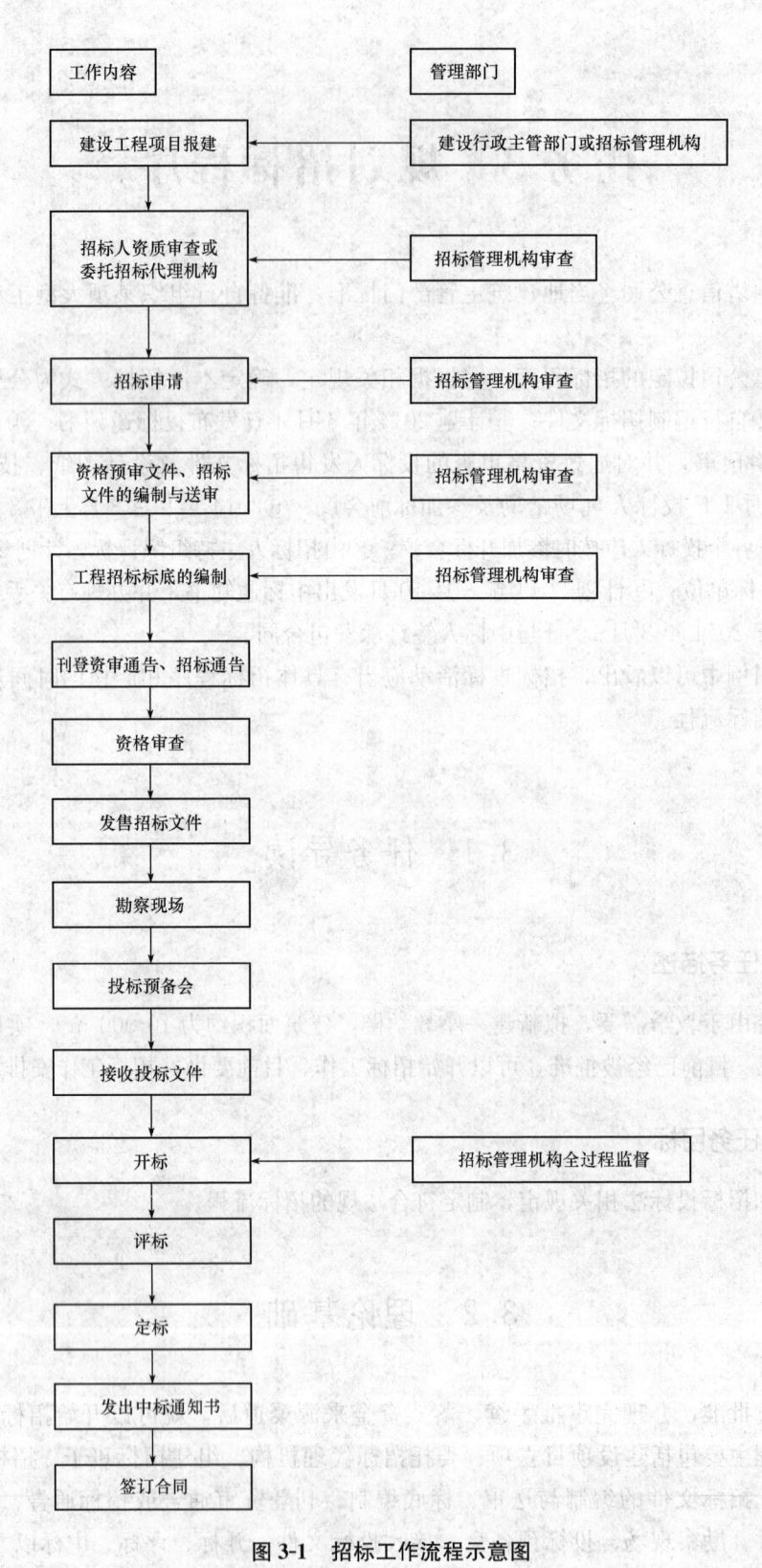

1. 建设工程项目报建

如建设单位需要进行工程项目建设,应当先进行项目报建。建设单位在进行项目报建时,应当填写统一格式的《建设工程项目报建登记表》,建设单位若有上级主管部门,需要经上级主管部门批准同意后,连同应当交验的文件资料一并报建设行政主管部门。

表 3-1 是施工类建设工程报建的《建设工程项目报建登记表》的格式。

表 3-1 建设工程项目报建登记表

(施工类)　　　　　　　　　　　　　　　　　　　　　　　　　　　　　　　　编号:

建设单位(加盖公章)			建设单位联系人及联系方式		
项目名称			项目地址		
建设单位资料	(工商执照、开发资质、企业章程、资金来源证明、其他)		工期/日历天		
合同价/万元		建设规模	结构类型		质量目标
项目批准单位及文号		用地手续			规划手续
是否具有满足本项目施工图或其他技术资料(注2)		资金性质			施工图审查文号
施工单位名称及资质			建造师(项目经理)	姓　名	
				等级及证号	
施工单位资料	(工商执照、资质证书、安全生产许可证、其他)				
房建项目填写以下内容					
报建栋号					
报建各栋面积及层数(含地下/地上)					
初审意见: 　　　　　　　　　　　　　　　　　　　　　　　　　　　　　年　月　日					
招投标管理机构意见: 　　　　　　　　　　　　　　　　　　　　　　　　　　年　月　日					

注:1. 省外施工企业需提供资质核验表。
　　2. 满足本项目施工图或其他技术资料填写有或无。

2. 招标人资质审查或委托招标代理机构

招标人可以委托招标代理机构进行招标活动，也可以自行组织招标，任何单位和个人不得干涉，但是自行组织招标活动应当符合相关法律规定，上报招标管理机构审查。招标人应当组建招标机构，进行招标投标活动。

3. 招标申请

在办理招标申请时，所提交的材料根据项目类型和招标内容不同、监管单位的不同和各地要求不同而不完全相同。如施工招标要求提交项目立项批文或备案证、国有土地使用证、用地规划、工程规划、工程报建、资金证明、图审报告、消防审查等资料；发改委监管项目要求提交立项（或初设）批文、招标方案核准等即可发布招标公告。

4. 资格预审文件、招标文件的编制与送审

招标人应当编制工程的资格预审文件和招标文件，并按照规定报送招标投标监督管理机构审查备案。编制依法必须进行招标的项目的资格预审文件和招标文件时，应当使用国务院发展改革部门会同有关行政监督部门制定的标准文件。

5. 工程招标标底的编制

标底是招标人对招标工程的预期价格，是衡量投标人投标报价的一个尺度。招标人进行项目招标时，根据需要可以设置标底。当招标人不设置标底时，为有利于客观、合理地评审投标报价和避免哄抬标价，招标人应当编制招标控制价。招标控制价是指招标人或招标人委托的造价咨询机构，依据招标图纸、市场材料价格、当地的规费取费标准等，编制的该项目的工程最高限价。

《中华人民共和国招标投标法实施条例》第27条规定："招标人可以自行决定是否编制标底。一个招标项目只能有一个标底。标底必须保密。接受委托编制标底的中介机构不得参加受托编制标底项目的投标，也不得为该项目的投标人编制投标文件或者提供咨询。招标人设有最高投标限价的，应当在招标文件中明确最高投标限价或者最高投标限价的计算方法。招标人不得规定最低投标限价。"

目前，无标底招标渐渐成为主流。

6. 刊登资审通告、招标通告

若项目需要资格预审，应当发布资格预审通告；若项目不需要资格预审，则可以直接发布招标公告。

7. 资格审查

如果项目需要资格预审，则应当由招标人对申请投标的潜在投标人进行资格审查，包括申请人的资质条件、业绩、信誉、技术及资金等方面情况。只有在资格预审合格的情况下，投标申请人才可以参与投标活动。招标人也可以根据需要进行资格后审，在开标时，对投标申请人的资格进行审查，具体审查内容与资格预审相似。

8. 发售招标文件

资格预审后，招标人应当将招标文件、图纸和有关技术资料发售给通过资格预审的合格投标人。投标人收到招标文件、图纸和有关技术资料时，应当认真核对，核对无误应以书面形式确认。

招标人应当按照资格预审公告、招标公告或者投标邀请书规定的时间、地点发售资格预审文件或者招标文件。资格预审文件或者招标文件的发售期不得少于 5 日。

招标人发售资格预审文件、招标文件收取的费用应当限于补偿印刷、邮寄的成本支出，不得以营利为目的。

招标人可以对已发出的招标文件进行必要的修改和澄清。澄清或修改的内容影响投标文件编制的，招标人应当在投标截止日 15 日前，以书面形式通知所有获取招标文件的潜在投标人；不足 15 日的，招标人应当顺延提交投标文件截止日。

9. 勘察现场

招标人应当组织投标人参加现场踏勘，让投标人了解工程场地和周围环境状况，以获取投标人认为的必要信息。勘察现场的费用由投标人自行负责。

10. 投标预备会

招标人应当组织投标预备会，也称标前会议。招标人在会议上向投标人澄清招标文件中的疑问，解答投标人对招标文件和勘察现场提出的疑问和问题。另外，招标人还可以对招标文件中的某些内容加以修改或补充说明，会议结束后，招标人应当将会议纪要以书面通知的形式发给每一个投标人。

11. 接收投标文件

投标人应当在投标截止日前在规定地点提交投标文件给招标人。依法必须进行招标的项目，自招标文件发出之日起至投标人提交投标文件截止之日止，最短不得少于 20 日。

12. 开标

招标人应当在招标文件中明确开标时间，提交投标文件截止时间的同一时间即开标时间。招标人应当按照招标文件规定的时间、地点按照规定的议程公开开标。所有投标人的法定代表人或委托代理人应当准时参加。

13. 评标

招标人应当依法组建评标委员会。在监管机构的监督下，评标委员会依照招标文件规定的评标标准和方法，对投标人的投标文件进行评价，并出具书面报告，推荐中标候选人或经招标人授权确定中标人。

14. 定标

依法必须进行招标的项目，招标人应当自收到评标报告之日起 3 日内公示中标候选人，公示期不得少于 3 日。

投标人或者其他利害关系人对依法必须进行招标的项目的评标结果有异议的，应当在中标候选人公示期间提出。招标人应当自收到异议之日起 3 日内做出答复；做出答复前，应当暂停招标投标活动。

15. 发出中标通知书

公示期满后，投标有效期内，招标人以书面形式向中标人发出中标通知书，同时，将中标结果通知未中标的投标人。

依法必须进行招标的项目，招标人应当自确定中标人之日起15日内，向有关行政监督部门提交招标投标情况的书面报告。书面报告应当至少包括下列内容：

(1)招标范围；

(2)招标方式和发布招标公告的媒介；

(3)招标文件中投标人须知、技术条款、评标标准和方法、合同主要条款等内容；

(4)评标委员会的组成和评标报告；

(5)中标结果。

16. 签订合同

招标人和中标人应当自中标通知书发出之日起30日内，按照招标文件和中标人的投标文件订立书面合同。招标人和中标人不得再行订立背离合同实质性内容的其他协议。

应用案例

2015年3月，新阳公司准备对其将要完工的大厦工程进行装饰装修。经研究决定采取招标方式向社会公开招标施工单位，白塔建筑公司参与了竞标，并于5月1日收到新阳公司发出的中标通知书。按照新阳公司要求，白塔建筑公司于5月10日进场施工，并同时建设样板间，在此前后，双方对样板间的验收标准未做约定。

6月20日，新阳公司以样板间不合格为由通知白塔建筑公司，要求白塔建筑公司3日内撤离施工现场。白塔建筑公司认为，新阳公司擅自毁约，不符合《招标投标法》的规定，遂诉至人民法院，要求新阳公司继续履约，并签订装修合同。

试分析白塔建筑公司能否诉讼成功。

3.3 任务实施

根据任务，编制教学楼招标时间安排表，确定发放招标公告、资格预审、招标文件、现场踏勘、投标预备会、开标、发出中标通知书等的时间安排。

3.4 任务评价

本任务主要讲述工程项目招标程序。开始一个工程项目首先要进行报建，然后委托招标代理机构或者自行组织招标，进行招标申请、资格预审文件编制、招标文件的编制与送审、工程招标标底的编制、刊登资审通告、招标通告、资格审查、发售招标文件、勘察现场、投标预备会、开标、评标、定标和签订合同等活动。

请完成下表：

任务3　任务评价表

能力目标	知识点	分值	自测分数
能够规划招标流程	招标流程	70	
	招标时间间隔规定	30	

技能实训

一、判断题

1. 招标人可以直接指定分包人。（　　）
2. 投标预备会的作用是招标人解答投标人提出的关于招标文件、设计文件和踏勘现场中的疑问。（　　）
3. 开标会议应当在规定的时间、地点公开举行，应充分体现招标的公开、公平和公正的原则。（　　）
4. 招标人在招标前应向建设行政主管部门办理招标备案。（　　）
5. 中标通知书对招标人和中标人具有法律效力。中标通知书发出后，招标人改变中标结果的，或者中标人放弃中标项目的，应当依法承担法律责任。（　　）
6. 依法必须进行招标的项目，招标人应当自确定中标人之日起7日内，向有关行政监督部门提交招标投标情况的书面报告。（　　）
7. 招标人和中标人应当自中标通知书发出之日起30日内，按照招标文件和中标人的投标文件订立书面合同。（　　）
8. 依法必须进行招标的项目，招标人应当自收到评标报告之日起3日内公示中标候选人，公示期不得少于3日。（　　）
9. 招标人不可以对已发出的招标文件进行必要的修改和澄清。（　　）

二、单选题

1. 下列行为中，表明投标人已参与投标竞争的是（　　）。
   A. 通过资格预审　　　　　　B. 获取招标文件
   C. 报名参加投标　　　　　　D. 递交投标文件
2. 根据《工程建设项目施工招标投标办法》的规定，资格预审文件发售时间最短不得少于（　　）日。
   A. 3　　　　B. 10　　　　C. 7　　　　D. 5
3. 根据《招标投标法》的规定，依法必须进行招标的项目，自招标文件发出之日起至投标人提交投标文件截止之日止，最短不得少于（　　）日。
   A. 20　　　B. 25　　　C. 30　　　D. 45
4. 招标人应当在投标截止日（　　）日前，以书面形式通知所有获取招标文件的潜在投标人。
   A. 20　　　B. 30　　　C. 10　　　D. 15

5. 招标人在招标文件要求提交文件的截止时间前收到的所有投标文件，开标时都应当（　　）。
   A. 当众予以拆封　　　　　　　　B. 当众予以拆封、宣读
   C. 当众宣读　　　　　　　　　　D. 当众予以拆封、展示
6. 标底是指由业主对招标工程进行工程造价控制的一个（　　）价格。
   A. 实际　　　B. 最高　　　C. 预期　　　D. 最低
7. 勘察现场的费用由（　　）负责。
   A. 投标人　　　　　　　　　　　B. 招标人
   C. 视具体情况而定　　　　　　　D. 各自
8. 招标人发售资格预审文件、招标文件收取的费用应当（　　）。
   A. 不得以营利为目的　　　　　　B. 可以稍微盈利
   C. 按照国家相关规定利润盈利　　D. 不能收取费用

三、案例题

某房地产公司计划在北京开发某住宅项目，采用公开招标的形式，有A、B、C、D、E五家施工单位领取了招标文件。本工程招标文件规定2013年1月20日上午10：30为投标文件接收终止时间。在提交投标文件的同时，需要投标单位提供投标保证金20万元。

在2013年1月20日，A、B、C、D单位在上午10：30前将投标文件送达，E单位在上午11：00送达。各单位均按照招标文件的规定提供了投标保证金。

在上午10：25时，B单位向招标人递交了一份投标价格下降5%的书面说明。

招标人最后确定C为中标人，因为某种原因，并未向有关行政监督部门提交招标投标情况的书面报告，并私下与C就工程工期进行谈判，取得了较好的结果。

问题：
1. B单位向招标人递交的书面说明是否有效？
2. 招标人不向行政监督部门提交书面报告的行为是否合法？
3. 私下进行工程工期谈判的行为是否合法？

任务4 编制资格预审文件

引例：华阳公司新建一个厂房，发出招标公告，吸引了众多投标人参与，致使华阳公司花费大量时间进行评标和定标工作。

4.1 任务导读

4.1.1 任务描述

××学院由于教学需要，拟新建一座教学楼，建筑面积约为 10 000 m^2，项目总投资约为 2 000 万元。目前已经被批准，拟订完招标日程安排，按照安排，现在应当编制资格预审文件。

4.1.2 任务目标

(1)能够编制资格预审文件；
(2)能够选择合适的资格审查方式。

4.2 理论基础

4.2.1 资格审查分类

在我国，资格审查分为资格预审和资格后审。资格预审在发售招标文件之前进行；资格后审则在开标后进行。我国大多数地区采用资格预审方式，但近年来，选择资格后审的工程项目越来越多。

资格预审是指在投标前对潜在投标人进行的资格审查。招标人在发售招标文件之前，要求潜在投标人提交资格预审文件，通过对潜在投标人提交的资格预审文件进行审查，按照程序确定出合格的潜在投标人，并发出资格预审合格通知书。只有资格预审合格的潜在投标人才有资格按照资格预审合格通知书规定的时间和地点领取招标文件、图纸和有关技术资料。

资格预审有助于了解并掌握潜在投标人的技术、经济情况；有助于排除不合格的潜在投标人；有助于降低交易成本，提高工作效率；有助于吸引实力雄厚的潜在投标人。

资格后审是指在开标后对投标人进行的资格审查。投标人应当在提交投标文件的同时提交资格后审文件，评标委员会在开标后、评标前对投标人进行资格预审，只有资格后审合格的投标人，才能进行下一步的评标程序，资格后审不合格，其投标文件作废标处理。资格后审的材料与资格预审相似。资格后审比资格预审节约时间。进行资格预审的，一般不再进行资格后审，招标文件另有规定的除外。

4.2.2 资格审查程序

资格后审程序较为简单，资格预审程序则相对复杂，这里主要以资格预审为例，讲述资格审查程序。

1. 编制资格预审文件

编制资格预审文件是由招标人组织有关专家人员编制资格预审文件，也可以委托招标代理公司编制。资格预审文件的主要内容有：①投标企业概况；②财务状况；③拟投入的主要管理人员情况；④目前剩余劳动力和施工机械设备情况；⑤近3年承建工程情况；⑥目前正在承建的工程情况；⑦两年来涉及的诉讼案件情况；⑧其他资料。资格预审文件须报招标管理机构审核。

某工程资格预审文件示例：

一、资格预审须知

1. 工程概况

1.1　工程的综合说明

工程名称：阳城市道路给水工程

建设地点：阳城市

建设规模：DN300~DN400球墨铸铁管为3 230 m，DN200入户支管为210 m。

发包方式：包工包料　　　　　工程质量要求：合格

计划开工日期：2015年4月15日　竣工日期：2015年6月14日

工期：61天（日历日）

发包范围：

2. 资金来源

2.1　本工程的资金来源是：自筹

3. 资格与合格条件的要求

3.1　参加资格预审的单位必须具有独立法人资格和相应资质的施工单位。

3.2　为能通过资格预审，并在此之后参加本工程合同的投标，参加资格预审的施工单位应提供令招标单位满意的资格文件，以证明其符合规定要求的投标合格条件和履行合同的能力。为此，所提交的资格审查申请书中应包括下列资料：

3.2.1　有关确立法律地位原始文件的复印件（包括营业执照副本、资质等级证书、开发区施工资质核验证）。

3.2.2　在过去3年内完成的与本合同相似的工程情况和现在正在履行的合同的工程情况。

3.2.3 提供管理和执行本合同拟在施工现场或不在施工现场的管理人员和主要施工人员情况。

3.2.4 提供完成本合同拟采用的主要施工机械设备情况。

4. 本工程不允许转包、分包，否则建设单位有权取消投标单位投标资格，若在施工过程中发现有转包、分包情况，建设单位将根据有关规定解除施工合同。

5. 资格预审文件一份正本，一份副本，在3月10日前，送达阳城市市政管理局。

6. 施工单位提供的全部技术资料必须准确详细，以便招标单位做出正确的判断。资格预审的依据是：资格预审文件中提供的资料和对所报资料的澄清必须真实有效。如果没按照要求在资格预审文件中提供具体证明资料，或在阳城市以往工程中有不良业绩的甲方不满意的施工单位，将导致资格预审不合格。

7. 招标单位向被确定资格预审合格的施工单位发出资格预审合格通知书。收到通知后应当以书面形式通知招标单位确认准备参加投标。

8. 资格预审合格的施工单位在领取招标文件时需交纳100元工本费、1 000元图纸押金和20万元投标保证金。

招标单位：（盖章）

地址：阳城市青年街24号　　　　　　邮政编码：111000

联系人：徐扬　　　　　　　　　　　　电话：1234567

日期：2015年3月1日

二、资格预审申请书

1. 申请资格预审单位的情况

1.1　企业简历

企业注册名称			建立日期	
企业法人代表		职称		企业性质	
企业资质等级		经营方式			
上级主管部门		经营方式			
批准成立机构				
经营范围				
企业简历				

1.2 人员和机械设备情况

企业职工总数	人	有职称管理人员				工人		
		高工	工程师	助工	技术员	4~8级	1~3级	无级

主要施工机械设备	名称	型号	数量/台	总功率/kW 或/HP	制造国	制造年份

2. 近三年承建同类工程情况一览表

建设单位	项目名称及建设地点	结构类型	建设规模	开竣工日期	施工范围	合同履约情况

3. 目前正在施工的工程情况一览表

建设单位	项目名称及建设地点	结构类型	建设规模	施工范围

4. 拟投入的主要管理人员情况(按专业、管理类别和在现场的列明)

姓名	职务	职称	在本工程中拟担任工作	主要经验及承担的项目

5. 拟用于本工程劳动力和机械设备情况

5.1 劳动力情况

剩余人员数	共计：				人
其中	有职称管理人员				其他管理人员
	高级工程师	工程师	助理工程师	技术员	
					普通工人
	8级以上	6～8级	4～6级	1～3级	

5.2 施工机械设备情况

机械设备名称	型号	数量/台	总功率/kW 或/HP	制造国或产地	制造年份

6. 目前和过去两年涉及的诉讼案件情况(如有时)
7. 其他资料(如各种奖励或处罚等)
8. 需提供近两年的经会计师事务所审计的财务报表

2. 资格预审公告

招标人需要在建设工程交易中心及政府指定的报刊、网络发布工程招标信息，刊登资格预审公告。资格预审公告的内容应当包括工程项目名称、资金来源、工程规模、工程量、工程分包情况、投标人的合格条件、购买资格预审文件日期、地点和价格，递交资格预审投标文件的日期、时间和地点。

应用案例

某招标项目属于大型基础设施，因关系到社会公共利益，根据《招标投标法》必须进行招标。因某种原因，该项目的招标人希望A单位中标。但如果通过正常途径进行招标，招标人无法掌控招标的结果，于是招标人利用了公告发布这一环节：招标人将招标公告只发布在了某一发行量不大的、不知名的地方报纸上。结果只有少数几家单位来投标，除了A单位，其他两家投标单位的实力比较弱。在评标的时候，评委推荐A单位中标，招标人如愿以偿地让自己事先内定的A单位中标。

分析：基于招标活动应当具有公开性，标准评价内容的第一项规定即为招标公告的公开方式评价，即审查招标公告的公开方式是否能够达到相应的公开要求，能否为招标活动的充分竞争提供基本的信息公开基础。如果招标公告的公开方式不能满足标准的要求，其评定等级将被直接限定在不可信级别。

3. 报送资格预审文件

投标人应在规定的截止时间前报送资格预审文件。

4. 评审资格预审文件

由业主负责组织评审小组，包括财务、技术方面的专门人员对资格预审文件进行完整性、有效性及正确性的资格预审。招标人采用资格预审方式对申请人进行资格审查的，应当组建资格审查委员会。评审专家应当从建设行政主管部门设立的评标专家名册中随机抽取。资格后审应当在开标后由评标委员会按照招标文件规定的标准和方法对投标人的资格进行审查。

（1）财务状况。招标人主要考察投标人是否有足够的资金承担本工程。投标人必须有一定数量的流动资金。投标人的财务状况将根据其提交的经审计的财务报表以及银行开具的资信证明来判断，其中特别需要考虑的是承担新工程所需要的财务资源能力、进行中工程合同的数量及目前的进度，投标人必须有足够的资金承担新的工程。其财务状况必须是良好的，对承诺的工程量应不超出本人的能力。不具备充足的资金执行新的工程合同将导致其资格审查不合格。

（2）施工经验和技术。主要考察投标人是否承担过类似本工程项目，特别是具有特别要求的施工项目，近年来施工的工程数量、规模。投标人要提供近几年中招标人满意地完成过相似类型和规模及复杂程度相当的工程项目的施工情况。同时，还要考虑投标人过去的履约情况，包括过去的项目委托人的调查书。过去承担的工程中如有因投标人的责任而导致工程没有完成，将构成取消其资格的充分理由。

（3）人员。投标人主要考察投标人所具有的工程技术和管理人员的数量、工作经验、能力是否满足本工程的要求。投标人应认真填报拟选派的主要工地管理人员和监督人员及有关资料供审查，应当选派在工程项目施工方面有丰富经验的人员，特别是派往作为工程项目负责人的经验、资历非常重要。投标人不能派出有足够经验的人员将导致被取消资格。

（4）设备。招标人主要考察投标人所拥有的施工设备是否能够满足工程的要求。投标人应当清楚地填报拟投入该项目的主要设备，包括设备的类型、制造厂家、型号，设备是自有的还是租赁的，设备的类型要与工程项目的需要相适合，数量和能力要满足工程施工的需要。

经过上述四个方面的评审，对每一个投标人统一打分，得出评审结果。投标人对资格预审申请文件中所提供的资料和说明要负全部责任。如提供的情况有虚假或不能提供令业主满意的解释，业主将保留取消其资格的权力。

5. 向投标人通知评审结果

业主应当向所有参加资格预审的申请人公布评审结果。

4.2.3 资格审查方法

资格审查方法有合格制和有限数量制两种审查方法。合格制即只要符合资格审查标准的申请人均通过资格审查，参与招标投标活动；有限数量制即审查委员会对通过资格审查标准的申请文件按照公布的量化标准进行打分，然后按照资格预审文件确定的数量和资格申请文件得分，按由高到低的顺序确定通过资格审查的申请人名单。通过资格预审的申请人不超过资格审查办法前附表规定的人数。在有限数量制模式下，资格审查合格投标人未必能够获得投标资格。采用资格后审的资格审查方式，一般采用合格制方法确定通过资格审查的投标人名单。

4.2.4 资格审查步骤

1. 初步审查

初步审查是一般符合性审查。检查资格预审文件总体上是否符合资格预审的要求，初步筛选掉不合格的申请人。

2. 详细审查

通过第一阶段的初步审查后，即可进入详细审查阶段。审查的重点在于投标人财务能力、技术能力和施工经验等内容。

3. 申请文件的澄清

申请人的澄清或说明应当采用书面形式，不得改变申请文件的实质性内容。招标人和审查委员会不接受申请人主动提出的澄清或说明。

资格预审方法可以分为定性评审法和定量评审法两种。定性评审法以符合条件为标准筛选合格的投标人，而定量评审法则按照具体标准，给各项可比因素赋分，给各个申请人按照得分排序。

采用定量评审法时，一般采用加权评分法。表4-1为资格预审时打分的表格。

表 4-1　资格预审评审打分表

项目	满分	最低分数
财务状况	20	10
施工经验和技术	30	20
人员	20	10
设备	30	20
总分	100	60

注：总分不低于60分，单项不低于最低分数者为合格。

资格预审合格后，即可发出资格预审合格通知书，资格预审合格通知书范本如下：

资格预审合格通知书

招标编号：

（投标候选人）：
(建设单位名称)坐落于(建设地点)的(项目名称)工程，结构为＿＿＿＿，建设规模＿＿＿＿。
你单位按资格预审文件规定所递交的资格预审申请书，经招标人组织有关专家对所填报内容的评审，符合招标人要求的投标资格条件，资格预审合格，且已被确定为投标候选人。请收到该资格预审合格通知书后，于＿＿＿＿年＿＿＿＿月＿＿＿＿日前，以书面形式就是否参与上述工程的投标进行确认。

招标人：（盖章）
法定代表人或授权委托人：（签字）
日期： 年 月 日
交易中心经办人：
日期： 年 月 日

应用案例

某企业为扩建厂房进行招标，但其只想让几个关系好的施工单位来参加投标，于是该企业在资格预审时对所有报名的单位进行评分。由于资格预审的程序、评审方式不公开，又是采用打分的方式进行，个人操作的空间很大，最后该企业只让跟自己关系好的几个施工单位通过了资格预审。

分析：这种暗箱操作行为，是典型的"量身定做"。针对这一问题，国家要求资格审查条件的设置应当具有针对性，即针对招标项目实施的需求而制定；应当具有必要性，即这些资格条件应当是实施招标和必须具备的条件。招标人不应当在资格审查条款上存在歧视性，不得限制一部分潜在投标人，资格审查过程应当遵循公开、公平、公正原则。

4.2.5　联合体资格预审

招标人可以允许投标人组成联合体投标，共用承包工程，即联合体承包。联合体承包是指两个以上法人或者其他组织组成一个联合体，以一个承包人的身份共同承包的行为。

进行联合体投标应当满足下列要求：

（1）参加联合的所有成员都应当分别填写完整的资格预审表格，且不允许任何单位提交或参加一个以上的投标。联合体各方应当签订共同投标协议，明确约定各方拟承担的工作和责任，该协议书应作为其资格预审申请书或投标文件的一部分，随其资格预审申请书或投标文件一起提交。

（2）资格预审申请书中须指明为首的主办人，招标人与联合体之间的任何联系将通过为首的主办人进行。

（3）资格预审申请书必须确认，如果资格预审合格后联合体参加投标，投标文件及今后可能被授予的合同都将由所有合伙人签署，以便使法律对全体合伙人共同并分别具有约束力。

（4）申请书必须说明拟议中每个合伙人的参与情况及其责任。

联合体参加资格预审并获通过的，其组成的任何变化都必须在提交投标文件截止之日前征得招标人的同意。联合体中标后，各方应当共同与招标人签订合同，就中标项目向招标人承担连带责任。

4.3 任务实施

请根据所学理论知识，编制××学院教学楼的资格预审文件。

4.4 任务评价

本任务主要讲述资格预审文件的编制。内容包括资格预审文件的种类、作用；资格预审文件的构成，资格预审文件编制，资格预审文件评审，资格预审文件评审办法，资格预审评审报告以及资格预审合格通知书等。

请完成下表：

任务4 任务评价表

能力目标	知识点	分值	自测分数
能够编制资格预审文件	资格预审文件编制	70	
能够选择合适资格审查方式	资格审查作用	20	
	资格审查种类	10	
能审查资格预审文件	审查资格预审文件		
做出资格预审评审报告	资格预审评审报告		
发出资格预审合格通知书	资格预审合格通知书		

技能实训

一、判断题

1. 资格审查时，不得对投标人实行歧视性待遇。（　　）
2. 通过资格预审可以排除不合格的投标人，从而降低招标成本。（　　）
3. 资格审查时需要提交营业执照和资质证书的副本复印件。（　　）
4. 标前预备会主要是澄清招标文件中的疑问以及现场踏勘的问题。（　　）
5. 提交的资格预审书对资格预审文件未做出全面实质性响应的，招标人有权拒绝。（　　）
6. 招标人将资格预审结果以电话形式通知每一个申请人。（　　）
7. 招标人应对资格预审做出解释，但不保证申请人对解释内容满意。（　　）
8. 招标人对招标文件中问题的解释，形成书面材料，可以作为招标文件的组成。（　　）
9. 联合体中标后，各方应共同与招标人签订合同，向招标人承担连带责任。（　　）
10. 参加联合的所有成员都应分别填写完整的资格预审表格，且不允许任何单位提交或参加一个以上的投标。（　　）

二、单选题

1. 某国有企业采用国际招标，采购设备控制系统，计划安装时间为2011年9月30日，该设备自控系统需要生产时间为20 d，进口和运输时间为10 d。该项目采用资格后审制，为满足项目安装时间要求，则招标公告最迟应当在（　　）之前发布。
   A. 2011年7月15日　　　　　　B. 2011年8月1日
   C. 2011年8月5日　　　　　　D. 2011年8月31日

2. 某城市小学投资700万元建设教学楼，组织工程施工公开招标，招标文件规定投标人应当具备的资格条件中，正确合理的是（　　）。
   A. 投标人须在当地注册登记
   B. 投标人须在本市具有5 000万元以上同类项目的业绩
   C. 投标人应当具有施工总承包特级资质
   D. 不接受联合体投标

3. 某城市公共基础设施项目，包括房建、市政、绿化等工程，采用施工总承包公开招标。由于项目规模较大，预计有兴趣参与投标的单位超过100家。本项目比较适合的资格审查方法是（　　）。
   A. 以合格制进行资格预审　　　　B. 以有限数量制进行资格预审
   C. 以合格制进行资格后审　　　　D. 以有限数量制进行资格后审

4. 招标文件、图纸和有关技术资料发放给通过资格预审获得投标资格的投标单位，投标单位应当认真核对，核对无误后以（　　）形式予以确认。
   A. 会议　　　　　　　　　　　B. 电话
   C. 口头　　　　　　　　　　　D. 书面

5. 资格审查方法有合格制和（　　）两种审查方法。
   A. 综合评价制　　　　　　　　B. 有限数量制
   C. 积分制　　　　　　　　　　D. 定性分析
6. 联合体成员就中标项目向招标人（　　）。
   A. 承担连带责任　　　　　　　B. 承担共同责任
   C. 承担各自责任　　　　　　　D. 无错不承担责任
7. 在我国，资格审查分为（　　）和资格后审。
   A. 资格后审　　B. 资格详审　　C. 资格预审　　D. 初步审查
8. 资格后审是指在（　　）后对投标人进行的资格审查。投标人应当在提交投标文件时，同时提交资格后审文件。
   A. 评标　　　　B. 开标　　　　C. 发售招标文件　　D. 领取招标文件
9. 资格预审时，业主应向（　　）公布评审结果。
   A. 每一个申请人单独　　　　　B. 个别申请人
   C. 合格申请人　　　　　　　　D. 所有申请人

三、案例题

1. 阳城市政府已批准兴建一所学校，现就该工程的施工面向社会公开招标。本次招标工程项目的概况为：建筑规模约为 18 000 万元；建筑面积约为 200 000 m²；主楼采用框架结构；建设地点在南郊街以外；招标范围：土建和所有专业安装工程。工程质量要求达到国家施工验收规范合格标准。凡对本工程感兴趣的施工单位均可向招标人提出资格预审申请。

问题：(1)《招标投标法》中规定的招标方式有哪几种？

(2) 简述招标人对投标人进行资格预审的程序。

2. 某地政府投资工程采用委托招标方式组织施工招标。依据相关规定，资格预审文件采用《中华人民共和国标准资格预审文件》(2007 年版)编制。招标人共收到了 16 份资格预审申请文件，其中 2 份资格申请文件是在资格预审申请截止时间 2 分钟后收到。招标人按照以下程序组织了资格审查：

(1) 组建资格审查委员会，由审查委员会对资格预审申请文件进行评审和比较。审查委员会由 5 人组成，其中招标人代表 1 人，招标代理机构代表 1 人，政府相关部门组建的专家库中抽取技术、经济专家 3 人。

(2) 对资格预审申请文件外封装进行检查，发现 2 份申请文件的封装、1 份申请文件封套盖章不符合资格预审文件的要求，这 3 份资格预审申请文件为无效申请文件。审查委员会认为只要在资格审查会议开始前送达的申请文件均为有效。这样，2 份在资格预审申请截止时间后送达的申请文件，由于其外封装和标识符合资格预审文件要求，为有效资格预审申请文件。

(3) 对资格预审申请文件进行初步审查。发现有 1 家申请人使用的施工资质为其子公司资质，还有 1 家申请人为联合体申请人，其中 1 个成员又单独提交了 1 份资格预审申请文件。审查委员会认为这 3 家申请人不符合相关规定，不能通过初步审查。

(4) 对通过初步审查的资格预审申请文件进行详细审查。审查委员会依照资格预审文件中确定的初步审查事项，发现有一家申请人的营业执照副本（复印件）已经超出了有效期，于是要求这家申请人提交营业执照的原件进行核查。在规定的时间内，该申请人将其重新申办的营业执照原件交给了审查委员会核查，确认合格。

(5)审查委员会经过上述审查程序，确认以上第(2)、(3)两步的 10 份资格预审申请文件通过了审查，并向招标人提交了资格预审书面审查报告，确定了通过资格审查的申请人名单。

问题：(1)上述招标人组织的资格审查程序是否正确？为什么？如果不正确，请写出正确的资格审查程序。

(2)审查过程中，审查委员会的做法是否正确？为什么？

(3)如果资格预审文件中规定确定 7 名资格审查合格的申请人参加投标，招标人是否可以在上述通过资格预审的 10 人中直接确定？或者采用抽签方式确定 7 人参加投标？为什么？正确的做法应该是怎样的？

任务 5　编制招标文件

引例：某工程施工招标文件（来源网络改编）如下：

A 市建设工程施工招投标招标文件

　　　　工程名称：<u>某省电力公司 A 市××公司供电所工程</u>
　　　　项目编号：

　　　　招　标　人：<u>瑞安××有限责任公司</u>
　　　　招标代理单位：<u>B 市××工程投资咨询公司</u>
　　　　监　督　机　构：<u>A 市建设工程招标投标监理处</u>
　　　　日　　　　期：<u>2015 年 9 月</u>

目　　录

一、投标须知前附表
二、投标须知
（一）总则
（二）招标文件
（三）投标文件的编制
（四）投标文件的提交
（五）开标
（六）评标
（七）合同的授予
（八）其他事项
三、合同条款
四、工程建设标准
五、图纸及其他资料
六、工程量清单
七、投标文件格式

一、投标须知前附表

项号	条款号	内容	说明与要求
1	1.1	工程名称	某省电力公司 A 市××公司供电所工程
2	1.1	建设地点	A 市向阳镇
3	1.1	建设规模	总建筑面积：5 256 m² 总投资约 800 万元 结构类型及层数：框架/五层
4	1.1	承包方式	包工包料
5	1.1	质量要求	合格
6	2.1	招标范围	土建、安装
7	2.2	工期要求	施工总工期： 270 日历天
8	3.1	资金来源	自筹
9	4.1	投标人资质等级要求	房屋建筑施工总承包 叁级 及以上； 建造师：建筑专业注册建造师 贰级 及以上
10	4.2	资格审查方式	资格后审
11	14.1	工程报价方式	工程量清单综合单价报价
12	16.1	投标有效期	60 个工作日（从投标截止之日算起）
13	17.1	投标担保金额及截止时间	壹拾万元整 2015 年 9 月 25 日 15：00
14	8.3	招标文件的取得	招标文件文本及电子版、投标邀请函、标函封袋于 2015 年 9 月 4 日至 2015 年 9 月 24 日（上午 9：00 至 11：30，下午 14：30 至 17：00）在 A 市公共资源交易中心报名区购买，每份 300 元售后不退（双休日休息）。 招标文件也可在 http：//www.raz.com（进入"建设工程交易/招标公告"/点击工程名称/链接）上下载
15	5.1	踏勘现场	自行前往
16	9.1	投标人疑问递交	2015 年 9 月 10 日 17 时 30 分前以不记名方式发传真至招标代理单位
17	10.3	招标文件答疑纪要（或补遗）的取得	时间：2015 年 9 月 11 日 在 http：//www.raz.com（进入"建设工程交易/招标公告"/点击工程名称/链接）上下载
18	18	报名刷卡时间	报名刷卡时间：2015 年 9 月 25 日（上午 9：00 至 11：30，下午 14：30 至 15：00）
19	19.1	投标文件份数	商务标一份正本，五份副本； 资格后审申请书一份正本，两份副本

续表

项号	条款号	内容	说明与要求
20	21.1	投标文件提交地点	收件人：B市××工程投资咨询公司 地点：A市公共资源交易中心开标室
21	21.2	投标文件递交截止时间	2015 年 9 月 25 日 15 时 00 分
22	24.1	开标	开始时间：2015 年 9 月 25 日 15 时 00 分 地点：A市公共资源交易中心开标室
23	32.3	评标方法与标准	投标须知第 32.3 款
24	36	履约保证金	履约保证金额：为合同价的 10%
25		联系方式	招标人：A市××有限责任公司 联系人：刘雪　联系电话：0577—51105000 代理单位：B市××工程投资咨询公司 联系人：金阳 地址：A市建行大楼附属楼 联系电话：0577—65812100 传真：0577—65812000

二、投标须知

（一）总则

1. 工程说明

1.1 本招标工程项目说明详见本须知前附表第1～5项。

1.2 本招标工程项目按照《中华人民共和国建筑法》《招标投标法》及国家法律、法规、规章等有关规定，已办理招标申请，并经A市建设工程招标投标监理处备案，现通过公开招标方式择优选定承包人。

1.3 本工程的招标工作由A市电力有限责任公司委托B市建设工程投资咨询公司组织实施，A市建设工程招标投标监理处负责监督。

2. 招标范围及工期

2.1 本招标工程项目的招投标报价范围详见本须知前附表第6项。

2.2 本招标工程项目的工期要求详见本须知前附表第7项。

3. 资金来源

3.1 本招标工程项目资金来源详见本须知前附表第8项。

4. 合格的投标人

4.1 投标人资质等级要求详见本须知前附表第9项。

4.2 本招标工程项目采用本须知前附表第10项所述的资格审查方式确定合格投标人。

4.3 投标人在提交的投标文件中须包括资格后审资料。

4.4 由两个以上的施工企业组成一个联合体以一个投标人身份共同投标时，除符合第4.1、第4.2款的要求外，还应当符合下列要求：

· 49 ·

4.4.1 投标人的投标文件及中标后签署的协议书对联合体各方均具法律约束力；

4.4.2 联合体各方应当签订共同投标协议，明确约定各方拟承担的工作和责任，并将该共同投标协议随投标文件一并提交招标人；

4.4.3 联合体各方不得再以自己的名义单独投标，也不得同时参加两个或两个以上的联合体投标，出现上述情况者，其投标和与此有关的联合体投标将被拒绝；

4.4.4 联合体中标后，联合体各方应当共同与招标人签订合同，为履行合同向招标人承担连带责任；

4.4.5 联合体的各方应共同推荐一名联合体主办人，由联合体各方提交一份授权书，证明其主办人资格，该授权书作为投标文件的组成部分一并提交招标人；

4.4.6 联合体的主办人应被授权作为联合体各方的代表，承担责任和接受指令，并负责整个合同的全面履行和接受本工程款的支付；

4.4.7 除非另有规定或说明，本须知中"投标人"亦指联合体各方。

5. 踏勘现场

5.1 现场踏勘按本须知前附表第15项所述，自行前往，投标人对工程现场及周围环境进行踏勘，以便投标人获取有关编制投标文件和签署合同所涉及现场的资料，任何因忽视或误解工程现场情况而导致的索赔或工期延长申请将不被批准。投标人承担踏勘现场所发生的费用。现场已具备开工条件，如各投标人踏勘现场后认为需另外处理施工现场，其费用计入其他措施项目，一次性包干，今后不予调整。

5.2 招标人向投标人提供的有关现场的数据和资料，是招标人现有的能被投标利用的资料，招标人对投标人做出的任何推论、理解和结论均不负责任。

5.3 经招标人允许，投标人可为踏勘目的进入招标人的项目现场，但投标人不得因此使招标人承担有关的责任和蒙受损失。投标人应承担踏勘现场的责任和风险。

6. 投标费用

6.1 投标人应当承担其参加本招标活动自身所发生的全部费用。

7. 其他约定

7.1 在中标后发现有挂靠或非法分包现象的，经查实，招标人随时有权中止合同。中标人承担全部责任并建议有关部门按有关规定予以处罚。

7.2 本招标文件由 B市建设工程投资咨询公司 负责解释。

（二）招标文件

8. 招标文件的组成

8.1 招标文件包括下列内容：

(1)投标须知前附表；

(2)投标须知；

(3)合同条款；

(4)工程建设标准（目录）；

(5)图纸及其他资料；

(6)工程量清单；

(7)投标文件格式。

8.2 除 __8.1__ 内容外，招标期间招标人在规定时间内在 A 市公共资源交易中心网站上发出的答疑纪要、对招标文件的澄清或补遗内容，均为招标文件的组成部分，对招标人和投标人起约束作用。

8.3 投标人应当按照本投标须知前附表第 14 项规定的时间、地点和方式自行在 A 市公共资源交易中心报名区购买招标文件文本及电子版、投标邀请函、标函封袋，每份 300 元售后不退。招标文件也可在 http：//www.raztt.com（进入"建设工程交易/招标公告"/单击工程名称/链接）上下载。

8.4 投标人获取招标文件后，应当仔细检查招标文件的所有内容，如有残缺等问题应在获得招标文件 3 日内向招标人提出，否则，由此引起的损失由投标人自己承担。投标人同时应当认真审阅招标文件中所有的事项、格式、条款和规范要求等，若投标人的投标文件没有按招标文件要求提交全部资料，或投标文件没有对招标文件做出实质性响应，所提交的投标文件有可能被认定为无效标或废标。

9. 招标文件的澄清

9.1 投标人若对招标文件有疑问，应当按照本投标须知前附表第 16 项的要求向招标人提出澄清要求。无论是招标人根据需要主动对招标文件进行必要的澄清，或是根据投标人的要求对招标文件做出澄清，招标人都将按照投标须知前附表第 17 项的规定和方式予以澄清。

10. 招标文件的修改

10.1 招标文件发出后，在规定时间前，招标人可以对招标文件进行必要的澄清或补遗。

10.2 如发现招标文件及其评标办法中存在含糊不清、相互矛盾、多种含义以及歧视性不公正条款或违法违规等内容时，请在招标答疑前同时向招标人、招标代理机构和 A 市建设工程招标投标监理处反映。

10.3 招标文件的澄清、修改、补遗等内容将在 A 市建设工程招标投标监理处备案，并在 A 市公共资源交易中心网站（网址：http：//www.raz.com）（进入"建设工程交易/招标公告"/点击工程名称/链接）上发布信息向所有投标申请人公告，请投标申请人按时下载。招标文件的澄清、修改、补遗等内容作为招标文件的组成部分，具有约束作用。

10.4 招标文件的澄清、修改、补遗等内容均以 A 市建设工程招标投标监理处备案的书面形式明确的内容为准。当招标文件、招标文件的澄清、修改、补遗等在同一内容的表述上不一致时，以最后发出的书面文件（或公告）为准。

10.5 为使投标人在编制投标文件时有充分的时间对招标文件的澄清、修改、补遗等内容进行研究，招标人将酌情延长提交投标文件的截止时间，具体时间将在招标文件的修改、补遗通知中予以明确。

（三）投标文件的编制

11. 投标文件的语言及度量衡单位

11.1 投标文件和与投标有关的所有文件应当均使用中文。

11.2 除工程规范另有规定外，投标文件使用的度量衡单位，均采用中华人民共和国法定计量单位。

12. 投标文件的组成

12.1 投标文件由投标函部分、商务标部分、商务标电子光盘、资格后审申请书(含相关资料)部分和证书原件部分等五部分组成。

12.2 投标函部分主要包括下列内容：

12.2.1 投标邀请函(仅正本)；

12.2.2 法定代表人身份证明书；

12.2.3 投标文件签署授权委托书；

12.2.4 投标函；

12.2.5 招标文件要求投标人提交的其他投标资料。

12.3 商务标部分主要包括下列内容：

序号	格式	商务标正本内容(一式一份)	商务标副本内容(一式五份)
1		工程量清单报价表	工程量清单报价表
2	表-1	编制说明	编制说明
3	表-2	投标总价	投标总价
4	表-3	工程项目投标总价表	工程项目投标总价表
5	表-4	单项工程费汇总表	单项工程费汇总表
6	表-5	单位工程费汇总表	单位工程费汇总表
7	表-6	分部分项工程量清单计价表	分部分项工程量清单计价表
8	表-7	措施项目清单计价表	措施项目清单计价表
9	表-8	其他项目清单计价表	其他项目清单计价表
10	表-9	零星项目计价表	零星项目计价表
11	表-10	分部分项工程量清单综合单价计算表	—
12	表-11	措施项目费计算表(一)	—
13	表-12	措施项目费计算表(二)	—
14	表-13	主要材料价格表	—
15		电子光盘(一式三份)	—

注：1. 投标人提供的商务标电子光盘为预算软件格式和 Excel 格式，一式三份，并在光盘上注明投标人名称，未提交商务标电子光盘按废标处理。

2. 开标后如果投标人所提供的光盘不能正常使用或未按要求编制电子标书导致评标委员会认为不能正常辅助评标工作的，则评标委员会要求投标人在规定时间内重新提供一次，如果不能在规定时间内重新提供一次或重新提供的电子标书仍不能满足辅助评标的要求，评标委员会可以做出废标处理。

12.4 资格后审申请书(格式见附件)内容包括：

12.4.1 资格后审申请书；

12.4.2 资格后审申请书附表。包括：

12.4.2.1 投标人一般状况；

12.4.2.2 建造师一般状况；

12.4.2.3 承诺书；

12.4.2.4 施工企业安全生产条件及相关管理人员安全生产任职资格审查表；

12.4.2.5 项目技术负责人简历表；

12.4.2.6 驻现场项目部的工程技术、管理人员一览表。

12.4.3 资格后审申请书相关复印件（需加盖投标人公章），包括：

12.4.3.1 申请人的《法人营业执照》副本；

12.4.3.2 申请人的《建筑企业资质证书》副本；

12.4.3.3 注册建造师证书；

12.4.3.4 安全生产许可证；

12.4.3.5 企业主要负责人的 A 类证书（企业主要负责人包括企业法定代表人、企业经理、企业技术负责人以及企业分管安全生产的副经理，担任这四个岗位的相关人员应当提供"三类人员"A 类证书。前三个岗位必须和《建筑业企业资质等级证书》副本上载明的情况一致）；

12.4.3.6 企业分管安全生产副经理还应提供任职文件。

13. 投标文件格式

13.1 投标文件包括本须知第 11 条中规定的内容，投标人提交的投标文件应当使用招标文件所提供的投标文件全部格式（表格可以按同样格式扩展），有关证书、文件等材料如是复印件，则应加盖投标人公章。

14. 投标报价

14.1 本工程投标报价采用本须知前附表第 11 项所规定的方式。

14.2 投标人的投标报价，应当是完成本须知第 2 条和合同条款上所列招标工程范围及工期的全部，不得以任何理由予以重复，作为投标人计算单价或总价的依据。

14.3 采用工程量清单报价，投标人应当按照招标人提供的工程量清单中列出的工程项目和工程量填报单价和合价。每一个项目只允许有一个报价，任何有选择的报价将不予接受。投标人未填单价或合价的工程项目，在实施后，招标人将不予以支付，视为该项费用已包括在其他有价款的单价或合价内。

14.4 除非合同中另有规定外，投标人在投标总价中的价格均包括完成该工程项目的人工费、材料费、施工机械使用费、措施项目费、企业管理费、利润、税金、规费、安全施工费、风险费等所有费用。

14.5 除非本招标文件对工程量清单编制和报价另有说明，否则投标人应当按照工程量清单中的项目和数量进行报价。

14.6 投标单位应当根据有关要求加强安全防护、文明施工工作。文明施工、环境保护、安全施工、临时设施费等措施费用必须充分保证，其中按照有关文件规定，文明施工费、环境保护费和临时设施费三项费用投标报价时不得低于弹性区间费率的下限。安全施工费必须单列计取，不得低于工程造价的 1.5%，在投标报价时规费、税金、安全施工费作为不可竞争性费用，不得优惠。

14.7 工程量清单报价的要求

14.7.1 投标人在分部分项工程量清单计价时，应当按照招标文件的要求，根据工程特点并结合市场行情及投标人企业状况，考虑各项可能发生的风险费用，自主报价。

14.7.2 措施项目报价和其他项目报价是指现场施工配套措施所发生的但又不形成实物工程量的费用。由投标单位根据施工组织设计确定的数量自主报价。对投标单位没有填写单价或合价的项目费用，应当视为已包含或分配到工程量清单的其他单价或合价之中。

14.7.3 总包服务费的内容包括总包单位对分包工程工期、安全、质量等进行管理与协调，因交叉施工增加、腾空场地、脚手架及塔吊、施工电梯等设施的使用（另外搭拆的除外）、水电设施的提供（所需费用由分包单位支付）及各分包工程竣工资料整理等增加的费用，按照工程造价的3%计。总包单位无资质的按工程造价的1%计，总包单位自行分包的不计。

14.7.4 投标人对工程量清单中规定的暂定材料单价及暂定综合单价均不得进行变动。暂定材料单价是指材料设备的材料价格，投标单位在报价上可考虑相应的人工费、施工机械使用费、企业管理费、利润及风险费用等因素，自行计算后，填报综合单价。

14.7.5 对部分材料、设备有品牌要求的，投标人在投标文件中应当明确所选用主要材料、设备的品牌、厂家以及质量等级等情况。

14.8 清单工程量的调整

14.8.1 分部分项工程量清单项目工程数量的确定。

招标人提供的分部分项工程量清单项目有误，或设计变更引起分部分项工程量清单项目调整，其工程数量由承包人按照《清单计价指引》规定的工程量计算规则计算，经发包人或其委托的咨询单位工程师审定后，作为工程结算的依据。

招标人提供的分部分项工程量清单项目的工程量数量有误（即分部分项工程量清单项目数量差异绝对值≥5%或分部分项工程量清单项目差异部分造价绝对值≥1%投标造价），或设计变更引起分部分项工程量清单的工程数量调整，则其调整的工程数量由承包人按照《清单计价指引》规定的工程量计算规则计算，经发包人或其委托的咨询单位工程师审定后，作为工程结算的依据。

14.8.2 分部分项工程量清单项目综合单价的确定。

发包人提供的工程量清单项目漏项，或设计变更引起新的工程量清单项目，其相应综合单价的确定方法为：

(1)合同中有相同清单项目综合单价的，按照合同中相同项目的综合单价计算确定；

(2)合同中有类似清单项目综合单价的，可以参照合同中类似项目的综合单价计算确定；

(3)合同中没有类似清单项目综合单价的，按照可以选用工程预算定额、费用定额计算后结合中标下浮率计算。

由于清单项目中项目特征或工程内容发生部分变更的，应当以原综合单价为基础，仅就变更部分相应定额子目调整综合单价。

14.9 本工程可以选用工程预算定额、费用定额执行有关工程计价依据和相关政策性文件，参考标底亦按之编制。

14.10 各投标人应当充分考虑承包本工程可能存在的包干风险，并计入投标报价的综合单价中，包干风险应当包括下列因素：

14.10.1 本标文考虑的工程取费费率仅供参考，各投标人可以根据自身实力和本工程的实际情况，若须增加，在包干风险费用中自行列支。

14.10.2 施工期间所发生的施工技术措施费和施工组织措施费,不因施工组织设计及施工方案的调整及地质条件的变化、工程量的增减或设计错误及工程变更而调整,一次性包干。

14.10.3 除暂定价材料、设备按实调整,人工、材料按照 B建建〔2009〕35 号文件实行动态管理外,其他一切将采用一次性包干。

14.10.4 定额机械等可能存在的政策性调整所需增加的费用。

14.10.5 报价中应包括施工图内及按常规理解应包含在此范围内所有材料、人工、机械、管理、安装、维护、利润等政策性文件规定应包括的项目费用而定额子目可能包含不完整的费用。

14.10.6 由于城市管理、交通管理及根据本工程现场的实际条件等原因所增加支出的运输增加的费用。

14.10.7 由于停电、停水导致的问题,工期将不予顺延,费用也不予增加。

14.10.8 投标人的投标单价在合同实施期间不因市场价格波动、定额、政府文件调整等的变化而变化,今后除暂定价材料按建设单位确认的价格调整外,均不予调整。

14.10.9 招标人需要更改设计错误或提出工程变更,中标人无条件接受,不得以此理由提出工期索赔,并按照修改后的施工图进行施工和按本招标文件规定计取费用。

14.10.10 本工程的总包服务费为工程造价的3%,各投标人可以根据自身实力和本工程的实际情况,若须增加,在包干风险费用中自行列支,今后不再调整。

14.10.11 本工程招标工期已确定,投标人若认为不够可以根据自身情况和本工程施工方案自行测算所发生的全部费用,一次性包干,今后不予调整。

14.10.12 本工程将实行县标化管理,所需增加的费用。

14.10.13 其他在本标文中没有包含,但实际可能发生及投标人认为应当计列的一切费用,均属包干风险费用应计的内容,今后除本标文规定允许调整的内容按照规定调整外,一次性包干。

15. 投标货币

15.1 本工程投标报价采用的币种为人民币。

16. 投标有效期

16.1 投标有效期见本须知前附表第12项所规定的期限。在此期限内,凡符合本招标文件要求的投标文件均保持有效。

16.2 在特殊情况下,招标人在原定投标有效期内,可以根据需要以书面形式向投标人提出延长投标有效期的要求,对此要求投标人须以书面形式予以答复。投标人可以拒绝招标人的这种要求,而不被没收投标保证金。同意延长投标有效期的投标人既不能要求也不允许修改其投标文件,但需要相应地延长投标担保的有效期,在延长的投标有效期内,本须知第16条关于投标担保的退还与没收的规定仍然适用。

17. 投标担保

17.1 投标人应按要求提交投标担保,投标担保采取投标人直接向A市公共资源交易中心提交投标保证金的方式。投标保证金数额必须按照投标须知前附表第13项中规定数额进行提交,且投标保证金必须从投标人银行账户汇出,不得现金转入,不得通过投标人分支机构或第三者账户转入，否则做无效标处理。账户如下：

户名：Ａ市公共资源交易中心　　　　　　开户行：Ａ市建行营业部
账号：33001626135059000000　　　　　联系电话：65879000

各投标人必须在投标文件提交截止时间前，向招标人提供本工程投标保证金收据。对于未能按要求提交投标保证金收据的投标文件，招标人将视为不响应招标文件而予以拒绝。未中标的投标人的投标担保将按照招标人规定的投标有效期或经投标人同意延长的投标有效期期满后7日内予以退还(不计利息)。

17.2　中标人的投标保证金在中标后按本须知第35.1条规定签订合同并按照本须知第36.1条规定提交履约担保后3日内予以退还。

17.3　如投标人发生下列情况之一时，投标保证金将不予退还：

17.3.1　投标人拒绝按本须知第31条规定修正标价的；

17.3.2　中标人未能在规定期限内提交履约担保或签订合同协议的；

17.3.3　在投标文件有效期内撤回投标文件或拒绝接受投标文件中已确认的承诺或条款的；

17.3.4　出现本须知第30.1.10条、第30.1.11条情况的；

17.3.5　被认定为假投标的。

18.　报名刷卡截止时间：见本须知前附表第18项所规定的期限。

18.1　各投标人应充分考虑刷卡截止时间前由于投标人的数量的不确定性而造成拥挤现象，从而出现不能按时刷卡，其后果自负。

18.2　未能在刷卡截止时间前在Ａ市公共资源交易中心正常刷卡的投标人，其提交的投标文件将被认定为无效标而予以拒绝。

19.　投标文件的份数和签署

19.1　投标人应当按照本须知前附表第19项规定的份数提交投标文件。

19.2　投标文件的正本和副本均需打印或使用不褪色的蓝、黑墨水笔书写，字迹应当清晰易于辨认，并应当在投标文件封面的右上角清楚地注明"正本"或"副本"。正本和副本如有不一致之处，以正本为准。

19.3　投标人应将投标文件妥为密封，投标函部分、商务标部分和资格后审申请书相应地方加盖单位公章(不得以投标专用章、分公司章等其他形式印章代替，下同)及单位法定代表人或其投标文件签署的授权委托代理人签字或盖章。

19.4　除投标人对错误处须修改外，全套投标文件应当无涂改或行间插字和增删。如有修改，修改处应当由投标人法定代表人签字或盖章或由投标文件签署授权委托代理人签字或盖章。

(四)投标文件的提交

20.　投标文件的密封和标记

20.1　投标文件的密封：投标人应当注明投标文件的正本和副本。投标函部分与商务标正本一起装订。商务标电子光盘(注明投标人名称)与商务标正本一起密封。在投标文件密封袋上均应当写明招标人名称和工程名称(某省电力公司Ａ市××有限责任公司供电所)。

20.2　标函封袋统一使用由Ａ市建设工程招标投标监理处或Ａ市公共资源交易中心监

制的封袋。

20.3 商务标、资格后审文件应该分别密封，封袋和封条上必须加盖单位公章和法定代表人或其投标文件签署的授权委托代理人签字或盖章。投标人应在密封袋上清楚地标明"商务标""资格后审文件"字样。

20.4 资格后审申请书要求核对的证书原件另单独提供，可不密封，但最好在封袋上列出证书原件清单。

21. 投标文件的提交

21.1 投标人应按本须知前附表第20项规定的地点，于截止时间前提交投标文件。收件人在接到投标文件时，将在投标文件上注明收件时间。

21.2 投标文件提交的截止时间见本须知前附表第21项规定。

21.3 招标人可按本须知第10条规定以修改补充通知的方式，酌情延长提交投标文件的截止时间。在此情况下，投标人的所有权利和义务以及投标人受制约的截止时间，均以延长后新的投标截止时间为准。

22. 迟交的投标文件

22.1 在投标截止期之后送达的投标文件将被拒绝并退还给投标人。

23. 投标文件的补充、修改和撤回

23.1 投标人在提交投标文件以后，在规定的投标截止时间之前，可以以书面形式补充修改或撤回提交的投标文件，并以书面形式通知招标人。补充、修改的内容为投标文件的组成部分。

23.2 投标人对投标文件的补充、修改，应按本须知第20条有关规定密封、标记和提交，并在投标文件密封袋上清楚标明"补充、修改"或"撤回"字样。

23.3 在投标截止时间之后，投标人不得补充、修改投标文件，也不得撤回投标文件。

（五）开标

24. 开标

24.1 B市××工程投资咨询公司(代理公司)按本须知前附表第22项所规定的时间和地点公开开标，并邀请所有投标人参加，并签名报到，以证明其出席开标会议。

24.2 按规定提交合格的撤回通知的投标文件不予开封，并退还给投标人；本须知第25条规定确定为无效的投标文件，不予开启。

24.3 参加开标会议的投标人的法定代表人或其委托代理人应随带本人有效身份证明，委托代理人另应随带参加开标会议的授权委托书，以证明其身份，各投标人参加会议的人数最好不超过3人。

24.4 开标程序

24.4.1 开标由B市建设工程投资咨询公司主持，A市建设工程招标投标监理处负责监督；

24.4.2 开标前由投标人或其推选的代表检查投标文件的密封情况；

24.4.3 经确认无误后，由有关工作人员当众拆封，宣读投标人名称、投标函上的投标价格和投标文件的其他主要内容。

24.5 招标人在提交投标文件截止时间前收到的有效投标文件，开标时，其商务标都应当当众予以拆封、宣读。未能进入评审区间的投标人的资格后审文件不予开启。

25. 投标文件的有效性

25.1 开标时，投标文件出现下列情况之一的，应做无效标处理，投标文件不予开启：

25.1.1 投标文件未按照本须知第20.1、20.2、20.3条的要求密封、标记和盖章的；

25.1.2 投标人未按照招标文件的要求提供投标保证金的；

25.1.3 投标人递交投标文件同时未递交资格后审申请书的；

25.1.4 投标人未按本须知第24.3条派代表参加开标会议且未能提供证明其身份的有效文件的。

25.1.5 未能在刷卡截止时间前在A市公共资源交易中心正常刷卡的。

26. 在投标截止时间止，招标人收到的投标文件少于3个或可能存在串标的，招标人将依法重新组织招标。

（六）评标

27. 评标委员会与评标

27.1 评标委员会由招标人依法组建，负责评标活动。

27.2 评标委员会由招标人代表，以及有关技术、经济等方面的专家组成，成员为5人以上单数。其中，技术、经济类专家不得少于总人数的2/3。

28. 评标过程的保密

28.1 开标后，直到授予中标人合同为止，凡属于对投标文件的审查、澄清、评价和比较有关的资料及中标候选人的推荐情况，与评标有关的其他任何情况均严格保密。

28.2 在投标文件的评审和比较、中标候选人推荐以及授予合同的过程中，投标人向招标人和评标委员会施加影响的任何行为，都将会导致其投标被拒绝。

28.3 中标人确定后，招标人不对未中标人就评标过程以及未能中标原因做出任何解释。未中标人不得向评标委员会组成人员或其他有关人员索问评标过程的情况和材料。

29. 投标文件的澄清

29.1 为有助于投标文件的审查、评价和比较，评标委员会可以以书面形式要求投标人对投标文件含义不明确的内容做必要的澄清或说明，投标人应采用书面形式进行澄清或说明，但不得超出投标文件的范围或改变投标文件的实质性内容。根据本须知第31条规定，凡属于评标委员会在评标中发现的计算并进行核实的修改不在此列。

29.2 投标人应确保其法定代表人或委托代理人、建造师及投标文件编制人员等在评标期间，按规定的时间到指定的地点，接受评标委员会的询标。

30. 投标文件的评审

30.1 开标后，投标文件出现下列情况之一的，应做废标处理：

30.1.1 本须知第12条规定的投标文件有关内容未按本须知第19.3款规定加盖投标人公章或未经法定代表人或其投标文件签署授权委托代理人签字或盖章的，由投标文件签署授权委托代理人签字或盖章的，但未随投标文件一起提交有效的"投标文件签署授权委托书"原件的；

30.1.2 本须知第12条规定的投标文件有关内容未按本须知第19.1、19.2款规定标明正副本或少于规定份数的；

30.1.3 组成联合体投标的，投标文件未附联合体各方共同投标协议的；

30.1.4 资格后审拟派的建造师与投标函中注明的建造师不一致的；

30.1.5 投标函报价与投标总价不一致的；

30.1.6 投标人递交两份或多份内容不同的投标文件，或在一份投标文件中对同一招标项目报价有两个或多个报价，且未声明哪一个有效的；

30.1.7 提出与招标文件相悖或重大改变或保留意见的；

30.1.8 投标书采用总价让利或百分比让利方式报价的；

30.1.9 优惠规费、税金、安全施工费的；

30.1.10 投标书内容足以证明挂靠或串标或投标价存在抬价现象的(同时投标保证金不予退还)；

30.1.11 投标人弄虚作假、伪造证明的(同时投标保证金不予退还)；

30.1.12 未按本须知第12.3.1款规定提交商务标电子光盘的；

30.1.13 未按招标文件的要求提供投标邀请函原件的；

30.1.14 没有按业主所提供的工程量清单报价的，且工程量清单报价中错误项目绝对值累计报价达到投标报价的1%以上(不含)的；

30.1.15 本须知第32.3条评标标准及方法中规定的投标文件做废标处理的情形。

30.2 评标时，评标委员会将首先评定每份投标文件是否在实质上响应了招标文件的要求。所谓实质上响应，是指投标文件应与招标文件的所有实质性条款、条件和要求相符，无显著差异或保留，或者对合同中约定的招标人的权利和投标人的义务方面造成重要的限制，纠正这些显著差异或保留将会对其他实质上响应招标文件要求的投标文件的投标人的竞争地位产生不公正的影响。

30.3 如果投标文件实质上不响应招标文件的各项要求，评标委员会将予以拒绝，并且不允许投标人通过修改或撤销其不符合要求的差异或保留，使之成为具有响应性的投标。

31. 投标报价计算错误的修正

31.1 商务标中出现以下情况时，由该标书的法定代表人或其授权委托代理人予以签字确认。如果投标人拒绝签字，则按投标违约对待，不仅投标无效，而且没收其投标保证金。

31.1.1 如果数字表示的金额和用文字表示的金额不一致时，应以文字表示的金额为准；

31.1.2 如果合价金额与单价金额不一致时，以单价金额为准，除非评标委员会认为单价金额小数点有明显错误的除外。如果合价金额与总价金额不一致时，以合价金额为准；

31.1.3 正本与副本不一致的以正本为准。

31.2 评标委员会在详细评审时，发现因投标人原因造成投标报价及其综合单价遗漏工程内容、工程数量、费用或发生算术错误、冒算、多报费用等，累计投标报价错误绝对值总额(冒算、多报费用不得抵消缺漏费用)占投标报价1%(含1%)以上者，作为重大偏差判定做废标处理；错误绝对值累计占投标报价1%以内则视为该项费用已分配到其他工程量报价中，评标时对投标报价不做调整。

凡招标文件要求或工程造价组成应计算的费用而投标人未报，且投标文件中未阐明充分理由并提供足够证据者,均视为缺漏费用。

对工程量清单漏算的造价计算原则是:漏项的工程量×所有评审区间内有效投标人中该项最高综合单价后计算规费、税金和安全施工费;对工程量变动的造价计算原则是:增加或减少的数量×该项综合单价后计算规费、税金和安全施工费。

32. 投标文件的评审、比较和否决

32.1 评标委员会将按照本须知第30条规定,仅对在实质上响应招标文件要求的投标文件进行评估和比较。

32.2 评标委员会依据本须知前附表第23项规定的评标标准和方法,对投标文件进行评审和比较,向招标人提交评标报告,并推荐合格的中标候选人。招标人根据评标委员会提出的书面评标报告和推荐的中标候选人确定中标人。

32.3 评标标准及方法

32.3.1 本工程采用工程量清单报价、合理低价中标的评标方法,评审程序为:开标后先由评标委员会确定评审区间(见本须知第32.3.5条)的投标人名单,然后对进入评审区间的投标人进行商务标详细评审,最后对通过商务标评审的各投标人进行资格审查。

32.3.2 本工程投标报价:各投标单位应根据招标单位提供的全套施工图纸、技术资料、工程量清单以及本工程实际情况和自身的综合实力,自由竞报投标报价,以低于参考造价8%(含)~15%(含)的投标报价为有效标,否则均做废标处理。

32.3.3 参考标底由招标人委托有资质的单位编制,并在开标截止时间前3天在A市公共资源交易中心网站上公布[在 http://www.raz.com(进入"建设工程交易/招标公告"/单击工程名称/链接)]。

32.3.4 开商务标时出现以下情况,则该投标文件不再进入评审基准价的计算:
(1)开商务标前已做废标、无效标处理的;
(2)投标人的投标报价高不在有效标范围内的。

评审基准价为:除32.3.4款规定外的各投标人的投标报价中去掉一个最高报价和一个最低报价后的算术平均值,作为评审基准价。

32.3.5 评审区间的确定:投标报价在有效标函范围内且与评审基准价绝对值最接近评审基准价的投标文件,不足5家的,则投标报价在有效标函范围内的投标文件应当全部进入评审区间;若超过5家,则按投标报价在有效标函范围内且与评审基准价绝对值最接近评审基准价的投标文件选取5家(如绝对值相同,则以报价低者优先,如报价相同,则以评标委员会抽签决定入围单位)进入本工程评审区间。若经评审合格投标文件不足5家时,按投标报价从评审基准价绝对值最接近依次递补至5家进行评审,直至合格的投标文件不少于5家为止,不再进行余下的投标文件后续评审,或者直至全部投标文件评审完毕。若全部投标文件评审完毕时有效投标文件仍少于3家的时候,经评标委员会认定具有竞争效果的,评标委员会可以按招标文件的相关规定及评标办法向招标人推荐1~3名中标候选人。

注:评审基准价的确定,不因投标单位投标文件详细评审不合格而变动。

32.3.6 评标基准值的计算:

评标基准值 C 的确定:

C 为:如评审区间内的投标人数量≥3家时,则 C 为评审区间内的各投标人的投标报价的算术平均值再乘以$(1+K/100)$作为评标值。浮动幅度K在：0.25、0、-0.25、-0.5、-0.75五个数字中随机抽取一个(由本次招标人代表在开标会现场随机抽取)；如评审区间内的投标人数量<3家时，则C为评审区间内的最低投标报价为评标基准值。

评标基准值、评审基准价按本须知规定的方法确定后，除本须知第31.3.9款规定外不再受其他任何因素的影响而改变。

32.3.7 评审区间内各投标人的投标报价与评标基准值对比，计算商务标报价评分值：

投标报价等于评标基准值，得满分100分；

投标报价每高于评标基准值1%，扣3分；

投标报价每低于评标基准值1%，扣2分。

计算商务标报价评分不足一个百分点时，使用直线插入法计算(得分保留两位小数)。

非评审区间内的投标人的投标报价不再计分。

32.3.8 评委根据以上规定对各投标报价做出界定以后，依据法律及招标文件有关规定对投标文件进行详细评审。

32.3.9 评标过程中，若发现招标工程标底出现重大错误，由编制、审核单位重新按规定调整，经评标委员会同意后予以修正，其相应的最高限价、评审区间、最低控制价等与标底相关的，均做相应调整。招标工程标底根据招标文件中的工程量清单和有关要求、施工现场实际情况、合理的施工方法，按照《建设工程量清单计价规范》等国家和省现行计价办法，取费标准、人工预算单价和施工机械台班预算单价，以及材料市场价格或参照工程造价管理机构发布的材料信息价并结合工程项目实际编制和审核。工程标底编审单位严格按有关规定编制预算造价，确保工程标底的质量。

32.3.10 投标人的资格后审

投标人必须满足下列资格后审的必要条件，凡不能满足下列必要条件之一的，其投标文件按照废标处理：

(1)企业营业执照有效且主营范围符合要求，应提供营业执照副本原件；

(2)企业资质为房屋建筑施工总承包三级及以上，应提供企业资质证书副本原件；

(3)建造师为建筑专业注册建造师二级及以上，应提供建造师注册证书原件；

(4)具备安全生产许可，应提供安全生产许可证证书；

(5)申请人主要负责人"A类证书"，企业主要负责人包括企业法定代表人、企业经理、企业技术负责人以及企业分管安全生产的副经理，担任这四个岗位的相关人员应当提供"三类人员"A类证书。前三个岗位必须和《建筑业企业资质等级证书》副本上载明的情况一致，企业分管安全生产副经理应与提供的任职文件相一致；

(6)提供企业分管安全生产副经理的任职文件；

(7)没有被建设行政主管部门限制参加投标；

(8)利益冲突：近三年内直至目前，投标申请人应未曾与本项目的招标代理机构有任何的隶属关系；未曾参与过本项目的技术规范、资格后审或招标文件的编制工作；与将承担本招标工程项目监理业务的单位没有任何隶属关系；

(9)以上第(1)~(4)项要求提供的证明材料均需提供原件，第(5)项企业主要负责人的"A类证书"若能在"某省建设信息港"网站上查询到，则可不需提供原件，只在资格后审申请书中提供复印件，否则必须提供原件，第(6)项应提供原件或复印件，投标人应按以上要求提供材料，否则其内容将不予承认，其投标文件做废标处理。

32.4 评标委员会根据以上规定，依据法律及招标文件有关规定对投标文件进行详细评审后，在评审区间内的投标人有效标中取经评审的商务标得分最高、次高和第三高的投标人分别为第一、第二和第三中标候选人；当商务标得分出现并列最高或相同时，以投标报价低者优先；若通过以上方法仍无法确定中标候选人时，由评标委员会抽签确定。

32.5 评标委员会经评审，认为所有投标或部分投标不符合招标文件要求以及报价出现异常情况的，可以否决所有投标或部分投标，被否决后有效投标人小于3人或缺乏竞争的，招标人可以依法重新招标。

(七)合同的授予

33. 合同授予

33.1 本招标工程的施工合同将授予按本须知第31.4条所确定的中标人。

33.2 招标人应当确定排名第一的中标候选人为中标人。排名第一的中标候选人放弃中标、因不可抗力提出不能履行合同，或者招标文件规定应当提交履约保证金而在规定期限内未能提交的，或者不能通过项目负责人和施工现场专职安全生产管理人员的"三类人员"证书(原件)审查的，招标人可以确定排名第二的中标候选人为中标人，以此类推，直至确定排名第三的中标候选人为中标人。

34. 中标通知书

34.1 中标人确定后，招标人将于15日内向A市建设工程招标投标监理处提交施工招标情况书面报告。

34.2 A市建设工程招标投标监理处自收到书面报告之日起5日内，未通知招标人在招标投标活动中有违法行为的，招标人将向中标人发出中标通知书。

35. 合同协议书的签订

35.1 招标人与中标人将于中标通知书发出之日起7日内，按照招标文件和中标人的投标文件订立书面工程施工合同，招标人和中标人不得再行订立背离合同实质性内容的其他协议。

35.2 中标人如不按本投标须知第35.1款的规定与招标人订立合同，则招标人将废除授标，投标担保不予退还，给招标人造成的损失超过投标担保数额的，还应当对超过部分予以赔偿，同时依法承担相应的法律责任。

35.3 中标人应当按照合同约定履行义务，完成中标项目施工，不得将中标项目施工转让(转包)给他人。

36. 工程担保

36.1 合同协议书签署后7日内，中标人应按本须知前附表第24项规定的金额向招标人提交履约担保。

36.2 若中标人不能按本须知第36.1款的规定执行，招标人将有充分的理由解除合同，并没收其投标保证金，给招标人造成的损失超过投标担保数额的，还应当对超过部分予以赔偿。

(八)其他事项

37. 招标文件的备案

37.1 本标文已经A市建设工程招标投标监理处备案,未尽事宜将另发补充文件或按有关法律、法规政策性文件规定办理。

38. "三类人员"证书审查

在招标人发放"中标通知书"前,A市建设工程招标投标监理处将按照B市建设局B建建〔2005〕329号《转发省建设厅关于在建设工程招标投标管理和颁发施工许可证时对施工企业安全生产条件及相关管理人员安全生产任职资格进行审查的通知》的要求,对企业的《安全生产许可证》和企业负责人的"三类人员"证书、投标人投标书中确定的项目负责人和施工现场专职安全生产管理人员的"三类人员"证书(原件)进行审查。凡不能提供以上相关证书(包括相关证书被暂扣期间),预中标人不具备中标资格,招标人将按33.2款执行。

三、合同条款

使用《建设工程施工合同(示范文本)》(GF—2013—0201)。

四、工程建设标准

(略)

五、图纸及其他资料

(略)

招标人提供的技术文件、图纸及有关资料。

(1)图纸(提供电子光盘)。

(2)若投标人需要书面设计图纸的,按600元/份购买,售后不退,且在招标公告发布后5天内书面提出,10天内自行领取。

六、工程量清单

(略)

七、投标文件格式

(一)投标函部分格式

(二)资格后审申请书部分格式

(三)商务标部分格式

5.1 任务导读

5.1.1 任务描述

××学院教学楼工程,经批准,开始招标,现在需要编制招标文件。

5.1.2 任务目标

(1)能够编制招标控制价;
(2)能够编制招标文件。

5.2 理论基础

5.2.1 招标文件的组成

招标文件由正式文本及对正式文本的修改和补充组成。对正式文本的补充和修改，也作为招标文件一部分，具有法律效力。

1. 招标文件的正式文本

招标文件的正式文本由投标邀请书、投标须知、合同主要条款、投标文件格式、清单、技术规范条款、图纸、评标标准方法及一些投标需要的辅助材料组成。

2. 对正式文本的解释

向投标人发放招标文件后，如果投标人对招标文件有不清楚之处，需要招标人做出解释的，招标人应当在规定时间内做出书面解释，此解释作为招标文件的组成部分之一，具有法律效力。

3. 对正式文本的修改

发放招标文件之后，在投标截止日期前，招标人可以对招标文件进行修改，如果修改，则以书面形式发放给投标人，此修改或补充也作为招标文件一部分，具有法律效力。

5.2.2 招标文件的作用

招标文件作为招标投标活动中的重要文件之一，具有重要的作用。

(1)招标文件是提供给投标人的投标依据。招标人应当提供给投标人投标的依据，在施工招标文件中应清楚无误地向投标人介绍拟建设工程的有关内容和要求，包括工程基本情况、预计工期、质量要求、支付规定等一切有关信息，有助于投标人根据工程情况，自主决定是否参与投标及如何编制投标文件，争取中标。

(2)招标文件是签订合同的重要依据。招标投标活动的目的，就是选择出最优的中标人，与中标人签订合同，为工程顺利施工打下良好基础。招标文件签订合同时的重要依据，因为招标文件的内容，绝大部分都是日后发包人与承包人签订合同工程的内容。虽然在投标过程中，或者施工过程中，可能对招标文件的内容做一部分修改，但总体来讲，基本不会有太大变化。因此，招标文件不仅在招标投标阶段具有重要意义，也关系到工程施工时能否顺利实施。编制一份好的招标文件，可以减少合同履行过程中各种变更，减少双方争议，有助于工程顺利实施。

5.2.3 招标文件的编制依据及原则

1. 编制依据

(1)应当严格遵守《招标投标法》《中华人民共和国合同法》等相关法律法规。

(2)应当遵守各行各业的行业标准。

(3)应当遵守《中华人民共和国标准施工招标文件》(以下简称《标准施工招标文件》)。

2. 编制原则

(1)招标文件编制不得有歧视行为。不得在无理由情况下对某一特定的潜在投标人有利的技术要求。

(2)编制招标文件需要采购产品时应当谨慎,尽量慎重对待商标、厂商名称和产地等的出现,如果无法避免,应采用"与××同等"的字样。

(3)编制招标文件时,对采购产品的技术要求,不得提出具体式样、外观要求,职能对性能、品质以及控制性的尺寸要求。

5.2.4 招标文件的内容

工程招标文件一般按照《标准施工招标文件》(2007年版)编制。

《标准施工招标文件》(2007年版),用于公开招标的招标文件共分为四卷八章。具体内容为:招标公告(投标邀请书)、投标须知、评标办法、合同条款及格式、工程量清单、图纸、技术标准和要求、投标文件格式。此外,投标人须知前附表规定的其他材料,有关条款对招标文件所做的澄清、修改也构成招标文件的组成部分。

一般情况下,各类工程施工招标文件的内容大致相同,但组卷方式可能有些出入。

1. 封面格式

《标准施工招标文件》(2007年版)的封面格式包括项目名称、标段名称(如有)、"招标文件"四个字、招标人名称和单位公章、时间。

2. 招标公告和投标邀请书

建设工程施工招标采用公开招标方式的,招标人应当发布招标公告;采用邀请招标方式的,应当发布投标邀请书。

招标公告和投标邀请书至少要载明以下内容:招标人的名称和地址;招标项目的内容、规模、资金来源;招标项目的实施地点和工期;获取招标文件或者资格预审文件的时间和地点;对招标文件或者资格预审文件收取的费用;对招标人资质等级的要求等。

下面是某市技师学院工程项目的招标公告。

工程编码:21100020090716001　　招标公告编号:2110002009071600101

招标人:辽阳市劳动和社会保障局

招标公告名称:辽阳技师学院新校区(实验实训组团)建设项目工程

工程地址:辽阳河东新城大学城

工程概况:三层,建筑面积:17 478.27 m^2

结构类型:框架、钢架

是否分标段:不分标段

招标范围:土建、水暖、电气

投标人资质等级要求:一级以上(含一级)建筑施工总承包企业并同时具有二级以上(含

二级)钢结构专业承包企业，或具有相应资质的联合体

项目负责人(或项目经理)资质等级要求：建筑一级以上(含一级)，钢结构二级以上(含二级)

报名要求：报名时投标企业需携带企业营业执照、资质证书、安全生产许可证、建造师(员)、建造师(员)安全生产考核合格证原件及复印件(复印件需加盖单位公章)。外埠进入辽阳市的施工企业，须到辽阳市建委办理入市备案，并持有备案登记手续。入市备案咨询电话0419—2123301

报名开始时间：2015年7月16日　　报名截止时间：2015年7月22日

具体时间要求：2015年7月22日17时截止

报名地点：辽阳市建设工程交易中心

联系电话：2562222　　　　　　　　联系人：王爽

实行邀请招标方式的招标项目，招标人应就特定意向投标人发送投标邀请书。下面是某市投标邀请书示例。

辽阳市向阳镇农民体育健身工程项目投标邀请书

招标编号：201500025

1. 招标条件

本招标项目为辽阳市向阳镇农民体育健身工程项目，已由辽阳市发展和改革委员会备案并批准建设，项目业主为辽阳市向阳镇，建设资金来自财政资金，招标人为辽阳市。本项目已具备招标条件，现对该项目进行邀请招标。

2. 项目概况与招标范围

(1)建设地点：辽阳市向阳镇镇政府西侧。

(2)项目编号：201500025。

(3)项目名称：辽阳市向阳镇农民体育健身工程项目。

(4)工程内容：10个篮球场地及一个足球场地。

(5)计划工期：80日历天。

3. 投标人资格要求

3.1 本次招标要求投标人须具备独立法人资格，具有三级(含三级)以上施工资质的建筑企业及其以上资质，注册建造师二级(含临时)及其以上资质；财务状况良好，有类似项目业绩，并在人员、设备、资金等方面具有相应的施工能力。

4. 报名方式及招标文件的获取

4.1 凡有意参加投标者，请于2015年10月09日至2015年10月11日，每日北京时间8：00至17：30，在辽阳市财政局大门南侧综合楼5楼，持本投标邀请书及营业执照、资质证书、安全生产许可证、拟派建造师注册证、安全生产考核合格证、授权委托书、委托代理人身份证等其他相关证件(以上证件带原件，留加盖公章的复印件一份)购买招标文件。

4.2 招标文件每套售价1 000元，售后不退。

5. 投标文件的递交

5.1 投标文件递交的截止时间：另行通知。

5.2 逾期送达的或者未送达指定地点的投标文件，招标人不予受理。

6. 联系方式

招标人：辽阳市向阳镇

地　址：（略）

联系方式：（略）

开户银行：（略）

招标代理机构：辽阳市嘉诚工程造价咨询公司

地　址：（略）

联系方式：（略）

开户银行：（略）

2015 年 10 月 09 日

3. 投标人须知

投标人须知是投标文件中非常重要的一部分，投标人在投标前需要仔细研究，否则会影响到投标文件编制。在投标人须知前，是投标人须知前附表（表 5-1），它将整个招标活动中重要条款列出，便于投标人阅读和掌握。

表 5-1　投标人须知前附表

项号	条款号	内　容	说明与要求
1	1.1	工程名称	某省电力公司 A 市××公司供电所工程
2	1.1	建设地点	A 市向阳镇
3	1.1	建设规模	总建筑面积：5 256 m² 总投资约 800 万元 结构类型及层数：框架/五层
4	1.1	承包方式	包工包料
5	1.1	质量要求	合格
6	2.1	招标范围	土建、安装
7	2.2	工期要求	施工总工期： 270 日历天
8	3.1	资金来源	自筹
9	4.1	投标人资质等级要求	房屋建筑施工总承包 三级 及以上； 建造师：建筑专业注册建造师 二级 及以上；
10	4.2	资格审查方式	资格后审
11	14.1	工程报价方式	工程量清单综合单价报价
12	16.1	投标有效期	60 个工作日（从投标截止之日算起）

续表

项号	条款号	内　容	说明与要求
13	17.1	投标担保金额及截止时间	壹拾万元整　2015年9月25日15：00
14	8.3	招标文件的取得	招标文件文本及电子版、投标邀请函、标函封袋于2015年9月4日至2015年9月24日（上午9：00至11：30，下午14：30至17：00）在A市公共资源交易中心报名区购买，每份300元售后不退（双休日休息）。 　招标文件也可在http：//www.raz.com（进入"建设工程交易/招标公告"/点击工程名称/链接）上下载
15	5.1	踏勘现场	自行前往
16	9.1	投标人疑问递交	2015年9月10日17：30前以不记名方式发传真至招标代理单位
17	10.3	招标文件答疑纪要（或补遗）的取得	时间：2015年9月11日 在http：//www.raz.com（进入"建设工程交易/招标公告"/点击工程名称/链接）上下载
18	18	报名刷卡时间	报名刷卡时间：2015年9月25日（上午9：00至11：30，下午14：30至15：00）
19	19.1	投标文件份数	商务标一份正本，五份副本； 资格后审申请书一份正本，两份副本
20	21.1	投标文件提交地点	收件人：B市××工程投资咨询公司 地点：A市公共资源交易中心开标室
21	21.2	投标文件递交截止时间	2015年9月25日15：00
22	24.1	开标	开始时间：2015年9月25日15：00 地点：A市公共资源交易中心开标室
23	32.3	评标方法与标准	投标须知第32.3款
24	36	履约保证金	履约保证金额：为合同价的10%
25		联系方式	招标人：A市××有限责任公司 联系人：吴雪琴　联系电话：0577—51105000 代理单位：B市××工程投资咨询公司 联系人：金阳 地址：A市建行大楼附属四楼 联系电话：0577—65812100 传真：0577—65812000

投标人须知的内容如下：
（1）总则。
1）项目概况。包括招标项目已经具备的招标条件，项目招标人名称、招标代理机构、招标项目名称、项目建设地点等。

2）资金来源和落实情况。前附表中应当注明招标项目资金来源、出资比例及资金落实情况等。

3）招标范围、计划工期和质量要求。应说明招标项目的招标范围、计划工期和质量要求等。招标范围应当采用专业术语填写；计划工期根据项目建设情况判断填写；质量要求根据国家、行业规定施工质量验收标准填写。

4）投标人资格要求。对于未进行资格预审的项目，按照招标文件规定的投标人资格要求填写；有资格预审的项目，投标人资格应当符合资格预审条件，且资格预审合格。

5）费用承担。投标人准备和参加投标活动发生费用自理。

6）保密。参与招标投标活动的各方应当对招标文件和投标文件中涉及的商业和技术等需要保密的信息保密。

7）语言文字。除专业术语外，应当采用中文。

8）计量单位。所有计量单位应当采用中华人民共和国法定计量单位。

9）踏勘现场。投标人须知前附表规定踏勘现场的，投标人按照规定时间、地点组织投标人踏勘现场。投标人踏勘现场所需费用，由投标人自行负责。招标人不对投标人踏勘现场所收集的有关工程场地和周边情况信息，以及据此得出的推论和判断负责。

10）分包。投标人拟在中标后将中标项目非主体、非关键部分分包出去的，应当符合投标人须知前附表规定的分包内容、分包金额和接受分包的第三人资质要求等限制条件。

11）偏离。偏离即《评标委员会和评标办法暂行规定》中的偏差。招标人根据项目的具体特点来设定非实质性要求和条件允许偏离的范围和幅度。

（2）招标文件。招标文件是对招标投标活动具有法律约束力的最主要文件。它包括招标公告（投标邀请书）、投标须知、评标办法、合同条款及格式、工程量清单、图纸、技术标准和要求、投标文件格式。另外，投标人须知前附表规定的其他材料，有关条款对招标文件所做的澄清、修改也构成招标文件的组成部分。

招标人对招标文件进行澄清和修改，应当在投标截止时间15日前，以书面形式通知所有购买招标文件的投标人，如果不足15日，则须顺延投标截止时间。投标人收到招标文件的澄清和修改后，应当以书面形式通知招标人，确认已收到澄清和修改文件。

（3）投标文件。投标人应当按照招标文件规定的投标文件格式编写投标文件。投标文件的内容主要包括投标函及投标函附录、法定代表人身份证明或附有法定代表人身份证明的授权委托书、联合体协议书（如有）、投标保证金、已标价工程量清单、施工组织设计、项目管理机构、拟分包项目情况表、资格审查资料和投标人须知前附表规定的其他材料。

投标文件一般分为商务部分（商务标）和技术部分（技术标）。

1）投标有效期。为保证组织并完成开标、评标、定标及签订合同过程中投标文件具有法律效力，设定自投标截止时间起的一段时间为投标有效期。在投标有效期内投标人不得要求修改或者撤销其投标文件。

2）投标保证金。投标保证金是投标文件的组成部分之一，投标人在提交投标文件的同时，应当按照投标人须知前附表规定的金额、担保方式提交投标保证金。联合体投标的，其保证金可由牵头人递交，但对所有联合体成员都有约束力。投标人不提交投标保证金的，投标文件做废标处理。在招标人与中标人签订合同后 5 日内，应向所有投标人和中标人退还投标保证金，并按照同期银行存款利率计算利息。

有下列情形者，不予退还投标保证金：

①投标人在规定的投标有效期内撤销或者修改投标文件；

②中标人在收到中标通知书后，无正当理由拒签合同协议书或未按招标文件规定提交履约担保。

3)资格审查资料。如果是资格预审，则在编制投标文件时进行审查，若投标人发生影响资格预审资料的事件时，应当更新或者补充其在申请资格预审时提供的资料以证实其各项资格条件仍然符合招标人要求；如为资格预审，招标人应当提供与资格预审相似的材料。

4)备选投标方案。一份投标文件只允许有一个投标报价，但如果投标人须知前附表中规定可以递交备选方案，投标人可以递交备选方案，只有中标人的备选方案才可以予以考虑。评标委员会认为中标人备选方案优于其他投标方案，可以选定备选方案为中标方案。

5)投标文件的编制。

5.2.5 编制标底

1. 标底的概念与作用

建设工程招标标底是指建设工程招标人对工程项目在方案、质量、工期、价格、方法和措施等方面的理想控制目标和预期要求。考虑到某些指标抽象和难以衡量，往往以价格或者费用来反映标底。

建设工程招标标底的作用主要体现在以下几个方面：

(1)衡量投标报价的尺度；

(2)评标的参考标准；

(3)筹措和安排建设资金的依据；

(4)上级主管部门核实建设规模的依据。

2. 标底的编制方法

(1)以平方米造价包干为基础的标底。当住宅工程采用标准图、批量建设时，可使用以平方米包干为基础的标底，这种平方米包干为基础的标底，其价格由编制单位根据标准图测算工程量、依据有关计价办法编制出标准住宅工程每平方米造价，在具体进行工程招标时，结合实际装修、室内设备的配备情况，调整平方米造价。另外，因为地基的情况不同，一般在±0.000 m 以上采用平方米造价包干，而基础部分按照施工图纸单独计算，然后合在一起构成完整的标底。这种以平方米造价包干为基础的标底编制方法，工程量计算比较简单，但是被限定必须采用标准图进行施工，而且在制定平方米包干时，事先也必须做详细的工程量计算工作，因而这种方法一般不是普遍使用。

(2)以施工图预算为基础的标底。

1)单价法编制标底单价法是用事先编制好的分项工程的单位估价表来编制施工图预算的方法。按照施工图计算的各分项工程的工程量，并乘以相应单价，汇总相加，得到单位工程的人工费、材料费、机械使用费之和；再加上按规定程序计算出来的其他分部分项工程费、现场经费、企业管理费、计划利润和税金，便可以得出单位工程的施工图预算价。

其编制步骤为：①收集各种编制依据资料。如施工图纸、现行建筑安装工程预算定额、取费标准等。②熟悉施工图纸和定额。③计算工程量。工程量的计算在整个预算过程是最重要、最繁重的一个环节，不仅影响预算的及时性，更重要的是影响预算造价的准确性。因此，必须在工程量计算上狠下功夫，确保预算质量。单价法是目前国内编制施工图的主要方法，具有计算简单、工作量较小和编制速度较快，便于工程造价管理部门集中统一管理的优点。由于采用事先编制好的统一的单位估价表，所以其价格水平只能反映定额编制基期年的价格水平。在市场经济价格波动较大的情况下，单价法的计算结果会偏离实际价格水平，虽然可采用调价来弥补，但调价系数和指数从测定到颁布又要滞后且计算烦琐。

2)实物法编制标底 实物法首先是根据施工图纸分别计算出分项工程量，然后套用相应的预算人工、材料、机械台班的定额用量再分别乘以工程所在地当时的人工、材料、机械台班的实际单价，求出单位工程的人工费、材料费和施工机械使用费，并汇总求和，进而求得分部分项工程费，并按照规定计取其他各项费用，最后汇总就可得出单位工程施工图预算造价。在市场经济条件下，人工、材料和机械台班单位是随市场而变化的，而且它们是影响工程造价最活跃、最主要的因素。用实物法编制施工图预算，是采用工程所在地的当时人工、材料、机械台班价格，它能较好地反映实际价格水平，工程造价的准确性高。虽然计算过程较单价法烦琐，但使用计算机也就变得快捷了。因此，定额实物法是与市场经济体制相适应的预算编制方法。

5.3 任务实施

请编制××学院教学楼的招标公告、招标文件和标底。

5.4 任务评价

本任务讲述招标文件的编制。招标文件由招标文件正式文本、对正式文本的修改和补充三部分构成。对于有标底的招标项目，还应当编制标底。

请完成下表：

任务5 任务评价表

能力目标	知识点	分值	自测分数
能够编制招标文件	招标公告和投标邀请书	10	
	招标文件组成	10	
	施工合同条款	30	
	工程量清单	30	
能够编制招标控制价	招标控制价及标底	20	

技能实训

一、判断题

1. 编制标底时，首先要保证的是其保密性，其次是其准确性。（   ）
2. 一个招标工程，针对不同的投标条件可以编制两个标底。（   ）
3. 招标人对招标文件进行修改，修改的内容为不属于招标文件的组成部分。（   ）
4. 招标人收到的投标文件少于4个的，招标人应依法重新招标。（   ）
5. 一份投标文件只允许有一个投标报价。（   ）
6. 分包属于违法行为。（   ）
7. 投标人在提交投标文件的同时，应当按照投标人须知前附表规定的金额、担保方式提交投标保证金。（   ）
8. 所有计量单位可以自行确定，但应明确说明。（   ）
9. 投标人须知前附表将整个招标活动中重要条款列出，便于投标人阅读和掌握。（   ）
10. 招标人不对投标人踏勘现场所收集的有关工程场地和周边情况信息，以及据此得出的推论和判断负责。（   ）

二、单选题

1. 下列不属于招标文件的是(   )。
    A. 投标邀请书　　　　　　　B. 设计图纸
    C. 合同主要条款　　　　　　D. 财务报表
2. 建设工程招标采用公开招标方式的，必须在媒体上发布(   )。
    A. 招标公告　　　　　　　　B. 招标邀请书
    C. 项目简介　　　　　　　　D. 评标委员会名单
3. 投标申请人准备和参加资格预审发生的费用应当(   )。
    A. 由招标人提供　　　　　　B. 自理
    C. 双方各占50%　　　　　　D. 由建设主管部门提供
4. 如果招标人需要对招标文件进行澄清，需要在距投标截止时间前(   )天进行。
    A. 5　　　　B. 15　　　　C. 20　　　　D. 30
5. 联合体投标的企业，投标保证金由(   )。
    A. 参与者各递交50%
    B. 牵头人递交
    C. 单独递交
    D. 牵头人递交70%，其他参与者递交30%
6. 不平衡报价法一般幅度控制在(   )。
    A. 10%　　　B. 10%～15%　　　C. 15%～30%　　　D. 30%～50%
7. 承包人仅提供劳务而不承担供应任何材料的义务，此种承包方式称为(   )。
    A. 包工不包料　　B. 统包　　　C. 包工部分包料　　D. 包工包料

8. 根据我国有关规定，凡在我国境内投资兴建的工程建设项目，都必须实行(　　)，接受当地建设行政主管部门的监督管理。
   A. 报建制度   B. 监理制度
   C. 工程咨询   D. 项目合同管理

9. 若业主拟定的合同条件过于苛刻，为使业主修改合同，可以准备"两个报价"，并阐明，若按照原合同规定，投标报价为某一数值，但倘若合同做某些修改，则投标报价为另一数值，即比前一数值的报价低一定的百分点，以此吸引对方修改合同。但必须先报按招标文件要求估算的价格而不能只报备选方案的价格，否则可能会被当作"废标"来处理，此种报价方法称为(　　)。
   A. 不平衡报价法   B. 多方案报价法
   C. 突然降价法   D. 低投标价夺标法

10. 投标申请人参加现场踏勘而发生的费用应当(　　)。
    A. 由招标人提供   B. 自理
    C. 双方各占50%   D. 由建设主管部门提供

三、案例题

1. 某建设项目实行公开招标，招标过程出现了下列事件，请指出不正确的处理方法：

(1)招标方于5月8日起发出招标文件，文件中特别强调由于时间较紧，要求各投标人不迟于5月23日之前提交投标文件(即确定5月23日为投标截止时间)，并于5月10日停止出售招标文件，6家单位领取了招标文件。

(2)招标文件中规定：如果投标人的报价高于标底15%以上一律确定为无效标。招标方请咨询机构代为编制标底，并考虑投标人存在着为招标方有无垫资施工的情况编制了两个不同的标底，以适应投标人情况。

(3)5月15日招标方通知各投标人，原招标工程中的土方量增加20%，项目范围也进行了调整，各投标人据此对投标报价进行计算。

(4)招标文件中规定，投标人可以用抵押方式进行投标担保，并规定投标保证金额为投标价格的5%，不得少于100万元，投标保证金有效时期同投标有效期。

(5)按照5月23日的投标截止时间要求，外地的一个投标人于5月21日从邮局寄出了投标文件，由于天气原因5月25日招标人收到投标文件。本地A公司于5月22日将投标文件密封加盖了本企业公章并由准备承担此项目的项目经理本人签字按时送达招标方。

本地B公司于5月20日送达投标文件后，5月22日又递送了降低报价的补充文件，补充文件未对5月20日送达文件的有效期进行说明。本地C公司于5月19日送达投标文件后，考虑自身竞争实力于5月22日通知招标方退出竞标。

(6)开标会议由本市常务副市长主持。开标会议上对退出竞标的C公司未宣布其单位名称，本次参加投标单位仅仅有5家单位。开标后宣布各单位报价与标底时发现5个投标报价均高于标底20%以上，投标人对标底的合理性当场提出异议。与此同时招标代理方代表宣布5家投标报价均不符合招标文件要求，此次招标作废，请投标人等待通知(若某投标人退出竞标其保证金在确定中标人后退还)。3天后招标方决定6月1日重新招标。招标方调整标底，原投标文件有效。7月15日经评标委员会评定本地区无中标单位。由于外地某公司报价最低故确定其为中标人。

(7)7月16日发出中标通知书。通知书中规定，中标人自收到中标书之日起30 d内按照招标文件和中标人的投标文件签订书面合同。与此同时招标方通知中标人与未中标人。投标保证金在开工前30 d内退还。中标人提出投标保证金不需归还，当作履约担保使用。

(8)中标单位签订合同后，将中标工程项目中的三分之二工程量分包给某未中标人E，未中标人又将其转包给外地的农民施工单位。

2. 某事业单位(以下称招标单位)建设某工程项目，该项目受自然地域环境限制，拟采用公开招标的方式进行招标。该项目初步设计及概算应当履行的审批手续，已经批准；资金来源尚未落实；有招标所需的设计图纸及技术资料。

考虑到参加投标的施工企业来自各地，招标单位委托咨询单位编制了两个标底，分别用于对本市和外省市施工企业的评标。

招标公告发布后，有10家施工企业做出响应。在资格预审阶段，招标单位对投标单位与机构和企业概况、近2年完成工程情况、目前正在履行的合同情况、资源方面的情况等进行了审查。其中一家本地公司提交的资质等材料齐全，有项目负责人签字、单位盖章。招标单位认定其具备投标资格。

某投标单位收到招标文件后，分别于第5天和第10天对招标文件中的几处疑问以书面形式向招标单位提出。招标单位以提出疑问不及时为由拒绝做出说明。

投标过程中，因了解到招标单位对本市和外省市的投标单位区别对待，8家投标单位退出了投标。招标单位经研究决定，招标继续进行。

剩余的投标单位在招标文件要求提交投标文件的截止日期前，对投标文件进行了补充、修改。招标单位拒绝接受补充、修改的部分。

问题：
(1)简述工程项目施工招投标程序。
(2)该工程项目施工招投标程序在哪些方面不妥？应当如何处理？
(3)招标文件由哪些部分构成？

任务6 发售招标文件

引例：某项目经过资格预审后，开始发售招标文件，由于时间紧迫，发售招标文件到开标截止时间仅有10天，并明确说明，如果10天内不能提交投标文件，则不予受理。在开标前5天，招标人又对招标文件进行大改动，并不顺延投标截止时间。

分析上面招标人的做法是否有问题，对投标人利益是否有损害？

6.1 任务导读

6.1.1 任务描述

××学院教学楼工程，已经完成资格预审和招标文件编制，开始发售招标文件，现需要完成招标文件的发售工作。

6.1.2 任务目标

(1)能发售招标文件；
(2)能组织现场踏勘；
(3)能组织投标预备会。

6.2 理论基础

6.2.1 发售招标文件

招标文件、图纸和有关技术资料，应当在规定时间、地点发售给具有投标资格的投标人。投标人领取招标文件后，应当认真核对招标文件，核对无误后签字确认。

招标单位对招标文件在投标截止日期前可以做出修改和补充，但其修改应当在投标截止时间之前15日，若时间不足15日，则顺延投标截止时间。

6.2.2 踏勘现场

招标单位应当组织投标人踏勘现场，让投标人了解工程施工现场和周围环境情况，投标人可以获取认为有必要的信息。踏勘现场一般安排在投标预备会前1~2天，便于投标人提出问题并得到解答。

踏勘现场主要内容包括。

1. 自然环境(条件)

(1)当地地形地貌。投标人应了解项目所在地的地形地貌特点、土质的特点以及光照、气候等有关影响建设项目建设的相关内容。

(2)当地主导风向、指北方向。投标人应当了解项目所在地主导风向及指北方向以满足编制投标文件的需要。

(3)最高及最低气温,降雨量。投标人应当了解建设项目当地气候条件、每年最高最低气温及出现时间,以此判断每年可用于施工的时间,还要了解当地正常降雨量对于施工的影响,以利于编制投标文件。

(4)地下水深度。投标人应当了解当地地下水深度及其对建设工程影响。

(5)冰冻线。投标人应当了解当地冰冻线及其对建设工程影响。

2. 社会环境(条件)

(1)规划用地平面图、区域交通运输条件、道路交通运输情况。投标人应当了解规划用地平面图、区域交通运输条件、道路交通运输情况,以利于编制投标文件。

(2)周边建筑(相对位置、高度)。投标人应当了解周围建筑物相对位置及高度及周围建筑物的特殊条件对建设工程的影响。

(3)电源、气源、自来水等最佳的接入方位。投标人应当了解当地电源、气源和自来水接入方位,便于编制投标文件。

(4)地下空间有无管道、其他构筑物的基础等不可见障碍物。投标人应当了解建设项目所在地的地下空间管道、其他构筑物的基础等不可见障碍物方位,便于编制投标文件。

(5)建设区域地上空间有无电缆、管架等可见障碍物。投标人应当了解建设项目所在地的地上空间有无电缆、管架等可见障碍物方位,便于编制投标文件。

(6)其他需要业主确认的问题。投标单位在勘察现场中如有疑问,应当以书面形式向招标单位提出,并应给招标人留出足够的时间解答。

6.2.3 召开投标预备会

召开投标预备会的目的是解答投标人在踏勘现场和解读招标文件所提出的疑问,澄清招标文件中存在的问题。

投标预备会由招标单位组织并主持召开,由招标管理机构负责监督。招标人应当邀请所有投标人参加投标预备会议,在投标预备会上,招标人对招标文件和现场踏勘进行介绍和解释,并对图纸进行交底。针对投标人提出书面或者口头的询问,招标人应当予以解答和澄清。所有参加投标预备会的投标单位应签到登记,以证明出席投标预备会。

投标预备会结束后,招标人整理会议记录和解答内容,经管理机构核准后,以书面形式将问题及解答同时发送至所有获取招标文件的投标人。

投标预备会程序如下:

(1)招标人宣布投标预备会开始。

(2)介绍参加会议的单位和主要人员。
(3)介绍问题解答人。
(4)解答投标单位提出的问题。解答投标人的疑问，包括招标文件中的疑问，勘察现场中的疑问，对施工图纸进行交底等。
(5)通知其他有关事项。
(6)宣布会议结束。

6.3 任务实施

请按照要求准备发售招标文件。

6.4 任务评价

本任务主要讲述招标文件编制完毕，发售招标文件的过程。招标人发售招标文件后，应当组织投标人参与现场踏勘及投标预备会，投标人自愿参加。投标人应当就投标所需了解的知识进行提问，招标人应当予以解答，并以书面形式下发给每一位领取招标文件的投标人。

请完成下表：

任务6　任务评价表

能力目标	知识点	分值	自测分数
能发售招标文件	发售招标文件的具体要求	20	
能组织现场踏勘	现场踏勘程序及要求	20	
能组织投标预备会	投标预备会流程规定	60	

技能实训

一、判断题

1. 投标人领取招标文件后，应当认真核对招标文件，核对无误后，签字确认。（　　）
2. 投标单位在勘察现场中如有疑问，应以书面或口头形式向招标单位提出，并给招标人留出足够时间解答。（　　）
3. 投标预备会由招标管理机构组织并主持。（　　）
4. 在投标预备会上，招标人对招标文件和踏勘现场进行介绍和解释，并对图纸进行交底。（　　）

5. 招标文件、图纸和有关技术资料，应当在规定时间、地点发售给具有投标资格的投标人。（　　）

6. 踏勘现场主要内容包括自然环境和社会环境。（　　）

7. 投标预备会结束后，招标人整理会议记录和解答内容，经管理机构核准后，以书面形式将问题及解答同时发送至所有获取招标文件的投标人。（　　）

8. 所有参加投标预备会的投标单位应签到登记，以证明出席投标预备会。（　　）

二、单选题

1. 招标单位对招标文件在投标截止日期前可以做出修改和补充，但其应当在投标截止时间（　　）日前进行修改。
   A. 5　　　　　　B. 20　　　　　　C. 15　　　　　　D. 30

2. 投标单位在收到招标文件后，若有疑问需要澄清，应当于收到招标文件后以书面形式向招标单位提出，招标单位以书面回函或投标预备会的形式予以解答，答复或会议记录送达（　　）。
   A. 提问单位　　　　　　　　　B. 参加预备会单位
   C. 每个投标单位　　　　　　　D. 发布招标公告的媒体

3. 投标预备会的主持人应当为（　　）。
   A. 提问单位　　　　　　　　　B. 参加预备会单位
   C. 招标人　　　　　　　　　　D. 发布招标公告的媒体

4. 所有参加投标预备会的投标单位应当（　　）。
   A. 签到登记　　　　　　　　　B. 口头通知
   C. 不需特殊要求　　　　　　　D. 不要提问

三、简答题

1. 投标预备会的程序是什么？
2. 踏勘现场应当考虑哪些因素？

项目 2　项目投标

任务 7　投标前期工作

引例：某建筑公司在报纸上看到新兴公司招标公告，感到有兴趣，认为可以进行投标。为了此次投标成功，某建筑公司进行了一系列准备工作，那么，他们究竟要进行哪些准备工作呢？

7.1　任务导读

7.1.1　任务描述

××学院教学楼工程准备招标，作为投标人，准备参与投标，需要完成投标前期工作。

7.1.2　任务目标

(1)能够鉴别分析投标信息，进行投标决策；
(2)能够组建投标班子；
(3)能够申请投标并申请资格审查；
(4)能够研究分析招标文件；
(5)能够参加现场踏勘和标前会议。

7.2　理论基础

7.2.1　投标的基本概念

建设工程的投标是与招标相对应的一个概念，对于一项工程来讲，招标人进行的是招标工作，投标人则进行着投标工作。

具有相应资质的建设工程承包单位，响应招标并购买招标文件，按照招标文件的要求和条件填写投标文件，编制投标报价，在招标文件限定的时间内送达指定地点，争取中标的行为，称为投标。

7.2.2 建设工程施工投标程序

建设工程施工投标阶段的程序大致为：获取招标项目信息→投标决策→组建投标班子→资格预审→购买招标文件→现场踏勘→投标预备会→询价及市场调查→编制及提交投标文件→开标→评标→定标→签订合同。

7.2.3 投标前期工作

1. 获取招标项目信息

招标人办理完审批手续，确定资金来源后，经批准开始招标，发布招标公告或者资格预审通告。招标公告或者资格预审通告一般通过报纸、媒体或者网络等途径公布，所以投标人可以获取招标信息的主要途径有以下几种：

(1)信息网络。随着信息化不断进步，如今越来越多的招标信息都在网上发布，我国的中国采购与招标网、中国招标网等网站大量发布招标信息。一般各省市的招标投标管理部门都有指定网站发布本辖区的招标信息。

(2)报纸。报纸是招标信息发布的一个传统渠道。我国主要的报纸包括《中国日报》《人民日报》等。各省市的招标投标管理部门都有指定报纸发布本辖区的招标信息。建筑企业可以留意这些指定报纸，及时获取招标信息。

(3)其他方式。除了报纸、网络以外的媒体，也可以是招标信息发布的载体，如电视、杂志等。

2. 投标决策

投标人通过各种媒体渠道获得招标信息，或者接到招标人发出的投标邀请书后（邀请招标方式），接下来则要分析是否参与投标。招标信息很多，企业不可能每一次招标活动都要参与，因为参与招标活动，不但要有经济成本，还有时间成本，所以要认真分析招标信息，做好投标决策，选择符合企业实际情况的工程项目进行投标。

做投标决策时，主要考虑以下两个方面的因素：

(1)内部因素。每个企业的情况都不一样，因此，企业做投标决策时，要考虑自身因素。企业应当分析自身经济、技术和管理水平，不能承担超出本企业经济、技术实力的工程，也不能承担超过自身经营范围之外的工程。企业还应当分析自身的业务量，如果自身业务量饱满，无法抽出人手、资金和设备进行施工，则不应当再进行招标活动，因为一旦中标后，却不能按时完成工程，会对企业的信誉造成不良影响，不但造成经济损失，还会影响今后经营。

(2)外部因素。影响企业投资的外部因素主要包括招标人因素和潜在竞争对手因素。招标人因素包括招标人的招标项目是否已经审批完毕，资金是否已经落实，是否可以施工；招标项目是否符合国家产业政策，是否能够盈利，这主要是考察招标人能否按照约定支付工程款。潜在竞争对手因素，主要考虑竞争对手实力如何，如果参与投标的竞争对手实力较强，企业参与投标竞争后，中标可能性很小，则应当放弃竞标。如果竞争对手实力普遍较弱，则应当积极主动参与投标，并可以适当提高投标报价。

3. 组建投标班子

企业经过前期投标决策，认为企业应当参与投标，则应当组建投标班子。

建筑业是一个买方市场，投标活动竞争性极强。建筑企业决定参与投标后，应当组建投标班子，统筹投标活动。

投标工作，不仅比较投标报价高低，还比较技术、经验、信誉等。所以，投标班子应当包括经营管理、工程技术、财务金融等各方面专业人才，人数不必太多，5~7人即可。

投标班子成员必须具备如下条件：
(1)事业心强、态度认真、保密性强；
(2)视野开阔、知识全面；
(3)有实际工作经验；
(4)社会活动能力强，能够正确处理人际关系。

4. 资格预审

企业决定参与投标后，如果需要资格预审的，应当按时参加资格预审。

投标班子成员应当按照招标公告或者投标邀请书的要求，在规定时间，向招标人申领资格预审文件，参加资格预审。

潜在投标人应当按照资格预审文件要求的格式提供材料，进行资格预审。资格预审的材料大致上包括以下内容：
(1)资格预审申请函；
(2)法定代表人身份证明；
(3)授权委托书；
(4)联合体协议(如果招标人允许联合体投标)；
(5)申请人基本情况表；
(6)近年财务状况表；
(7)近年完成的类似项目；
(8)正在施工和新承接的项目情况表；
(9)近年发生诉讼及仲裁情况；
(10)其他材料。

资格预审申请书格式大致如下：

资格预审申请书

致招标人：辽阳市××公司

我方已通过有关公开媒体看到_____公开招标资格预审公告，经过认真研究，我方承认上述文件的全部内容并向贵方申请参加_____招标的资格预审。

我方保证所提供的文件、证书原件真实、有效。

我方理解贵方不承担我单位参加资格预审的任何费用。

我方同意业主可以根据申请人的申请情况对我方申请标段进行调整。

一旦通过资格预审并入围后，我方保证按照贵方要求参加投标。

申请人：（盖章）

法定代表人：（签字）

日期： 年 月 日

申请人地址：

邮编：

电话：

传真：

表 7-1 申请人基本情况表

单位名称			注册资金	
营业执照注册号			成立时间	
注册地址			法定代表人	
法定代表人身份证号			企业类型	
是否有上级主管单位	是□	否□	主管单位名称	
股东情况	序号	股东姓名或名称	股份金额	比例
	1			
	2			
	3			
	…			
施工资质情况	施工资质证书编号			
	承包工程范围及等级			
国际标准认证情况	序号	标准名称	认证时间	认证单位
	1			
	2			
	3			

注：本表附申请人营业执照、股东组成证明（企业章程部分内容）、企业资质证书、国际标准认证证书复印件，营业执照、股东组成证明（企业章程部分内容）、企业资质证书、国际标准认证证书需提供原件备业主和公证处现场核验。

5. 购买招标文件

资格预审合格后，投标人应当在资格预审合格通知书或者招标公告规定的时间和地点，购买招标文件及图纸等技术资料。

6. 现场踏勘

投标人在招标人的组织下，踏勘工程施工现场，投标人可以了解项目实施场地的地理、地质、气候等客观条件和环境。

7. 投标预备会

投标预备会是指经过踏勘和现场调查后，投标人参加招标人组织的投标预备会，投标人可以就其所发现的问题进行提问。招标人对投标人的提问进行解答，以文件或会议纪要的方式发送到每一位投标人手中，作为招标文件的一部分。

8. 询价及市场调查

询价及市场调查是投标报价的基础。为了能够准确地确定投标报价，投标人应当在投标报价前通过各种渠道，采用各种方式了解工程所需的各种材料及设备的价格、工人工资的水平、材料物资的质量和供应时间等，为准确投标报价提供参考。

7.3 任务实施

试作为投标人，做好投标前的准备工作。

7.4 任务评价

本任务讲述投标前期准备工作。投标人应当及时从相关媒体方面获得投标信息，获得投标信息后，根据外部情况和内部情况确定是否投标，组建投标班子。组建投标班子后，应当积极参加资格审查，购买招标文件，参加现场踏勘，参加投标预备会，获取编制投标文件的有关信息，为编制投标文件做好准备。

请完成下表：

任务7　任务评价表

能力目标	知识点	分值	自测分数
能够鉴别分析投标信息，进行投标决策	投标程序	10	
	投标决策种类	10	
能够组建投标班子	组建投标班子，班子人员构成	10	
能够申请投标并申请资格审查	编制资格预审申请表	30	
能够参加现场踏勘和标前会议	现场踏勘	20	
	标前会议	20	

技能实训

一、判断题
1. 潜在投标人应当按照资格预审文件要求的格式提供材料,进行资格预审。(   )
2. 做投标决策时,主要考虑两方面因素,即内部因素和外部因素。(   )
3. 投标人应选择符合企业实际情况的工程项目进行投标。(   )
4. 投标预备会是指经过踏勘和现场调查后,投标人必须参加招标人组织的投标预备会。(   )

二、单选题
1. 下列不属于投标人需要做的工作为(   )。
   A. 办理准建手续　　　　　　　　B. 参加资格预审
   C. 投标决策　　　　　　　　　　D. 购买招标文件
2. 投标预备会,招标人对投标人的提问进行解答,以(   )发送到每一位投标人手中,作为招标文件的一部分。
   A. 文件或会议纪要的方式　　　　B. 口头通知
   C. 口头或者书面形式　　　　　　D. 商定的形式
3. 资格预审合格后,投标人应当在资格预审合格通知书或者招标公告(   ),购买招标文件及图纸等技术资料。
   A. 规定时间　　　　　　　　　　B. 规定地点
   C. 规定的时间和地点　　　　　　D. 商定的形式
4. 建筑业企业决定参与投标后,应当组建(   ),统筹投标活动。
   A. 投标班子　　　　　　　　　　B. 招标班子
   C. 招标投标办公室　　　　　　　D. 建筑公司
5. 投标人应当将投标文件密封后,在招标文件(   )送达指定地点。
   A. 限定的时间内　　　　　　　　B. 不限定时间
   C. 指定的要求下　　　　　　　　D. 中国家规定的要求下
6. 投标班子成员应按照招标公告或者投标邀请书的要求,在规定时间,向招标人申领资格预审文件,参加(   )。
   A. 资格预审　　B. 资格后审　　C. 投标预备会　　D. 标前会议
7. (   )是投标报价的基础。
   A. 询价　　　　　　　　　　　　B. 询价及市场调查
   C. 市场调查　　　　　　　　　　D. 国家规定

三、简答题
1. 投标决策需要考虑的因素有哪些?
2. 资格预审申请书的内容是什么?
3. 投标前期工作有哪些?

任务 8 编制投标文件

引例：新阳公司就某工程实行公开招标。现初步确定标底价为 1 000 万元，合同规定，预付款数额为合同总价的 10%，并在开工第三季度末一次性收回，工程价款按照季度支付。在投标阶段中，发生下列事项：

(1)甲投标单位在计算分析出投标估价后，为了不影响中标，又能在中标后取得较好的收益，对各项目的报价做出了调整，前期工程报价较高，后期工程报价较低，但总价保持大体不变，不降低中标可能性。

(2)乙投标单位在分析计算出投标估价后，认为工程价款按照季度支付不利于资金周转，应当加快回款速度，因此，决定在报价之外，另建议将预付款条件改为工程预付款为合同价的 6%，工程进度款按月支付，报价降低 1%，其他不变。

(3)丙投标单位在分析计算出投标估价后，在分析了原招标文件的设计及施工方案的基础上，提出了一种新的方案，缩短了工期，并且可操作性好。

问题：在投标期间 A、B、C 三家单位各采用了哪些投标技巧？

8.1 任务导读

8.1.1 任务描述

××学院教学楼工程投标工作已经展开，现场踏勘和投标预备会已经完毕，现在投标人应编制投标文件。

8.1.2 任务目标

(1)能够编制施工组织设计；
(2)能够确定投标报价；
(3)能够编制投标文件其他部分；
(4)能够适当运用投标策略技巧。

8.2 理论基础

8.2.1 计算和复核工程量

投标人做好投标前期准备工作后，开始编制投标文件，在编制投标文件时，首先应当计算和复核工作量。在我国，在工程招标投标中都是采用工程量清单计价法，这也是国际上通行的做法。

如果招标文件只提供施工图纸，投标人应当计算工程量，为投标报价做准备。如果招标文件提供工程量清单，投标人一定要复核，复核工程量要与招标文件提供工程量进行比较，因为这直接影响投标报价及中标机会。复核工程量应当注意的问题有以下几项：

(1)复核工程量如果与招标文件的工程量有出入，不能擅自更改招标文件的工程量清单。投标人无权修改招标人的招标文件，即使招标文件有错误。如果投标人未经招标人认可就修改招标人提供的工程量清单，则属于实质上不响应招标文件，属于废标。如果投标人确信招标文件有问题，可以向招标人提出，或者在投标预备会上提出，由招标人确认后统一修改，招标人会以书面形式通知每一位投标人，作为招标文件的一部分。

(2)应当综合考虑招标文件中的遗漏和错误。有些投标人在投标中采用了一定投标策略，可以利用招标文件中的遗漏和错误。例如，投标人认为招标人某些项目工程量可能会增加，则可以提高该工程量的单位报价，获取更大效益，如果认为某些项目的工程量会减少，则可以降低工程量投标报价，降低工程总价，提高中标可能性。但值得指出的是，过于利用招标文件的遗漏和错误，并不符合诚信原则，也容易为将来工程施工留下隐患，最终损害投标人利益。

8.2.2 编制施工组织设计

施工组织设计包括施工方案、施工方法、施工进度计划、用料计划、劳动力计划、机械使用计划、工程质量和施工进度的保证措施、施工现场总平面图等，这些由投标班子中的专业技术人员编制。

编制施工组织设计的原则是在保证工期和工程质量的前提下，使成本最低，利润最大。

1. 选择和确定施工方案

投标人应当根据不同工程类型，确定施工方法。对于一些比较简单的工程，可以结合已有施工机械及工人技术水平来选定施工方法。对于大型复杂的工程则要考虑几种施工方案，进行综合比较。

2. 选择施工设备和施工设施

投标人应当根据施工方法来选择施工设备和施工设施。在工程投标报价中要不断地进行施工设备和施工设施比较。例如，要考虑是使用旧设备，还是采用新设备；在国内采购设备还是在国外采购；是租赁设备还是购买设备等。

3. 施工进度计划

施工进度计划应当紧密结合施工方法和施工设备，提出各时段应当完成的工程量及限定日期。施工进度计划采用网络进度计划还是横道图进度计划，要根据招标文件而定。

8.2.3 报价决策

投标报价策略的采用，应当根据企业自身现实情况、竞争对手情况、招标人情况等因素进行分析。总体来讲，不同的报价策略，主要体现在报价高低上，所以，可以分为高、中、低三种报价策略。即高价盈利策略、中价保本微利策略和低价亏损策略。

1. 高价盈利策略

工程项目有下列情形时，通常可以选择高价盈利策略：

(1)企业生产任务饱满，投标主要目的就是为了盈利，如果由于报价过高而失去中标机会也不可惜；

(2)招标项目的技术要求较高，或者要求有特殊设备，而企业对招标项目所需技术拥有一定的特长和良好声誉，或者拥有特殊的设备；

(3)竞争对手实力较弱，企业具有一定优势；

(4)招标人信誉不佳，或者财务支付条件、支付能力不理想，为规避风险，可以提高报价。

2. 中价保本微利策略

投标企业采用中价保本微利策略，主要有以下几种原因：

(1)企业业务量不充分，宁可低价中标，也要提升业务量；

(2)项目投标竞争对手较多，竞争激烈；

(3)招标人信誉较好，支付条件优越，项目风险小；

(4)企业为开拓市场，低价投标。

3. 低价亏损策略

采用低价亏损策略时，企业不仅不考虑利润，甚至还要考虑有一定亏损的情况。这种报价策略是不考虑风险费用，如果在施工过程中，没有风险事件发生，则投标人报价成功；如果风险事件发生，则有可能面临损失。使用这种方法时要注意，按照《招标投标法》的规定，投标报价不能低于成本价，所以如果报价明显低于正常水平，则有可能做废标处理。低价亏损策略主要应用于以下几种情况：

(1)企业严重缺乏业务，为避免窝工等造成的更大亏损；

(2)招标人信誉好，没有支付风险；

(3)招标人可能还有后续工程，为了获得后续工程合约，招标人可以低价中标，争取获得后续工程，得到补偿。

8.2.4 投标报价计算及技巧

1. 投标报价计算

投标报价计算包括定额分析、单价分析、计算工程成本、确定利润方案，最后确定报价。

投标报价由分部分项工程费、措施项目费、其他项目费、规费和税金组成。

(1)分部分项工程费是指各专业工程的分部分项工程应予列支的各项费用。

(2)措施项目费是指为完成建设工程施工，发生于该工程施工前和施工过程中的技术、生活、安全、环境保护等方面的费用。

(3)其他项目费包括暂列金额、计日工和总承包服务费。其中，暂列金额是指建设单位在工程量清单中暂定并包括在工程合同价款中的一笔款项；计日工是指在施工过程中，施工企业完成建设单位提出的施工图纸以外的零星项目或工作所需的费用；总承包服务费是指总承包人为配合、协调建设单位进行的专业工程发包，对建设单位自行采购的材料、工程设备等进行保管以及施工现场管理、竣工资料汇总整理等服务所需的费用。

(4)规费是指按国家法律、法规规定，由省级政府和省级有关权力部门规定必须缴纳或计取的费用。

(5)税金是指国家税法规定的应计入建筑安装工程造价内的营业税、城市维护建设税、教育费附加以及地方教育附加。

2. 投标报价技巧

(1)不平衡报价法。不平衡报价法是相对通常的平衡报价（正常报价）而言的，是在工程项目的投标总价确定后，根据招标文件的付款条件，合理地调整投标文件中子项目的报价，在不抬高总价以免影响中标（商务得分）的前提下，实施项目时能够尽早、更多地结算工程款，并能够赢得更多利润的一种投标报价方法。

(2)多方案报价法。多方案报价是在标书中报多个标价。其中一个按照原招标文件的条件报；另一些则对招标文件进行合理的修改，在修改的基础上报出价格。例如，在标书说明中，只要修改了招标文件中某一个不合理的设计，标价就可降低多少。用这种方法来吸引发包方，只要修改意见有道理，发包方就会采纳，从而使采用多方案报价法的投标单位在竞争中处于有利地位，增加了中标机会。这种方法适合于招标文件的条款不明确或不合理的情况，投标企业通过多方案报价，既可以提高中标机会，又可以减少风险。

(3)增加建议方案法。如果招标人在招标文件中明确规定，投标人可以提出新的方案，则投标人可以采用增加建议方案法，增大中标的可能性。

8.2.5 编制投标文件

8.2.5.1 投标文件组成

投标文件，也称投标函或者投标书，是投标活动最重要的一份文件，是投标活动的书面成果，是招标人选择中标人、发包工程的重要依据。投标文件必须实质性响应招标文件的要求，如果不能实质响应招标文件的要求，则是废标，将导致整个投标活动失败。

不同地区，投标文件的组成有所不同，但是不论怎样，投标文件必须符合招标文件要求。一般投标文件大致由封面、目录和正文三部分组成。

(1)封面应当注明项目名称、标段号、日期，投标人应当有单位盖章、法定代表人或者其委托代理人签字。

(2)目录按照投标文件的内容顺序编写，并注明页次。

(3)正文是投标文件的关键部分，也是投标文件的最主要部分，内容主要包括投标函部分、商务部分和技术部分。主要有投标函及投标函附录、法定代表人身份证明、授权委托书、联合体协议书、投标保证金、已标价工程量清单、施工组织设计、项目管理机构、拟分包计划表、资格审查资料和其他材料等。

下面是一份投标文件的格式示例：

_____工程
施工投标文件

投标人(章)：

法定代表人或委托代理人(签字或盖章)：

日　期：_____年_____月_____日

总　目　录

一、投标函及投标函附录
1. 投标函
2. 法定代表人资格证明书
3. 授权委托书
二、工程量清单报价表
1. 建设工程施工投标价格总报价表(表 2-1)
2. 分部分项工程量清单报价汇总表(表 2-2)
3. 措施项目清单报价汇总表(表 2-3)
4. 其他项目清单报价表(表 2-4)
5. 分部分项工程量清单报价表
(1) 表 2-2-3
(2) 表 2-2-4
6. 措施项目单项报价表(表 2-3-1)
7. 主要工日、材料(设备)、机械设备台班数量和报价表
(1) 表 2-5-1
(2) 表 2-5-2
(3) 表 2-5-3
8. 分析表
(1) 表 2-2-5：主要综合单价分析表
(2) 表 2-4-1：零星项目报价分析表
9. 分部分项工程量清单报价汇总表(表 2-6)
10. 分部分项工程量清单报价表(表 2-6-1)
三、辅助资料表
1. 表 3.1 投标人(企业)业绩表
2. 表 3.2 项目经理简历表
(附项目经理进驻现场管理的承诺书并加盖单位公章)

3. 表3.3 主要施工管理人员表
4. 表3.4 主要施工机械设备表
5. 表3.5 劳动力计划表
6. 表3.6 施工方案或施工组织设计
7. 表3.7 计划开、竣工日期和施工进度表
8. 表3.8 临时设施布置及临时用地表

四、其他资料(如各种奖励证书等)

一、投标函及投标函附录

投 标 函

招标人：

1. 根据已收到的招标编号为_____的_____工程的招标文件，我单位经考察现场和研究上述工程招标文件后，我方愿以人民币_____元的总价，按上述合同条件、技术规范、图纸、工程量清单的条件承包上述工程的施工、竣工和保修。

2. 一旦我方中标，我方保证在_____天(日历日)内竣工并移交整个工程。

3. 如果我方中标，我方将按照规定提交上述总价的_____%的银行保函或上述总价_____%的有独立法人资格的经济实体企业出具的履约担保书，作为履约保证金，共同地和分别地承担责任。

4. 如果我方中标，将派出_____(项目经理姓名)作为本工程的项目经理。

5. 我方接受招标文件中的工程款预付及支付条件。

6. 我方同意所递交的投标文件在"投标须知"前附表规定的投标有效期内有效，在此期间内我方的投标有可能中标，我方将受此约束。

7. 除非另外达成协议并生效，你方的中标通知书和投标文件将构成约束我们双方的合同。

8. 我方金额为人民币_____元的投标保证金与本投标合同同时递交。

投标人：(签字或盖章)
单位地址：
法定代表人或委托代理人：(签字或盖章)
邮政编码：
电话：
传真：
开户银行名称：
银行账号：
开户行地址：
电话：

日期：____年____月____日

法定代表人资格证明书

单位名称：
地址：
姓名：_____ 性别：_____ 年龄：_____ 职务：_____
系_____的法定代表人。为施工、竣工和保修_____的工程，签署上述工程的投标文件、进行合同谈判、签署合同和处理与之有关的一些事务。

特此证明。

投标人：　　　　（盖章）
日期：_____年_____月_____日

授权委托书

本授权委托书声明：我_____（姓名）系_____（投标人名称）的法定代表人，现授权委托_____（单位名称）的_____（姓名）为我公司代理人，参加_____（招标人）的工程的投标活动。代理人在投标、开标、评标、合同谈判工程中所签署的一切文件和处理与之有关的一切事务，我均予以承认。

代理人无权转委托。特此委托。

代理人：　　　　　性别：　　　　　年龄：
单位：　　　　　　部门：　　　　　职务：
投标人：　　　　　（盖章）
法定代表人：　　　　　（签字或盖章）

日期：_____年_____月_____日

二、工程量清单报价表

建设工程施工投标价格总报价表（表2-1）

工程名称：

序 号	内　　容	报价/元
1	分部分项工程量清单：	
2	措施项目清单：	
3	其他项目清单：	
	总报价＝1＋2＋3	

续表

	总报价(大写)	
附注：报价有关说明(可另附)			
投标人：　　　　　　　　　　　　盖章：			
法定代表人：　　　　　　　　　　(签字或盖章)			
(或授权委托人)			
报价日期：　　　年　　　月　　　日			

分部分项工程量清单报价汇总表(表 2-2)

工程名称：　　　　　　　　　　　　　　　　　　　　　　　　页码：

清单号	分部工程名称	合计/元
	合计	

注：如为群体工程，需另行编制单项工程、单位工程报价汇总表，表式相似。表号加 2-2-1、2-2-2，自上而下排列。

分部分项工程量清单报价表(一)(表 2-2-3)

(　　　号清单)

分部工程名称：　　　　　　　　　　　　　　　　　　　　　　　　页码：

序号	项目编码	项目名称	计量单位	数量	金额/元	
^^^^^^	综合单价	合价
小计：							

· 92 ·

分部分项工程量清单报价表(二)(表2-2-4)

(　　号清单)

分部工程名称：　　　　　　　　　　　　　　　　　　　　　　　　　　　页码：

序号	项目编码	项目名称	计量单位	数量	综合单价/元	其中：主材单价	合价/元
小计：							

注：本表适用于安装、装饰等专业工程，主材名称由招标人在工程量清单中标明。

主要综合单价分析表(表2-2-5)

项目编码：　　　　　项目名称：　　　　　清单号：　　　　　页码：

序号	名称		规格型号	单位	数量	金额/元	
						单价	合价
1	主要工种	人工费小计					
		辅工费用					
2	主要材料	材料费小计					
		辅料费					
3	主要机械	机械费小计					
		其他机械费					
4		管理费					
5		利润					
6		税金					
合计(综合单价)							

· 93 ·

措施项目清单报价汇总表(表2-3)

工程名称： 　　　　　　　　　　　　　　　　　　　　　　　　　　页码：

序号	清单号	项目名称	金额/元
合计：			

措施项目单项报价表(表2-3-1)

(　　　号清单)

措施项目名称： 　　　　　　　　　　　　　　　　　　　　　　　　页码：

序号	对应工程量清单(如有)		项目内容	单位	数量	金额/元	
^	项目编码	清单号	^	^	^	单价	合价
每页小计：								
合计：								

注：1. 需要对措施项目单项做进一步分析的可用文字或表式说明，表式招标人制定的，按招标人要求填写。没有制定的，投标人自定。
　　2. 无法填写数量、单价的，只填合价。

其他项目清单报价表(表2-4)

工程名称： 　　　　　　　　　　　　　　　　　　　　　　　　　　页码：

序号	项目名称	金额/元	
^	^	招标人部分	投标人部分
1	暂定金额		
1.1			
⋮			
2	指定金额		

· 94 ·

续表

序号	项目名称	金额/元	
		招标人部分	投标人部分
2.1			
⋮			
3	总承包管理费		
3.1			
⋮			
4	零星项目		
4.1			
5	其他		
5.1			
	小计		
合计			

注：总承包管理费的"项目名称"栏，应列出由招标人开列的总包管理的项目名称和造价。

零星项目报价分析表（表 2-4-1）

零星项目名称： 页码：

序号	名称	单位	数量	金额/元	
				单价	合价
1	人工				
2	材料				
3	机械				
4	其他费用				
合计					

· 95 ·

主要工日数量和报价表(表 2-5-1)

工程名称：   页码：

序号	编号	工种	单位	数量	金额/元 单价	金额/元 合价
1		招标人部分				
1.1						
2		投标人部分				
2.1						

主要材料设备数量和报价表(表 2-5-2)

工程名称：   页码：

序号	编号	材料设备名称	规格型号	单位	数量	金额/元 单价	金额/元 合价
1		招标人部分					
1.1							
2		投标人部分					
2.1							

主要机械设备台班数量和报价表(表 2-5-3)

工程名称：　　　　　　　　　　　　　　　　　　　　　　　　　　　页码：

序号	编号	机械设备名称	规格型号	单位	数量	金额/元	
						单价	合价
1		招标人部分					
1.1							
2		投标人部分					
2.1							

分部分项工程量清单报价汇总表(表 2-6)

单位工程名称：　　　　　　　　　　　　　　　　　　　　　　　　　页码：

清单号	分部工程名称	合计/元	备注
1	管理费	%	
2	利润	%	
3	税金	%	
4	总价		

注：规费应在管理费中一并考虑。

分部分项工程量清单报价表(工料单价法)(表2-6-1)
(　　号清单)

分部工程名称：　　　　　　　　　　　　　　　　　　　　　　　页码：

序号	项目编码	项目名称	计量单位	数量	金额/元		其中：主材单价
					工料单价	合价	
合计							

注：适用于其他工程量清单编制方式的工程。

三、辅助资料表

1. 表3.1 投标人(企业)业绩表(略)
2. 表3.2 项目经理简历表(略)
(附项目经理进驻现场管理的承诺书并加盖单位公章)
3. 表3.3 主要施工管理人员表(略)
4. 表3.4 主要施工机械设备表(略)
5. 表3.5 劳动力计划表(略)
6. 表3.6 施工方案或施工组织设计(略)

投标人应当递交完整的施工方案或施工组织设计，说明各分部分项工程的施工方法和布置，提交临时设施和施工道路的施工总布置图及其他必需的图表、文字说明书等资料，至少应当包括：

(1)对本工程施工组织设计内容完整详细的叙述。其中，包括各分部分项工程完整的施工方案；施工机械进场计划；工程材料进场计划；保证安全、文明施工、减少扰民降低环境污染和噪声措施。

(2)对本工程重点、难点、特殊部位处理有详细的方法及处理措施。

(3)施工平面布置图合理。

(4)施工进度计划表与施工组织设计相适应。

(5)施工进度计划采用关键线路网络图。

(6)项目管理班子配备合理、质量保证措施得力。

投标人应当提交初步的施工进度表，说明按照招标文件要求的工期进行施工的各个关键日期。中标的投标人还要按照合同条件有关条款的要求提交详细的施工进度计划。

初步施工进度表可以采用横道图(或关键线路网络图)表示，说明计划开工日期和各分项工程各阶段的完工日期。

施工进度计划应当与施工方案或施工组织设计相适应。

8.2.5.2 投标文件具体内容

1. 投标函及投标函附录

投标函部分是对招标文件中重要条款做出响应，包括法定代表人身份证明书、投标文件签署授权委托书、投标函及投标函附录、投标担保文件等。

(1)法定代表人身份证明书、投标文件签署授权委托书。法定代表人身份证明书、投标文件签署授权委托书是证明投标人合法性及商业资信的文件，应当按时填写，该文件保证了投标文件的法律效力。如法定代表人亲自参加投标活动，需要法定代表人身份证明文件，不需要投标文件授权委托书；如法定代表人不能亲自参加投标活动，则用授权委托书来证明投标活动代表有权代表法定代表人参与投标各项活动。

(2)投标函及附录。投标函是投标人向招标人发出的要约，表明投标人完全愿意按照招标文件的要求完成发包工程。要约是当事人一方向对方发出的希望与对方订立合同的意思表示。投标函应当写明投标人的投标报价、工期、质量承诺，并对履约担保、投标担保做出具体明确意思表示，并加盖投标人单位公章，法定代表人签字和盖章。

投标函附录是明示投标文件中的重要内容和投标人的承诺要点。

(3)投标保证金。投标保证金是一种责任担保，是为了避免因投标人在投标有效期内随意撤回、撤销投标或中标不能提交履约担保和签署合同而给招标人造成损失。

2. 投标文件商务部分

投标文件商务部分主要是投标报价部分。按照《建设工程工程量清单计价规范》(GB 50500—2013)的要求，商务标应当包括投标总价及工程项目投标报价汇总表，单项工程投标报价汇总表，单位工程投标报价汇总表，分部(分项)工程工程量清单与报价表，措施项目清单与报价表，其他项目清单与报价表，规费、税金项目清单与计价表，工程量清单综合单价分析表，措施项目报价组成分析表，费率报价表，主要材料和主要设备选用表等。

3. 投标文件技术部分

投标文件技术部分包括以下几个方面：

(1)施工组织设计。施工组织设计一般包括工程概况及施工部署、分部(分项)工程主要施工方法、工程投入的主要施工机械设备情况、劳动力安排计划、确保工程质量的技术组织措施、确保安全生产及文明施工的技术组织措施、确保工期的技术组织措施等。

(2)项目经理管理班子配备情况。项目经理管理班子配备情况主要包括项目经理管理班子配备情况表、项目经理简历表、项目技术负责人简历表和项目管理班子配备情况辅助说明资料等。

(3)项目拟分包情况。如果投标决策中标后有拟分包情况，应当填写项目拟分包情况，如果没有拟分包情况，应当填写"无"。

(4)企业信誉及实力。企业信誉及实力主要包括企业概况、已建和在建工程、企业获奖以及相应的证明资料。

8.3　任务实施

请完成××学院教学楼工程的投标文件编制。

8.4　任务评价

本任务主要讲述投标文件的编制。投标文件分为商务部分和技术部分，应当能够进行施工组织设计，确定清单计价法下的投标报价计算，采用多方案报价等报价方法进行报价。

请完成下表：

任务8　任务评价表

能力目标	知识点	分值	自测分数
能够编制施工组织设计	施工组织设计	20	
能够确定投标报价	投标报价计算	20	
能够编制投标文件	投标文件构成	30	
	商务标和技术标	10	
能够适当运用投标策略技巧	投标策略技巧	20	

技能实训

一、判断题

1. 投标保证金通常不超过投标总价的1%。（　　）
2. 投标保证金最高不得超过50万元。（　　）
3. 在投标截止时间之前，投标人可以补充和修改投标文件，但不能撤回。（　　）
4. 开标的时间可以和提交文件截止时间最多相差五个小时。（　　）
5. 工程量清单应作为投标邀请函的组成部分。（　　）
6. 对清单附录中未包括的工程项目，工程量清单编制人在"项目编码"栏中应以自行编码补充。（　　）
7. 重要澄清的答复应是口头的，并作为投标文件的一部分，但不得对投标内容进行实质性修改。（　　）
8. 招标方判断投标文件的响应性仅基于投标文件本身。（　　）
9. 以"m^2"为单位的工程量，应保留一位小数。（　　）

10. 投标保证金一般不得超过投标总价的10%。(　　)

二、单选题

1. 踏勘现场的目的是让投标人了解工程现场场地和(　　)等，以便投标人编制施工组织设计或施工方案，以及获取计算各种措施费用时必要的信息。
   A. 周围环境　　　B. 自然条件　　　C. 施工条件　　　D. 现场情况

2. 投标文件中出现工程量清单做变动、补充和修改时，应当(　　)。
   A. 属细微偏差，修正报价　　　B. 评标委员会成员讨论后确定
   C. 属细微偏差，但报价不得修正　　　D. 属重大偏差做废标处理

3. 投标文件中出现未按照招标文件设定的暂定材料价格进行报价或擅自变动暂定价时，应当(　　)。
   A. 属于细微偏差，修正报价　　　B. 评标委员会成员讨论后确定
   C. 属于细微偏差，但报价不得修正　　　D. 属于重大偏差做废标处理

4. 未能在实质上响应的投标，应当(　　)。
   A. 做必要的澄清、说明或者补正　　　B. 做废标处理
   C. 由评标委员会决定是否为废标　　　D. 不予受理

5. 在资格预审合格的投标申请人过多时，可以由招标人从中选择不少于(　　)家资格预审合格的投标申请人。
   A. 3　　　B. 5　　　C. 7　　　D. 9

6. 没有按照招标文件要求提供投标担保或者所提供的投标担保有瑕疵，属于(　　)。
   A. 重大偏差　　　B. 严重偏差　　　C. 细微偏差　　　D. 细小偏差

7. 措施项目是为完成工程项目施工，发生于该工程(　　)和施工过程中技术、生活、安全等方面的非工程实体项目。
   A. 施工前　　　B. 施工中　　　C. 施工后　　　D. 竣工前

8. 工程量清单应当由分部分项工程量清单、(　　)、其他项目清单组成。
   A. 技术列表　　　B. 清单说明
   C. 工程量明细　　　D. 措施项目清单

三、简答题

1. 投标文件由哪几部分构成？
2. 投标文件偏差分为哪几种？

项目3 开标、评标、定标

任务9 开标前工作

引例：2012年12月，在某市建设工程交易中心，对某宿舍楼建设工程进行评标。几位评标专家进行评标，在对投标文件商务标的评审过程中，未按照招标文件的要求进行评审，以"投标文件中工程量清单封面没有盖投标单位及法人代表章"为由，将一家投标单位的投标文件随意判定为废标，导致评标结果出现重大偏差，导致该项目不得不重新评审，严重影响了招标人正常招标流程和整个项目的进度。

思考：应当如何避免上面问题的发生呢？

9.1 任务导读

9.1.1 任务描述

××学院教学楼工程准备开标，请分别以招标人和投标人的身份，进行投标前准备工作。

9.1.2 任务目标

(1)能够正确提交投标保证金；
(2)能够正确密封投标文件；
(3)能够按规定时间递交投标文件；
(4)修改和撤回投标文件符合规定。

9.2 理论基础

开标前的准备工作可以分为招标人准备工作和投标人准备工作。

9.2.1 招标人准备工作

招标人进行开标前的准备工作是十分必要的，它有助于开标工作顺利有效地进行。目前，各地建设工程招标的具体要求各不相同，很难有一个通用标准做法。一般来说，开标

前准备工作大体包括以下内容:

(1)召开一次开标准备会议。为了确保开标工作顺利进行,可以根据需要,召开一次开标准备会。在开标日前一两天,由招标单位负责人召集有关人员参加。招标项目负责人应当具体分派工作任务、人员安排及一些问题解决方法等,充分进行协调、准备和安排妥当。在开标准备会议上,也需要讨论并确定开标会议上相关工作的负责人。

(2)准确掌握到会的投标人名单。根据《招标投标法》的规定,评标时的有效投标文件为三份以上,所以,应该核实领取开标文件的投标人是否参加开标会,尤其是在递交投标文件的投标人非常少的情况下。如果有效投标文件不足三份,按照规定应当重新招标,招标活动失败。所以,如果投标人数不够法定的数量,应当马上向有关领导部门反映和请示,避免临时被动。如果投标商来得很多,就要多组织人力,积极协调,做到有条不紊地进行评标工作。

(3)估计工作量,并据此安排会议室、评标时间及询标时间等进度安排和必要的人员食宿等生活措施。

(4)准备并布置开标会议室。开标会议室应当设备齐全,如布标所需的投影仪、大屏幕、计算机、话筒音响、电源和插座、接线板以及座椅等设备均应考虑周到。

(5)抽取并确认评委能否按时参加评标活动。随机或者指定抽取评标专家后,招标人应当考虑评标专家是否需要回避,并妥善安排评标专家的接待工作。

(6)确定招标方参加开标会议人数,并妥善安排工作。

(7)落实监管、公正等有关部门参加的人员。事先应该通知和确认公证处人员到达的时间与地点等情况,通知公证处人员着装参加,提前到达。

(8)落实所有开标、评标需要的印刷、打印材料。如投标签到表、投标文件收到登记表、评委和其他人员签到表、投标文件密封情况检查表(有时与前述合一)、唱标记录表、投标情况(或者分包情况)汇总表,以及规定的和国际招标范本使用的几种评标表格、符合性检查表、商务评议表、技术参数比较表、评标价格对比表、授标建议表等。当然,每个招标项目所需材料有些出入,应视情况而定,材料应当与本招标项目相关。

(9)事先准备好电子版开标一览表(唱标表格)。事先将投标方信息录入,以免届时每一项都要打字输入,浪费时间。

(10)投标保证金收取工作。如果有现金缴纳的可能,应当准备好相应工具,确保按时完成工作。

(11)有关领导致辞。开标会议上,可能会有有关领导等致辞,应当安排妥当。

9.2.2 投标人准备工作

9.2.2.1 投标文件装订及密封

投标文件应当将正本和副本分别装订成册,正本、副本的份数应当与招标文件一致,一般招标文件都要求一份正本,若干副本。投标文件的正本和副本分别密封在内层包封中,再将它们一起密封在一个外层包封中。内层包封封面应当注明投标文件"正本"和"副本"。如果投标文件没有按照要求密封,招标人会拒收。

内层包封和外层包封都应当写明招标人名称和地址、招标工程项目编号、工程名称，并注明开标时间以前不得开封。在外层包封上还应当写明投标人的名称与地址、邮政编码，以便投标逾期送达时还能原封退回。

9.2.2.2 提交投标保证金

投标人在提交投标文件的同时，应当按照招标文件规定的金额、形式和时间向招标人提交投标保证金，并作为投标文件一部分。如果不能按时按照规定提交投标保证金，则提交的投标文件为废标。

投标保证金是指为保护招标人利益，避免投标人投标后随意撤回、撤销、变更投标文件而给招标人带来损失，要求投标人提供的担保。

1. 投标保证金的提交

（1）投标保证金是投标文件的必需要件，如果投标保证金出现不足、无效、过期等不符合招标文件的情形，则投标文件会被判定没有实质性响应招标文件要求，而被拒绝或者成为废标。

（2）联合体投标时，投标保证金可以有联合体各方共同提交或联合体一方提交，对全体成员均具有约束力。

（3）投标保证金应当在投标截止期前送达，与投标文件提交时间一致。投标保证金的提交方式可以是银行保函或者不可撤销的信用证、保兑支票、银行汇票、现金支票、现金或者招标文件规定的其他形式。其中，以转账方式提交投标保证金的，应当以到账时间为保证金送达时间；以现金或者见票即付的票据形式提交的则以实际交付时间为送达时间。

2. 投标保证金金额

《工程建设项目施工招标投标办法》规定投标保证金一般不得超过投标总价的2%，最高不得超过80万元。

3. 投标保证金的没收

按照《招标投标法》规定，有以下情形的，投标保证金应当予以没收：在规定投标有效期内撤销或者修改其投标文件；投标人在收到中标通知书后，未在规定时间提交履约担保，或拒绝签订合同。

9.2.2.3 投标文件提交

投标文件应当在投标截止期前提交，投标截止期是指投标人提交投标文件的最晚时间，招标人在招标文件中有明确规定。投标人投标文件如果逾期送达，则会被招标人原封不动退回。

投标人提交投标文件时，可以直接送达，即投标人派专人将投标文件在规定时间内送到招标人指定地点，也可以采用邮寄方式，值得注意的是，采用邮寄方式时必须保证招标人实际收到投标文件是在投标截止期前，而非"邮戳时间"在投标截止期前。因此，采用邮寄方式需要特别注意估算好邮寄时间，防止因邮寄问题而逾期送达投标文件，导致投标文件被退回，造成投标失败。

投标文件按照规定时间和地点送达后，招标人应当签收。《工程建设项目施工招标投标办法》第38条规定："招标人收到投标文件后，应当向投标人出具标明签收人和签收时间的凭证，在开标前任何单位和个人不得开启投标文件。"招标人签收，有利于明确责任，防止投标人将招标文件送达后丢失。

9.2.2.4 投标文件修改、补充、撤回

投标文件提交给招标人后，可以在投标截止时间之前对投标文件修改或撤回。《招标投标法》第29条规定："投标人在招标文件要求提交投标文件的截止时间之前，可以补充、修改或者撤回已提交的投标文件，并书面通知招标人。"《标准施工招标文件》也规定，书面通知应当按照招标文件的要求签字或者盖章，修改的投标文件还应当按照招标文件的规定进行编制、密封、标记和递交，并标明"修改"字样。投标截止时间至投标有效期满之前，投标人对投标文件的任何修改、补充，招标均不予接受，撤回投标文件还会被没收投标保证金。

投标有效期是指招标文件规定的一个期限，在此期限内投标文件对投标人具有法律约束力。《工程建设项目施工招标投标办法》规定，招标文件应当规定一个适当的投标有效期，以保证招标人有足够时间完成评标和与中标人签订合同。投标有效期从招标文件规定的提交投标文件截止时间算起。在原有投标有效期结束前，招标人可以根据需要延长投标有效期。招标人应通知所有投标人延长投标有效期，如果投标人拒绝延长投标有效期，可以收回投标保证金；同意延长投标有效期的投标人顺延其投保有效期，但不能修改其投标文件实质性内容。

9.3 任务实施

请分别以招标人和投标人身份，完成开标前的准备工作。

9.4 任务评价

本任务主要讲述开标前的准备工作。招标人应当准备好开标的房间及开标所需设备设置，组建评标委员会；投标人应当按时提交投标文件和投标保证金。

请完成下表：

任务9 任务评价表

能力目标	知识点	分值	自测分数
能够正确提交投标保证金	投标保证金	30	
能够正确密封投标文件	投标文件签署、密封	30	
能够按规定时间递交投标文件	提交投标文件时间规定、无效标和废标	20	
修改和撤回投标文件能够符合规定	投标文件修改和撤回	20	

技能实训

一、判断题

1. 当投标文件正本和副本内容不一致时，以正本为准。（　）
2. 投标担保采用支票或现金方式时投标人可以不提交投标担保书。（　）
3. 订立合同协议书并收到履约保函后，业主即应尽快将投标保证金退还未中标的投标者，而中标的投标者不需要立即退还。（　）
4. 招标文件中规定，投标人可以用抵押方式进行投标担保，并规定投标保证金额为投标价格的5%，不得少于100万元。（　）
5. 某招标文件中规定，投标保证金有效期同投标有效期。（　）
6. 投标有效期是指招标文件规定的一个期限，在此期限内投标文件对投标人具有法律约束力。（　）
7. 投标有效期从招标文件规定的提交投标文件截止时间算起。（　）
8. 投标人投标文件如果逾期送达，则会被招标人原封不动退回。（　）
9. 《工程建设项目施工招标投标办法》规定投标保证金一般不得超过投标总价的2%，最高不得超过80万元。（　）
10. 如果不能按时按规定提交投标保证金，则提交的投标文件也可接受，但中标前必须交足保证金。（　）

二、单选题

1. 投标保证金（　）。
    A. 不属于投标文件一部分
    B. 属于投标文件一部分
    C. 由招标文件确定是否属于投标文件一部分
    D. 经批准可不提交
2. 如果投标文件没有按照要求密封，招标人（　）。
    A. 会拒收　　　　　　　　　　　B. 应接受
    C. 应接受，但需投标人签字说明情况　D. 应该要求投标人按要求密封
3. 在原有投标有效期结束前，招标人（　）。
    A. 不可以延长投标有效期
    B. 可以延长投标有效期，投标人不得拒绝
    C. 应与投标人协商后确定延长投标有效期
    D. 可以根据需要延长投标有效期
4. 采用邮寄方式递送投标文件的，应当（　）。
    A. 以邮戳时间为准　　　　　　　B. 必须保证邮戳时间在投标截止期前
    C. 在投标截止期前送达指定地点　D. 投标截止期前邮寄即可

5. 《工程建设项目施工招标投标办法》规定投标保证金最高不得超过( )万元。
   A. 50　　　　　B. 60　　　　　C. 80　　　　　D. 100
6. 投标人在招标文件要求提交投标文件的截止时间之前，可以补充、修改或者撤回已提交的投标文件，并( )招标人。
   A. 书面通知　　　　　　　　B. 口头通知
   C. 用qq等通信手段通知　　　D. 无须通知
7. 投标截止时间至投标有效期满之前，投标人对投标文件的任何修改、补充，招标人均( )。
   A. 可以接受　　B. 不予接受　　C. 协商接受　　D. 视情况而定
8. 联合体投标时，投标保证金可以有联合体各方共同提交或联合体一方提交，对( )。
   A. 全体成员均无约束力　　　B. 部分成员有约束力
   C. 部分成员无约束力　　　　D. 全体成员均有约束力
9. 开标会，投标人( )。
   A. 不必参加
   B. 自愿参加
   C. 不必参加，但不参加，必须承认开标结果
   D. 必须参加

三、简答题

1. 简述招标人开标前准备工作。
2. 简述开标前投标人应当做哪些工作。

任务 10 开 标

引例：某大学医技大楼工程于 2001 年年初进入省建设工程交易中心以总承包方式向社会公开招标。

包工头郑某获得该项目招标信息后，想要承揽该工程。得知该项目的情况后，立即与 4 家建筑公司联系，要求挂靠这 4 家公司参与投标。4 家建筑公司违法同意其挂靠，并分别商定收取工程造价的 3‰~5‰ 作为管理费。

为揽到该项目，郑某以咨询业务为名，经常请省交易中心评标处负责人吃喝玩乐，并赠送其各种名贵礼品现金等。因此，评标处负责人向郑某泄露招标投标中有关保密事项，带郑某到审核标底现场向有关人员打探标底。

2001 年 1 月 22 日下午开始评标。招标文件规定 22 日下午评技术标、23 日上午评经济标。在评标处负责人干涉下，评标委员会决定将两段评标内容集中在 22 日一个下午进行。评标委员在评审中违规操作，影响了评标结果的合理性和合法性。下午 7：20 左右，评标结束，中标单位为该省某建筑公司。

郑某挂靠的 4 家公司均未能中标，郑某感觉损失巨大，便鼓动这 4 家公司向有关部门投诉，设法改变评标结果。由于不断发生投诉，中标通知书一直未发。

经省纪委调查后，发现该工程招标投标中的违纪违法问题，并做了相应处理。

思考：郑某参与投标的行为属于什么性质？作为交易中心的工作人员在招标投标活动中违规应当如何处理？

10.1 任务导读

10.1.1 任务描述

××学院教学楼工程投标已经截止，即将开标，请办理开标有关事宜。

10.1.2 任务目标

(1) 能够组织开标活动；
(2) 能够参与开标活动。

10.2 理论基础

开标是招标投标活动的一项重要程序，招标人在投标截止时间的同一时间，根据招标文件规定的开标地点组织公开开标，公布投标人名称、投标报价以及投标文件中约定的其他唱标内容，使招标投标当事人了解各个投标的关键信息，并且将相关情况记录在案。

10.2.1 开标时间和地点

10.2.1.1 开标时间

招标文件规定的投标截止时间和开标时间应当一致，应当具体确定到某年某月某日的几点几分，并在招标文件中表明。招标人和招标代理机构必须按照招标文件中的规定，按时开标，不得擅自提前或者拖后开标，更不能不开标就进行评标，开标现场时间应当以招投标中心服务大厅的电子时钟显示的时间为标准时间。

10.2.1.2 开标地点

开标地点应当在招标文件中标明，开标地点可以是招标人的办公室，也可以是工程交易中心的开标室，或者其他指定地点。

10.2.1.3 开标时间和地点的修改

如果招标人需要修改开标时间和地点，应当以书面形式通知所有招标文件的接收人；同时，上报工程所在地的县以上地方人民政府建设行政主管部门备案。

10.2.2 开标参与人

开标工作由招标人主持，邀请所有投标人参加。对于开标参与人，应当注意以下几个问题：

(1)主持人：开标工作既可以由招标人主持，也可以由招标代理机构主持，实际招投标工作中，开标都是由招标代理机构主持完成的。

(2)投标人：投标人可以自主决定是否参加开标会议，对于招标人来说，邀请所有投标人参加开标是法定的义务。

(3)其他可以参加开标的人员：根据项目的不同情况，招标人可以邀请除投标人以外的其他方面人员参加开标。根据《招标投标法》的规定，招标人可以委托公证机构对开标情况进行公证。

10.2.3 开标的准备工作

1. 投标文件的接收

(1)投标书应当由投标人在投标截止时间前直接送达指定地点，招标人应当在投标截止时间前当场签收，招标人不得在指定地点以外的其他地点接收投标书。

(2)招标人在接收投标书时，应当严格检查投标书的密封及标注情况，对密封不符合招标文件要求或标注不明确(可能影响正常开标)的投标文件，招标人应当予以拒绝。对于递交的密封完整、标注明确的投标文件，招标人应当出具收条，收条上应当写明标书接收时间及标书份数，送标人和收标人应当共同签名。

(3)当投标文件的密封不符合招标文件要求时，招标人不予受理，在投标截止时间前，应当允许投标人在投标文件接收场地之外自行更正修补。

(4)投标书接收后，由招标人负责保管。投标截止时间以后，招标人不得接受任何投标书及补充信函。

(5)至投标截止时间提交投标文件的投标人少于3家的，不得开标，投标人应将接收的投标文件原封退回投标人，并依法重新组织招标。

2. 开标现场

招标人应当保证受理的投标文件不丢失、不损坏、不泄密，并组织工作人员将投标截止时间前受理的投标文件及可能的撤销函运送到开标地点。

招标人应当精细全面地准备好开标必备的现场条件，包括提前布置好开标会议室，准备好开标需要的设备、设施和服务等。

3. 开标资料

投标人应当准备好开标资料，包括开标记录、标底文件、投标文件接收登记表和签收证明等。招标人还应当准备相关国家法律法规、招标文件及其澄清与修改内容，以备必要时使用。

4. 工作人员

招标人参与开标会议的有关工作人员(包括主持人、开标人、唱标人、记录人、监标人以及其他辅助人员)应当按时到达开标现场。

10.2.4 开标程序

(1)招标人签收投标人递交的投标文件。在开标当日且在开标地点递交的投标文件的签收应当填写投标文件报送签收一览表，招标人专人负责接收投标人递交的投标文件。提前递交的投标文件也应当办理签收手续，由招标人携带至开标现场。

(2)投标人出席开标会的代表签到。投标人授权出席开标会的代表本人填写开标会签到表，招标人专人负责核对签到人身份，应当与签到的内容一致。

(3)主持人宣布投标截止和开标开始，并宣布之后送达的投标文件为无效投标文件，要求投标人现场递交投标保证金，同时，介绍出席开标仪式的人员、宣布开标人员、唱标人员、记录人员和监督人员。

主持人一般为招标人代表，也可以是招标人指定的招标代理机构的代表。开标人一般为招标人或招标代理机构的工作人员，唱标人可以是投标人的代表或者招标人或招标代理机构的工作人员，记录人由招标人指派，有些建筑市场的工作人员同时记录唱标内容，招标办监管人员或招标办授权的有形建筑市场工作人员进行监督。记录人按照开标会记录的要求开始记录。

(4)开标会主持人介绍主要与会人员。主要与会人员包括到会的招标人代表、招标代理机构代表、各投标人代表、公证机构公证人员、见证人员及监督人员等。

(5)主持人宣布开标会程序、开标会纪律和当场废标的条件。投标文件有下列情形之一的，应当场宣布为废标：

1)逾期送达的或未送达指定地点的；

2)未按招标文件要求密封的。

(6)进行资格审查(资格前审)、核对投标人授权代表的身份证件、授权委托书及出席开标会人数。招标人代表出示法定代表人委托书和有效身份证件，同时招标人代表当众核查投标人的授权代表的授权委托书和有效身份证件，确认授权代表的有效性，并留存授权委托书和身份证件的复印件。法定代表人出席开标会的要出示其有效证件。主持人还应当核查各投标人出席开标会代表的人数，无关人员应当退场。

(7)招标主持人讲话。开标主持人介绍招标项目名称、招标人、招标代理机构以及在投标截止时间前送达标书的投标人名称；阐明按公开、公平、公正和诚实信用的原则及规定的程序择优选择中标单位；公布招标人在开标现场负责人的姓名及联系方式；公布此次开标的投诉受理单位。

(8)主持人介绍招标文件、补充文件或答疑文件的组成和发放情况，投标人确认。主要介绍招标文件组成部分、发标时间、答疑时间、补充文件或答疑文件组成，发放和签收情况。可以同时强调主要条款和招标文件中的实质性要求。

(9)主持人宣布投标文件截止和实际送达时间，介绍项目的大致情况以及投标人数量。宣布招标文件规定的递交投标文件的截止时间和各投标单位实际送达时间。在截标时间后送达的投标文件应当场废标。

(10)招标人和投标人的代表共同(或公证机关)检查各投标书密封情况。密封不符合招标文件要求的投标文件应当场废标，不得进入评标。密封不符合招标文件要求的，招标人应当通知招标办监管人员到场见证。密封情况由投标人代表检查，密封不符合招标文件要求的应按无效投标处理。

(11)由招标人当众核验投标人投标保证金已支付到招标人账户的凭证。投标人因故无法提供有效的凭证时，招标人可以通过招标文件指定账户核实投标保证金到账情况，如当场无法核实，投标书无效。

(12)主持人宣布开标和唱标次序。一般按照投标书送达时间逆顺序开标、唱标。

(13)唱标人依唱标顺序依次开标并唱标。开标由指定的开标人在监督人员及与会代表的监督下当众拆封，拆封后应当检查投标文件组成情况并记入开标会记录，开标人应当将投标书和投标书附件以及招标文件中可能规定需要唱标的其他文件交唱标人进行唱标。唱标内容一般包括投标报价、工期和质量标准、质量奖项等方面的承诺、替代方案报价、投标保证金、主要人员等，在递交投标文件截止时间前收到的投标人对投标文件的补充、修改同时宣布，在递交投标文件截止时间前收到投标人撤回其投标的书面通知的投标文件不再唱标，但须在开标会上说明。

(14)开标会记录签字确认。开标会记录应当如实记录开标过程中的重要事项，包括开标时间、开标地点、出席开标会的各单位及人员、唱标记录、开标会程序、开标过程中出现的需要评标委员会评审的情况，有公证机构出席公证的还应记录公证结果，投标人的授权代表应当在开标会记录上签字确认，对记录内容有异议的可以注明，但必须对没有异议的部分签字确认。

(15)公布标底。招标人设有标底的，标底必须公布。由唱标人公布标底。

(16)由招标人代表拆封有效投标单位的暗标部分投标书，随机编号后送评标委员会评审。招标人在拆封暗标部分投标书时，拆封人员和编号人员间应当有专人负责传递已拆封的标书；编号人员的编号过程应当避免投标人员及其他人员近距离直视。

开标过程中，出现招标文件和本规定未涉及的意外情况时，招标人可以要求评标委员会决定处理办法，如评标委员会认为无法进行公正处理时，招标人应当暂停开标。

(17)评标结束后，招标人宣布评标结果，开标会议结束。投标人的法定代表人或其委托代理人必须全程参加开标会议，开标会议休会期间应当在招标人处留下联系电话并保证在接到招标人通知后能在半小时内到达现场，否则投标人应当自行承担由此引起的对自己不利的后果。

10.2.5 关于禁止串标的法律规定

《中华人民共和国建筑法》《招标投标法》《评标委员会和评标方法暂行规定》《工程建设项目施工招标投标办法》都有禁止串标的有关规定。

其中，《招标投标法》第32条指出："投标人不得相互串通投标报价，不得排挤其他投标人的公平竞争，损害招标人或者其他投标人的合法权益。投标人不得与招标人串通投标，损害国家利益、社会公共利益或者他人的合法权益。禁止投标人以向招标人或者评标委员会成员行贿的手段谋取中标。"第33条指出："投标人不得以低于成本的报价竞标，也不得以他人名义投标或者以其他方式弄虚作假，骗取中标。"

《工程建设项目施工招标投标办法》规定下列行为均属招标人与投标人串通投标：

(1)招标人在开标前开启投标文件，并将投标情况告知其他投标人，或者协助投标人撤换投标文件，更改报价；

(2)招标人向投标人泄露标底；

(3)招标人与投标人商定，投标时压低或抬高标价，中标后再给投标人或招标人额外补偿；

(4)招标人预先内定中标人；

(5)其他串通投标行为。在评标过程中，被评标委员会发现投标人以他人的名义投标、串通投标、以行贿手段谋取中标或者以其他弄虚作假方式投标的，该投标人的投标应当做废标处理。

10.2.6 废标的法律规定

投标文件有下述情形之一的，属重大投标偏差，或被认为没有对招标文件做出实质性响应，根据2001年7月5日国家七部委联合颁布的《评标委员会和评标方法暂行规定》，做废标处理：

(1)关于投标人的报价明显低于其他投标报价等的规定。《评标委员会和评标方法暂行规定》第21条规定：在评标过程中，评标委员会发现投标人的报价明显低于其他投标报价或者在设有标底时明显低于标底，使得其投标报价可能低于其个别成本的，应当要求该投标人做出书面说明并提供相关证明材料。投标人不能合理说明或者不能提供相关证明材料的，由评标委员会认定该投标人以低于成本报价竞标，其投标应当做废标处理。

(2)投标人资格条件不符合国家有关规定和招标文件要求的，或者拒不按照要求对投标文件进行澄清、说明或者补正的，评标委员会可以否决其投标。

(3)评标委员会应当审查每一份投标文件是否对招标文件提出的所有实质性要求和条件做出响应。未能在实质上响应的投标，应当做废标处理。

评标委员会应当根据招标文件，审查并逐项列出投标文件的全部投标偏差。投标文件存在重大偏差的，做废标处理，下列情况属于重大偏差：

(1)没有按照招标文件要求提供投标担保或者所提供的投标担保有瑕疵；
(2)投标文件没有投标人授权代表签字和加盖公章；
(3)投标文件载明的招标项目完成期限超过招标文件规定的期限；
(4)明显不符合技术规格、技术标准的要求；
(5)投标文件载明的货物包装方式、检验标准和方法等不符合招标文件的要求；
(6)投标文件附有招标人不能接受的条件；
(7)不符合招标文件中规定的其他实质性要求。

开标时的开标会议纪要示例如下。

开标会议纪要

招　标　人：_____　　工程名称：_____
招标代理机构：_____　　会议时间：_____
会　议　地　点：_____

一、招标人、招标代理机构、投标人代表及提供监督和见证服务的部门代表签到。

1. 招标人：_____
2. 招标代理机构：_____
3. 投标人：_____
_____
_____
_____
_____
_____
_____
_____
_____

4. 招标监督部门：_____
5. 见证服务部门：_____
6. 公证机构：_____
7. 纪检监察部门：_____
8. 主持人：_____　　工作单位：_____

9. 记录员：_____　　工作单位：_____

10. 唱标人：_____　　工作单位：_____

11. 监督人：_____　　工作单位：_____

二、工程概况

本项目位于_____，面积(长度)为_____，结构类型_____，栋数为_____栋，层数为_____层，工程预算经造价部门_____编制(或审核)，预算价为_____元。

三、会议纪律

1. 为维护开标会场秩序，保持会场安静，请与会人员自行关闭随身携带的通信工具，并交由工作人员负责保管。

2. 参加会议的所有人员未经许可不得离开开标会场。

违反上述纪律者，取消本次投标资格，并视情节轻重，给予相应处罚。

四、投标文件递交、签收与密封情况。

投标人	密封情况
	□完整 □不完整
	□完整 □不完整
	□完整 □不完整
	□完整 □不完整
	□完整 □不完整
签收人签名：	验证人签名：
监督人签名：	年　月　日

五、随机抽取专家，组建评标委员会。

评标委员会成员签到：

1. _____　2. _____　3. _____　4. _____

5. _____　6. _____　7. _____　8. _____

评标委员会负责人：_____

六、开标、评标、决标
当场废标情况

投标人	废标原因	备注

评标委员会成员签名：
监督人：
公证员：   年   月   日

10.3 任务实施

请进行××学院教学楼的开标工作，并做好记录。

10.4 任务评价

本任务主要讲述开标过程。招标人应当按时接收投标文件，投标人出席开标会，并签字，由招标人负责开标会议。评标委员会负责评标，杜绝串标和违法违纪行为发生。
请完成下表：

任务10 任务评价表

能力目标	知识点	分值	自测分数
能组织开标活动	开标	20	
	开标程序	10	
	唱标	20	
能参与投标活动	出席开标会议的规定	30	

技能实训

一、判断题

1. 招标人在投标截止时间后的某一时间，依据招标文件规定的开标地点组织公开开标。（   ）
2. 如果招标人需要修改开标时间和地点，应以书面或者口头形式通知所有招标文件的接收人。（   ）
3. 开标工作由招标人主持，邀请所有投标人参加。（   ）
4. 投标人可以自主决定是否参加开标会议。（   ）
5. 没有按照招标文件要求提供投标担保或者所提供的投标担保有瑕疵，属于细微偏差。（   ）

二、单选题

1. 下列行为中不属于重大偏差的是（   ）。
   A. 投标文件没有投标人授权代表签字和加盖公章
   B. 投标文件明显不符合技术规格、技术标准的要求
   C. 投标文件不符合招标文件中规定的其他实质性要求
   D. 投标文件数据复核错误
2. 投标人参加开标会议是（   ）。
   A. 法律规定，必须参加
   B. 如不参加则按废标处理
   C. 可以不参加
   D. 招标人邀请的，如招标人没有邀请，则不能参加
3. 当投标人的报价明显低于其他投标报价时，（   ）。
   A. 肯定废标					B. 需要出具说明
   C. 评委判断是否废标		D. 不影响投标活动
4. 开标会时应当（   ）。
   A. 唱标						B. 保密标底
   C. 无须投标人签字			D. 招标人可以拒绝合格投标文件
5. 开标时间和地点（   ）。
   A. 由招标文件规定			B. 由招标人电话通知
   C. 一经确定，不能更改		D. 必须在建设工程交易中心进行

三、简答题

1. 开标程序是什么？
2. 哪些行为属于串标行为？
3. 关于废标的规定有哪些？

任务11 评 标

引例：某工程开标后，招标人为了确保自己满意的投标人中标，在向评标委员会介绍投标人情况时，故意对满意的投标人做出详细介绍，并说明，"该投标人与我公司合作多年，合作非常愉快，请各位评委认真考虑"，而对其他投标人则一笔带过。最后，招标人满意的投标人顺利中标。

思考：招标人这种做法是否妥当？

11.1 任务导读

11.1.1 任务描述

××学院教学楼工程已经开标，请按照要求，进行评标活动。

11.1.2 任务目标

(1)能够组织评标；
(2)能够依据评标方法和评标标准评标。

11.2 理论基础

11.2.1 评标委员会的相关规定

(1)评标委员会由招标人依法组建，由招标人代表和有关技术、经济等方面专家组成。评标委员会应当为5人以上的单数，专家人数不得少于成员总数的2/3。当招标文件设置技术标时，招标人原则上应当独立组织技术标专家组。技术评标专家人数由招标人确定，但应当保证专家组有必要的时间对全部投标文件进行认真评审。技术专家组设有组长一名，技术专家组组长原则上应当具备高级工程师及以上职称，由技术专家组在评标开始前选举产生。

(2)招标人应当安排1~3名工作人员承担评标过程的组织和服务工作，工作人员中必须包括招标项目负责人。

(3)公开招标项目施工招标的投标预算应当实行由电子评标辅助系统协助下的暗标评

审，招标人应当安排经培训合格、专业对口的造价人员参加电子评标辅助系统的操作。

（4）招标人应当在开标前将评标委员会组成办法向当地建设行政主管部门或其委托的建设工程招投标机构办理备案手续。备案材料包括业主委托的评标专家授权书、评标委员会其他成员的专业构成和产生办法、招标人工作人员名单、电子评标辅助系统操作人员名单。

（5）评标委员会负责人由业主推荐，也可以由全体评标委员会成员选举产生。

（6）评标委员会及相关工作人员名单在评标结束前应当对投标人保密。

（7）评标专家的权力：对投标人的投标书发表自己的意见和保留自己的意见；不受任何干预，对投标书进行公正的打分或评价；可以对专家库的工作提出批评和建议；接受招标人给付的评标劳务费。

（8）评标专家的义务：在评标过程中认真贯彻有关招标投标法律、法规和国家有关政策；按时参加评标、询标活动，客观公正地履行职责，遵守职业道德；对评标过程保密；对所提出的评审意见承担个人责任；对评标结果应当签字以示负责；对行政监督部门的监督检查活动予以协助和配合。

（9）评标专家有下列情形之一的应当主动提出回避：投标人主要负责人的近亲属；项目审批部门或者有关行政监督部门的工作人员；与投标人有经济或其他利害关系，可能影响公正评审的；法律法规、规章规定应当回避的其他情形。评标委员会成员如因个人能力或专业水平限制无法胜任相应的评标工作时，应提出书面申请退出评标委员会。因上述原因造成评标委员会人数缺少时，招标人应按照规定的程序和方法及时补选新成员。

11.2.2 评标的原则及程序

11.2.2.1 评标的基本原则

评标的基本原则是"公开、公平、公正、择优、效益"。评标委员会按照这一原则要求，公正、平等地对待各投标人。同时，在评标时恪守以下原则：

（1）客观性原则：评标委员会要严格按照招标文件要求的内容，对投标人的投标文件进行认真评审；评标委员会对投标文件的评审仅依据投标文件本身，而不依靠投标文件以外的任何因素。

（2）统一性原则：评标委员会要按照统一的评标原则和评标办法，用同一标准进行评标。

（3）独立性原则：评标工作在评标委员会内部独立进行，不受外界任何因素的干扰和影响。评委对出具的评标意见承担个人责任。

（4）保密性原则：评委及熟知情况的有关工作人员要保守投标人的商业和技术秘密。

（5）综合性原则：评标委员会要综合分析、评审投标人的各项指标，而不以单项指标的优劣评定出中标人。

11.2.2.2 评标纪律

（1）评标是招标工作的重要环节，评标工作在评标委员会内独立进行。评标委员会要遵照评标原则，公正、平等地对待所有投标人。评标过程的情况必须严格保密，任何人不得以任何形式透露给投标人。

(2)所有评标人员要忠于职守、廉洁自律、秉公办事、不徇私情。评标人员不得接受或参加投标单位或与投标有关的单位、组织或个人的有碍公务的宴请、娱乐等，不得以任何形式弄虚作假。

(3)评标期间，评标人员不得随意出入评标地点，与外界通信、会客等；在投标文件的审查、澄清、评价和比较以及授予合同的过程中，投标人对招标人及评标委员会其他成员施加影响的任何行为，都将会导致被取消投标资格；在开标、评标期间，投标人不得向评委询问评标情况，不得进行旨在影响评标结果的活动；为保证定标的公正性，在评标过程中，评委不得与投标人私下交换意见。在评标工作结束后，凡与评标情况有接触的任何人，不得将评标情况对外扩散；评标结束后，各评标人员应当将全部资料整理上交招标人，严禁将评标过程中有关资料向投标人或其他单位提供；招标人应当对评标委员会成员名单、项目资金预算、拟邀请的潜在投标人名单、已购买招标文件的潜在投标人名单、评标过程予以保密；评标委员会对各投标人的商业秘密予以保密；评标过程的情况必须严格保密，任何人不得以任何形式透露给投标人；评标委员会成员应当客观、公正地履行职责，遵守职业道德，对所提出的评审意见承担个人责任。

11.2.2.3 评标的工作程序

(1)参加评标会议的评标专家和相关工作人员，应当随身携带相关身份证件，准时到达评标现场，评标开始前应进行签到，并接受相关部门人员对其身份的核查。

(2)评标会议由招标人安排的工作人员主持，评标会议开始，主持人宣布评标会议开始；介绍评标委员会组成办法和组成人员名单；介绍参加评标会议的其他人员；介绍开标项目概况；介绍全体投标人名称；介绍招标文件规定的评标办法；介绍评标过程的计划安排；宣读评标专家须知，同时，要求符合应当回避条件的专家自觉提出回避要求。

(3)评标由评标委员会负责，任何单位和个人不得非法干预、影响评标的过程和结果。相关部门监督人员在评标过程中只对评标过程及程序进行监督，监督人员原则上不得对正常的评标过程和内容发表个人意见。

(4)招标人的工作人员、招标投标中心工作人员在评标过程中只能从事为评标专家服务的辅助性工作，不得参与任何应由评标委员会成员完成的标书审核、评定工作。评标专家评标期间，非评标工作需要，上述人员不得对投标预算进行查阅记录和统计。

(5)评标委员会应当根据招标文件规定的标准和办法进行评标。评标委员会不得使用招标文件未规定的评标标准和方法进行评标。

(6)评标委员会根据评标需要对投标人进行询标时，应当首先选用书面形式，确实需要采用口头形式时，应当优先选用询标对讲系统询标。

(7)评标委员会根据评标需要对投标人进行询标时，投标人代表应当在规定的时间内到达现场接受询标，如投标人代表未在规定的时间到达现场而影响评标工作正常进行的，评标委员会可以视其自动放弃投标。

(8)招标人在开标前应当充分准备电子评标辅助系统操作过程所需要的设备和资料。

(9)评标委员会应当慎重处理废标事宜。评标委员会确定废标必须是招标文件或相关法律法规、规章明文规定的条件；规范性文件规定的废标情形，如未被招标文件引用，则不能作为废标依据。

(10)对于投标报价中个别材料或费用过低的情况，其投标总价接近或高于投标平均价且所涉及价格占投标总价比例较小时，一般应不以"恶意低价竞标"原因废标。

11.2.3 投标文件评审步骤

11.2.3.1 初步评审

初步评审包括符合性审查和算术性修正，只有通过初步评审的投标文件才能参加详细评审。

1. 通过符合性审查的主要内容

通过符合性审查的主要内容包括以下几个方面：

(1)投标文件按照招标文件规定的格式、内容填写，字迹清晰。

1)投标书按照招标文件规定填报了投标价、工期，且有法定代表人或其授权的代理人亲笔签字，盖有法人章；

2)投标书附录的所有数据均符合招标文件规定；

3)投标书附表齐全完整，内容均按照规定填写；

4)按照规定提供了拟投入的主要人员的证件复印件，证件清晰可辨、有效；

5)投标文件按照招标文件规定的形式装订。

(2)投标文件上法定代表人或其授权代理人的签字(含小签)齐全，符合招标文件规定。投标文件除封面、封底外的所有页及调价函的每一页都必须由法定代表人或其授权代理人本人逐页签字。

(3)与通过资格审查的投标人资格等未发生实质性变化。

1)通过资审后法人名称变更时，应当提供相关部门的合法批件及企业法人营业执照和资质证书的副本变更记录复印件。

2)资格没有实质性下降，是指投标文件仍然满足资格预审中的强制性标准(经验、人员、设备、财务等)。

(4)投标人按照招标文件规定的格式、内容和要求提供了投标担保。

1)投标担保为无条件式投标担保；

2)投标担保的受益人名称与招标人规定的受益人一致；

3)投标担保金额符合招标文件规定的金额；

4)投标担保有效期为投标有效期加 30 d；

5)若采用银行保函形式，银行级别由支行及其以上级别的国有或股份制商业银行，且具有相应担保能力。

(5)投标人法定代表人若是授权代理人，其授权书符合招标文件规定，并符合下列要求：

1)授权人和被授权人均在授权书上签名，不得用签名章代替；

2)附有公证机关出具的加盖钢印的公证书(资审文件已要求的，此处可用复印件代替)；

3)公证书出具的日期与授权书出具的日期同日或之后。

(6)一份投标文件只有一个投标报价,在招标文件没有规定的情况下,不得提交选择性报价。

(7)如有要求,投标人提交的调价函应当符合招标文件要求。

(8)投标文件载明的招标项目完成期限不得超过招标文件规定的期限。

(9)投标文件不应当附有招标人不能接受的条件。

投标文件不符合以上条件之一的,评标委员会应当认为其存在较大偏差,并对该投标文件做废标处理。对于实质上不符合招标文件要求的投标文件,不允许投标人更正或撤回其不符合规定的部分而使之符合规定。

如果有证据显示投标人以他人名义投标,或与他人串通投标,或以行贿手段以获中标以及弄虚作假的,评标委员会对该投标文件做废标处理。

2. 废标条款规定

(1)废标条款必须符合法律法规的规定,不得出现违背法律和有关规定的条款。

(2)废标条款必须在招标文件中以醒目的方式(如黑体字、加粗等)予以载明,为在招标文件中以项目醒目的方式载明的不得作为废标的依据。

(3)废标条款的文字表述必须具体、清晰、易懂,不得使用原则性的条款、模糊或者容易引起歧义的词句表述。如果必须采用这类词句方能表述清楚的,应当附解释和说明。

(4)在开标和评标时发现废标条款有歧义的,招标人和评标委员会应当及时报告相关主管部门,在确定确实存在歧义的情况下,应当视同该条款无效,不得以招标人的解释或评标委员会的表决来裁定是否废标。

(5)投标文件若满足符合性审查条件,但在其他方面存在细微偏差,或存在与招标文件的要求有明显偏差的,且废标条款中未明确的,招标人和评标委员会应当视作细微偏差,均不得做废标处理,评标委员会可以要求投标人进行书面澄清、补正或者依据招标文件规定对投标文件进行不利于该投标人的评标酌情量分,但不得对该投标文件做废标处理。

3. 算术性修正

对于实质上符合招标文件要求的投标文件,评标委员会将对其报价进行校核,并对有算术上的及累加运算上的差错给予修正。算术性修正按照招标文件规定的修正原则:

(1)当以数字表示的金额与文字表示的金额有差异时,以文字表示的金额为准。

(2)当单价与数量相乘不等于合价时,以单价计算为准,如果单价有明显的小数点位置差错,应当以标出的合价为准,同时对单价予以修正。

(3)当各细目的合价累计不等于总价时,应当以各细目合价累计数为准,修正总价。

(4)若投标书中投标价大写金额与清单汇总表(有调价函的为调价函中的清单汇总表)中投标价小写金额不一致,偏差小于或等于1%时,以清单汇总表中投标价为准,招标人将按照算术性修正前后两个标价中评分值较低的进行评分。

按照以上原则对算术性差错的修正,评标委员会应当通过招标人向投标人进行书面澄清。投标人对修正后的最终投标价进行书面确认的,其投标文件可参加详细评审。投标人对修正结果存有不同意见或未做书面确认的,评标委员会应当重新复核算术性修正结果。如果确认算术性修正无误,应当对该投标文件做废标处理;如果发现算术性修正存在差错,应当及时做出调整并重新进行书面澄清。如果投标人拒绝确认，则其投标文件将不予评审，做废标处理，并没收其投标担保。修正后的最终投标价与原报价相比偏差在1‰以上者，属于重大偏差，做废标处理。不采用业主提供的"工程量清单"电子文档编制报价工程量清单或擅自修改工程量或运算定义引起算术错误的，按照废标处理。

评标委员会对通过初步评审的投标文件进行详细评审前，发现有效投标文件不足3个，投标明显缺乏竞争的，评标委员会可以否决投标，招标人应当依法重新招标。

11.2.3.2 详细评审

初步评审工作结束后，评标委员会对投标文件从合同条件、投标报价、财务能力、技术能力、管理水平以及投标人以往施工业绩及履行信誉等方面进行详细评审。

(1)投标人通过合同条件评审的主要条件有以下几点：

1)投标人接受招标文件规定的风险划分原则，未提出新的风险划分办法；

2)投标人未增加业主的责任范围，也未减少投标人的义务；

3)投标人未提出不同的工程验收、计量、支付办法；

4)投标人未对合同纠纷，事故处理办法提出异议；

5)投标人在投标活动中不得含有欺诈行为；

6)投标人不得对合同条款有重要保留。

投标文件不符合以上条件之一的，属于重大偏差，评标委员会对其做废标处理。

(2)评标委员会对投标人的财务能力、技术能力、管理能力和以往施工业绩及履约信誉进行详细评审。主要内容有：

1)对投标人的资产、营业收入、利润及财务状况指标进行财务能力的评价，并对其提供的财务资料情况(财务报表和相关资金证明材料)的真实性、完整性进行检查；

2)对投标人承诺的拟投入本工程的技术人员素质、设备配置情况的可靠性、有效性进行技术能力的评价；

3)对投标编制的施工组织设计、关键工程技术方案的可行性，以及质量标准、进度与质量、安全要求的符合性进行管理水平的评价；

4)对投标人选用的主要材料品牌、质量、性价比进行评价；

5)对投标人近五年完成的类似公路工程项目的质量、工期，以及履约表现进行业绩与信誉的评价。

(3)如发现投标文件有以下情况之一的，则属于重大偏差，按照废标处理：

1)承诺的质量检验标准低于招标文件规定的标准或国家强制性标准；

2)关键工程技术方案不可行；

3)施工业绩及履约信誉证明材料虚假。

投标文件存在的其他问题应当视为细微偏差，评标委员会可以要求投标人进行澄清，或对投标文件进行不利于该投标人的评标量化，但不得做废标处理。

(4)评标委员会对投标报价的评审，应当在算术性修正和扣除非竞争性因素后，以计算出的评标价进行评审。

评标委员会对投标报价进行评审前，发现投标人的投标价或主要单项工程报价明显低于或高于其他投标人报价或者在设有标底时明显低于或高于标底(一般控制在低于标底15%左右),应当要求该投标人对相应投标报价做出单价构成说明,并提供相关证明材料;如果该投标是候选中标人,评标委员会应当在评标报告中做出详细说明,并建议业主在保持评标价不变的情况下,对不合理的主要单项报价做出合理调整。

如果投标人不能提供有关证明材料,证明该报价可以按照招标文件规定的质量标准和工期完成招标工程,评标委员会应当认定该投标人以低于成本价竞标,并做废标处理。

(5)下列投标文件中的偏差为细微偏差:

1)在算术复核中发现的算术性差错,但修正后的最终报价与原报价相比偏差未超过规定的标准;

2)在招标人给定的工程量清单中漏报了某个工程细目的单价和合价;

3)在招标人给定的工程量清单中多报了某个工程细目的单价和合价或者所报单价增加或减少了报价范围;

4)在工程量给定的工程量清单中修改了某些支付号的工程数量;

5)除强制性标准规定之外,拟投入本合同段的施工、检测设备、人员不足;

6)施工组织设计(含关键工程技术方案)不够完善。

(6)评标委员会对投标文件中的细微偏差在评标工作组前期工作的基础上按照以下规定进行处理:

1)按投标人须知规定对算术性差错予以修正;

2)对于漏报的工程细目单价和合价或单价和合价中减少的报价内容视为已包括在其他工程细目的单价和合价之中;

3)对于多报的工程细目报价或工程细目报价中增加的部分报价从评标价中予以扣除;

4)对于修改了工程数量的工程细目报价按招标人给定的工程数量乘以投标人所报单价的合价予以修正;

5)在施工、检测设备或人员单项评分中酌情扣分,但最多不得超过该单项评分的40%;

6)在施工组织设计(含关键工程技术方案)评分中酌情扣分,但最多扣分不得超过该单项评分的40%。

若采用最低评标价法评标,除细微偏差按投标人须知相关条款规定进行修正外,招标人还应要求投标人对评标委员认为需要澄清的细微偏差进行澄清,只有投标人的澄清文件为招标人所接受,投标人才能参加评标价的最终评比。

7)评标委员会不得接受投标人主动提出的澄清。投标人的澄清不得改变投标文件的实质性内容,投标人的澄清内容将视为投标文件的组成部分。

11.2.4 常用的评标方法

1. 单项评议法

单项评议法又称单因素评议法、低标价法,是一种只对投标人的投标报价进行评议从而确定中标人的评标定标方法,主要适用于小型工程。

单项评议法的主要特点是仅对价格因素进行评议,不考虑其他因素,报价低的投标人中标。当然，这里未考虑的其他因素，实际上在资格审查时已经获得通过，只不过不作为评标定标时的考虑因素，因此，也不是投标人竞争成败的决定性因素。

采用单项评议法评标定标，标价的高低是决定成败的唯一因素。但不能简单地认为，标价越低越容易中标。一般的做法是：通过对投标书进行分析、比较，经初审后，筛选出低标价，通过进一步的澄清和答辩，经终审证明该低标价确实是切实可行、措施得当的合理低标价的，则确定该合理低标价中标。合理低标价不一定是最低投标价。所以，单项评议法可以是最低投标价中标，但并不保证最低投标价必然中标。

采用单项评议法对投标报价进行评议的方法多种多样，主要有以下三类具有代表性的模式：

(1)将投标报价与标底价相比较的评议方法。这种方法是将各投标人的投标报价直接与经招标投标管理机构审定后的标底价相比较，以标底价为基础来判断投标报价的优劣，经评标被确认为合理低标价的投标报价即能中标。

(2)将各投标报价相互进行比较的评议方法。从纯粹择优的角度看，可以对投标人的投标报价不做任何限制、不附加任何条件，只将各投标人的投标报价相互进行比较，而不与标底相比，经评标确认投标报价属最低价或次低价的(即为合理低标价的)，即可中标。

这种对投标报价的评议方法的优点是给了投标人充分自主报价的自由，使标底的保密性不成问题，评标工作也比较简单。不足之处是招标人无须编制标底，或虽有标底但形同虚设，起不到什么作用，因而，导致投标人对投标报价的预期和认同心中无数，事实上处于一种盲目状态，很难说清楚是否科学、合理。而投标人为了中标常常会进行竞相压价的恶性竞争，也极易形成串通投标。

(3)将投标报价与标底价结合投标人报价因素进行比较的评议方法。这种方法的特点是借助于一个可以作为评标定标参照物的价格。这个在评标定标中作为参照物的价格是指投标报价最接近于该价时便能中标的价格，我们称为"最佳评标价"。

2. 综合评议法

综合评议法是对价格、施工组织设计(或施工方案)、项目经理的资历和业绩、工程施工质量、工期、信誉和业绩等因素进行综合评价从而确定中标人的评标定标方法。它是适用最广泛的评标定标方法，各地通常都采用这种方法。

综合评议法按照具体分析方式的不同，可分为定性综合评议法和定量综合评议法。

(1)定性综合评议法(评议法)。定性综合评议法又称为评议法。通常的做法是：由评标组织对工程报价、工期、质量、施工组织设计、主要材料消耗、安全保障措施、业绩、信誉等评审指标，分项进行定性比较分析、综合考虑，经评议后，选出其中被大多数评标组织成员认为各项条件都比较优良的投标人为中标人，也可以用记名或无记名投票表决的方式确定中标人。定性评议法的特点是不量化各项评审指标，它是一种定性的优选法。采用定性综合评议法，一般要按从优到劣的顺序，对各投标人排列名次，排序第一名的即为中标人。但当投标人超过一定数量(如在5家以上)时，可以选择排序第二名的投标人为中标人。

采用定性综合评议法有利于评标组织成员之间的直接对话和交流，能够充分反映不同意见,在广泛深入地开展讨论、分析的基础上,集中大多数人的意见,一般也比较简单易行。但这种方法的评议标准弹性较大,衡量的尺度不够具体,各人的理解可能会相去甚远,造成评标意见差距过大,使评标决策左右为难,不能让人信服。

(2)定量综合评议法(打分法、百分法)。定量综合评议法又称为打分法、百分制计分评议法(百分法)。通常的做法是:事先在招标文件或评标定标办法中将评标的内容进行分类,形成若干评价因素,并确定各项评价因素在百分之内所占的比例和评分标准,开标后由评标组织中的每位成员按照评分规则,采用无记名方式进行打分,最后统计投标人的得分,得分最高者(排序第一名)或次高者(排序第二名)为中标人。

采用定量综合评议法,原则上实行得分最高的投标人为中标人。但当招标工程在一定限额(如1 000万元)以上,最高得分者和次高得分者的总得分差距不大(如差距仅在2分之内),且次高得分者的报价比最高得分者的报价低一定数额(如低2%以上)的,可以选择次高得分者为中标人。对此,在制定评标定标办法时,应当作出详尽说明。

定量综合评议法的主要特点是要量化各评审因素。对各评审因素的量化是一个比较复杂的问题,各地的做法不尽相同。从理论上讲,评标因素指标的设置和评分标准分值的分配,应当充分体现企业的整体素质和综合实力,准确反映公开、公平、公正的竞标法则,使质量好、信誉高、价格合理、技术强、方案优的企业能够中标。

3. 合理低价评标法

"合理低价评标法"应该是"最低价中标"评标法的一次扬弃,存其优化竞争的一面,弃其不能排除恶性竞争的一面,达到有序竞争的目的。在目前,如何把低于成本的恶性竞价排除在投标价之外,是"合理低价评标法"面临的主要任务。因此可以认为,"合理低价评标法"是在各投标人满足招标文件实质性要求的前提下,在不低于企业个别成本的报价中,选择最低报价投标候选人中标的评标法。同时,也要考虑到不能排除企业追求其他发展目的,尤其是新兴企业或扩张企业,或训练人员,或占领区域性市场,暂时低于成本投标,然后通过学习曲线和规模经济来降低成本,取得优势。对于其中的"企业个别成本"应当作动态的理解。如果企业能够证明其低报价是理性计算以后的行为,即使暂时低于成本,理论上也应该接受,以获取双赢。为了准确界定合理低价,可以从以下几个方面入手:

(1)投标总价。目前采用工程量清单招标,投标总价仍然是一个很重要的评价因素,它是投标人结合工程特点和自身情况自主报价的汇总,是投标人报价水平的综合反映,也是招标人控制工程造价的依据,但前提是必须在对报价文件计算审核后才能评定。具体方法是:①无标底时,以有效投标人报价的平均值为基准价制定经济标评审的合理范围,超出此范围的投标报价视为不合理;②有标底(社会平均水平)时,可以上浮一定比例制定一个最高控制线,下浮一定比例制定一个最低控制线,凡投标报价超出控制线的投标人,不再参与评标。评标时按照评标办法规定的评审内容、指标和合理范围标准,评审出合理的投标报价,投标总价最低的投标人为中标候选人。

(2)综合单价。在定额计价模式下,由政府主管部门制定的消耗指标和基础单价,不能真实反映投标人的个别成本和价格水平,招标投标双方不能自主定价,除政府规定和设计变更外,工程造价与工程量一般都不准调整,实际上仅用投标总价反映工程项目的价格水平。而工程量清单招标一般遵循"中标后，综合单价不变，工程量按实调整"的原则，投标总价并不能真实反映工程价格水平。因此，必须增加对投标人的综合单价进行分析和评审的环节，以便及时发现不平衡的报价因素，避免实施中和结算时埋下隐患，损害某方的利益。具体评价方法可以按照上述评总价的方法。

(3)不可竞争费用。不可竞争费用包括：国家、省财政、物价部门规定的，投标人为承担该招标工程施工应缴的各种规费；施工现场安全文明施工措施费用；税金；招标文件规定的暂定项目；甲供材料及设备费用；法律法规规定的其他不可竞争费用。对评标过程中出现投标人降低不可竞争费用标准进行竞标的或低于造价管理部门近期发布的最低控制线标准时，投标人在投标文件中应提交相关的说明资料，没有提交相关说明资料和证明材料的或者相关说明资料、证明材料不能很好地说明降低理由的，则视为低于成本报价竞标。

(4)可竞争费用。可竞争费用包括：人工工资(包括基本工资、各种津贴、补贴等)、材料价格、机械台班单价；人工、材料、机械台班消耗量；除现场安全文明施工措施费以外的措施项目费；管理费用；利润；其他可竞争的费用等。分析主要分项工程的人材机消耗量及单价、主要措施项目费用、管理费和利润的费率，发现过分离谱的现象应当加以特别关注。

总之，在评标过程中，每种方法并不是固定使用的，在评标过程中应当根据具体的实际情况选择评标方法进行合理评标，真正做到公平、公正。

11.2.5 工程施工评标办法与选择

《评标委员会和评标方法暂行规定》第 29 条规定：评标方法包括经评审的最低投标价法、综合评估法或者法律、行政法规允许的其他评标方法。经评审的最低投标价法一般适用于具有通用技术、性能标准或者招标人对其技术、性能没有特殊要求的招标项目。根据经评审的最低投标价法，能够满足招标文件的实质性要求，并且经评审的最低投标价的投标，应当推荐为中标候选人。不宜采用经评审的最低投标价法的招标项目，一般应当采取综合评估法进行评审。根据综合评估法，最大限度地满足招标文件中规定的各项综合评价标准的投标，应当推荐为中标候选人。

衡量投标文件是否最大限度地满足招标文件中规定的各项评价标准，可以采取折算为货币的方法、打分的方法或者其他方法。需要量化的因素及其权重应当在招标文件中明确规定。

11.2.6 评标方法的应用

11.2.6.1 评分法评标案例

案例 1 现有 A、B、C、D 四家经资格审查合格的施工企业参加该工程投标，与评标指标有关的数据见表 11-1。

表 11-1 评标指标有关数据

投标单位	A	B	C	D
报价/万元	3 420	3 528	3 600	3 636
工期/天	460	455	460	450

经招标工作小组确定的评价指标及评分方法如下：

(1)报价以标底价(3 600万元)的±3%以内为有效标，评分方法是：以标底价的-3%为100分，在标底价的-3%的基础上，每上升1%扣5分，上升百分率四舍五入取整数。

(2)定额工期为500天，评分办法为：工期提前10%为100分，在此基础上每拖后5天扣2分。

(3)企业信誉和施工经验均已在资格预审时评定。

企业信誉：C单位100分；A、B、D单位均为95分。

施工经验：A、B单位为100分；C、D单位为95分。

(4)上述四项评标指标的总权重分别为：投标报价45%，工期25%，企业信誉和施工经验均为15%。

问题：填表11-2，确定中标单位。

表11-2 评标指标得分

投标单位	A	B	C	D	总权重
投标报价/万元	3 420	3 528	3 600	3 636	
报价得分/分					
工期/天	460	455	460	450	
工期得分/分					
企业信誉/分	95	95	100	95	
施工经验/分	100	100	95	95	
总得分					
名次					

经过计算后，我们得出(表11-3)：

标底的-3%：3 492万元；标底的+3%：3 708万元；A：3 420万元＜3 492万元，为废标，其他有效。

表11-3 各企业得分

投标单位	A	B	C	D	总权重
投标报价/万元	3 420	3 528	3 600	3 636	
报价得分/分		95×0.45=42.75	85×0.45=38.25	80×0.45=36	0.45
工期/天	460	455	460	450	
工期得分/分		98×0.25=24.5	96×0.25=24	100×0.25=25	0.25
企业信誉/分	95	95×0.15=14.25	100×0.15=15	95×0.15=14.25	0.15

续表

投标单位	A	B	C	D	总权重
施工经验/分	100	100×0.15=15	95×0.15=14.25	95×0.15=14.25	0.15
总得分		96.5	91.5	89.5	1
名次	废标	1(中标)	2	3	

(1)报价。

B报价：3 528/3 600=0.98 为−2％比−3％上1％扣5分得95分。

C报价：3 600/3 600=1 比−3％上3％扣15分得85分。

D报价：3636/3600=1.01 为1％比−3％上4％扣20分得80分。

(2)工期。

500×0.9=450(天)为100分。

B工期：455−450=5(天)拖后5天扣2分得98分。

C工期：460−450=10(天)拖后10天扣4分得96分。

D工期：450−450=5(天)拖后0天得100分。

11.3 任务实施

请完成××学院教学楼的评标工作。

11.4 任务评价

本任务主要讲述评标方法。投标文件递交后，应当在规定时间和地点开标，开标后，招标人应组织评标委员评标，评标过程分为初步评审和详细评审。评标方法分为经评审最低投标价法和综合评估法，两者各有优缺点，招标人按照招标文件规定，使用评标方法。

请完成下表：

任务11　任务评价表

能力目标	知识点	分值	自测分数
能正确使用建设工程交易中心	建筑市场的基本概念	20	
	招标投标制度	10	
	建设工程交易中心作用	20	
能利用资质管理知识辨别建筑企业实力状况	建筑公司资质规定	30	
	相关中介机构资质规定	20	

技能实训

一、判断题

1. 评标委员会由招标人依法组建，由招标人代表，有关技术、经济等方面专家和政府代表等人员组成。（　　）
2. 评标委员会应当为5人以上的单数，专家人数不得少于成员总数的2/3。（　　）
3. 评标工作在评标委员会内部独立进行，不受外界任何因素的干扰和影响。评委对出具的评标意见承担连带责任。（　　）
4. 评标委员会负责人必须由全体评标委员会成员选举产生。（　　）
5. 评标委员会根据评标需要对投标人进行询标时，应当首先选用书面形式，确实需要采用口头形式时，应当优先选用询标对讲系统询标。（　　）
6. 评标委员会及相关工作人员名单在评标结束前应当对投标人保密。（　　）
7. 评标专家是投标人主要负责人的近亲属时，应当书面说明情况。（　　）
8. 初步评审包括符合性审查和算术性修正，只有通过初步评审的投标文件才能参加详细评审。（　　）
9. 初步评审工作结束后，评标委员会对投标文件从合同条件、投标报价、财务能力、技术能力、管理水平以及投标人以往施工业绩及履行信誉等方面进行详细评审。（　　）
10. 经评审的最低投标价法是以评审价格作为衡量标准，选取最低评标价者作为推荐中标人。（　　）

二、单选题

1. 如果投标人不能提供有关证明材料，证明该报价可以按照招标文件规定的质量标准和工期完成招标工程，评标委员会应当认定（　　）。
    A. 该投标人以低于成本价竞标，并做废标处理
    B. 该投标文件仍然有效
    C. 该投标文件部分有效
    D. 该投标文件修改后有效
2. 综合评议法按照具体分析方式的不同，可以分为（　　）和（　　）。
    A. 定性单项评议法；定量单项评议法
    B. 定性综合评议法；定量综合评议法
    C. 价格评议法；工期评议法
    D. 低价评议法；高价评议法
3. 当以数字表示的金额与文字表示的金额有差异时，应当（　　）。
    A. 以数字表示的金额为准
    B. 做废标处理
    C. 以文字表示的金额为准
    D. 依实际情况确定

4. 评标委员会对算术性差错的修正，评标委员会应当（　　）。
   A. 通过招标人向投标人进行书面澄清
   B. 直接向投标人进行书面澄清
   C. 按修改后的数据直接评标，投标人不得有异议
   D. 口头通知投标人
5. 评标委员会对通过初步评审的投标文件进行详细评审前，发现有效投标文件不足（　　）个，投标明显缺乏竞争的，评标委员会可以否决投标，招标人应当依法重新招标。
   A. 10　　　　B. 7　　　　C. 5　　　　D. 3

三、案例题

某大型工程，由于技术难度大，对施工单位的施工设备和同类工程施工经验要求高，而且对工期要求也比较紧迫。业主在对有关单位和在建工程考察的基础上，仅邀请了A、B、C三家国有一级施工企业参加投标，并预先与咨询单位和该三家施工单位共同研究确定了施工方案。业主要求投标单位将技术标和商务标分别装订报送。经招标领导小组研究确定的评标规定如下：

(1)技术标共30分，其中施工方案为10分(因已确定施工方案，各投标单位均得10分)、施工工期为10分、工程质量为10分。满足业主总工期要求(40个月)者得4分，每提前1个月加1分，不满足者不得分；自报工程质量合格者得4分，自报工程质量优良者得6分(若实际工程质量未达到优良将扣罚合同价的2%)，近三年内获得鲁班工程奖者每项奖加1.5分，获省优工程奖者每项加1分。

(2)商务标共70分。报价不超过标底(36 000万元)的±6%者为有效标，超过者为废标。报价为标底的97%者得满分(70分)，在此基础上，报价比标底每下降1%，扣1分，每上升1%，扣2分(计分四舍五入取整)。

各投标单位的有关情况见表11-4。

表11-4　各投标单位的有关情况

投标单位	报价/万元	总工期/月	自报工程质量	鲁班工程奖	省优工程奖
A	35 900	38	合格	2	1
B	34 900	39	优良	0	1
C	34 950	37	合格	0	1

问题：

1. 该工程采用邀请招标且仅邀请三家施工单位投标，是否违反有关规定？为什么？
2. 请按照综合得分最高者中标的原则确定中标单位。
3. 若改变工程评标的有关规定，将技术标增加到50分，其中施工方案为30分(各投标单位均得30分)，商务标减少为50分，是否会影响评标结果？为什么？若影响，应当哪家单位中标？

任务12 定 标

引例：新华公司的办公楼项目，经过招标、开标和评标活动后，评标委员会递交了中标候选人名单，那么，该如何选择中标人呢？

12.1 任务导读

12.1.1 任务描述

××学院教学楼工程评标已经结束，请确定中标人。

12.1.2 任务目标

(1)能确定中标人；
(2)填写并发出中标通知书。

12.2 理论基础

定标也称为中标，是指招标人根据评标委员会的评标报告，在推荐的中标候选人(一般为1～3个)中，最后确定中标人，在某些情况下，招标人也可以直接授权评标委员会直接确定中标人。

12.2.1 评标定标的期限

评标定标期限也称为投标有效期，是指从投标截止之日起到公布定标之日为止的一段时间。有效期的长短根据工程的大小、繁简而定。按照国际惯例，一般为90～120天。

我国在施工招标管理办法中规定评标定标期限为30天，特殊情况可以适当延长。投标有效期应当在招标文件中载明。投标有效期是要保证评标委员会和招标人有足够的时间对全部投标进行比较和评价。如世界银行贷款项目需考虑报世界银行审查和报送上级部门批准的时间。

投标有效期一般不应延长，但在某些特殊情况下，招标人要求延长投标有效期是可以的，但必须经招标投标管理机构批准和征得全体投标人的同意。投标人有权拒绝延长有效期，业主不能因此而没收其投标保证金。同意延长投标有效期的投标人不得要求在此期间修改其投标文件，而且招标人必须同时相应延长投标保证金的有效期，对于投标保证金的各有关规定在延长期内同样有效。

12.2.2 定标的条件

1. 最佳综合评价的投标人为中标人

综合评价是指按照价格标准和非价格标准对投标文件进行总体评估和比较。采用这种综合评标法时，一般将价格以外的有关因素折成货币或给予相应的加权重以确定最低评标价或最佳的投标。被评为最低评标或最佳投标的，即可认定为该投标获得最佳综合评价。

所以，投标价最低的不一定中标。采用这种评标方法时，应当尽量避免在招标文件中只笼统地列出价格以外的其他有关标准。如对如何折成货币或给予相应的加权计算没有规定下来，而在评标时才制定出具体的评标计算的因素及其量化计算方法，这样做会使评标带有明显有利于某一投标人的倾向性，违背了公平、公正的原则。

2. 最低投标价者为中标人

最低投标价中标，即投标价最低的中标，但前提条件是该投标符合招标文件的实质性要求。如果投标文件不符合招标文件的要求而被招标人拒绝，则投标价再低，也不在考虑范围内。

采用最低投标价选择中标人时，必须注意，投标价不得低于工程成本。这里指的成本，是招标人和投标人自己的个别成本，而不是社会平均成本。由于投标人技术和管理等方面的原因，其个别成本有可能会低于社会平均成本。投标人以低于社会平均成本，但不低于其个别成本的投标价格投标，应当受到保护和鼓励。如果投标人的标价低于招标人的标底或个别成本，则意味着投标人取得合同后，可能为了获利节省开支想方设法偷工减料，以次充好，粗制滥造，给招标人造成不可挽回的损失。如果投标人以排斥其他竞争对手为目的，而低于个别成本的价格投标，则构成低价倾销的不正当竞争行为，违反《中华人民共和国价格法》和《中华人民共和国反不正当竞争法》的有关规定。因此，投标人投标价格低于个别成本的，不得中标。最低价为中标人常用于采购简单商品、半成品、设备，如电梯、锅炉、预制构件等。

12.2.3 工程投标的定标规则

1. 中标人的投标人应当具备的条件

《招标投标法》规定，中标人的投标应当符合能够最大限度满足招标文件中规定的各项综合评价标准或是能够满足招标文件的实质性要求，并且经评审的投标价格最低（但是投标价格低于成本的除外）才能中标。在确定中标人之前，招标人不得与投标人就投标价格、投标方案等实质性内容进行谈判。

评标委员会完成评标后，应当向招标人提出书面评标报告，阐明评标委员会对各投标文件的评审和比较意见，并按照招标文件中规定的评标方法，推荐不超过 3 名有排序的合格的中标候选人。招标人根据评标委员会提出的书面评标报告和推荐的中标候选人确定中标人。招标人也可以授权评标委员会直接确定中标人。

使用国有资金投资或者国家融资的项目，招标人应当确定排名第一的中标候选人为中标人。排名第一的中标候选人放弃中标、因不可抗力提出不能履行合同，或者招标文件规定应当提交履约保证金而在规定的期限内未能提交的，招标人可以确定排名第二的中标候选人为中标人。排名第二的中标候选人因前款规定的同样原因不能签订合同的，招标人可以确定排名第三的中标候选人为中标人。

2. 招标失败的处理

在评标过程中，如发现有下列情形之一不能产生定标结果的，可以宣布招标失败：

(1) 所有投标报价高于或低于招标文件所规定幅度的；

(2) 所有投标人的投标文件均实质上不符合招标文件的要求，被评标组织否决的。

如果发生招标失败，招标人应当认真审查招标文件及标底，做出合理修改，重新招标。在重新招标时，原采用公开招标方式的，仍可继续采用公开招标方式，也可改用邀请招标方式；原采用邀请招标方式的，仍可继续采用邀请招标方式，也可改用议标方式；原采用议标方式的，应当继续采用议标方式。

经评标确定中标人后，招标人应当向中标人发出中标通知书，同时将中标结果通知所有未中标的投标人，退还未中标的投标人的投标保证金。在实践中，招标人发出中标通知书，通常是与招标投标管理机构联合发出或经招标投标管理机构核准后发出。中标通知书对招标人和中标人具有法律效力。中标通知书发出后，招标人改变中标结果的，或者中标人放弃中标项目的，应承担法律责任。

12.2.4 定标的过程

1. 确定中标人

评标委员会按照评标办法进行评审后，提出评标投告，从而推荐中标候选人（通常为3人），并标明排列顺序。招标人应当接受评标委员会推荐的候选人，从中选择中标人，评标委员会提出书面评标报告，招标人一般应当在15个工作日内确定中标人。但最迟应当在投标均有效的结束日后的30个工作日前确定。中标人确定后，由招标人向中标人发出中标通知书，并公布所有未中标人。要求中标人在规定期限内，中标书发出30天内签订合同。招标人应在5个工作日内，向未中标人退还保证金。另外，招标人在15日内向招投标机构提交书面报告备案，至此招标即告成功。中标通知书见表12-1。

表12-1 中标通知书

中标单位：	
中标工程内容：	
中标条件：	承包范围及承包方式： 中标总造价： 总工期及开竣工时间： 总工期：　　　日历天　开工：　　　竣工： 工程质量标准： 主要材料用量及单价： 钢材：　　　元/t 水泥：　　　元/t 木材：　　　元/m³
签订合同期限：　　年　　月　　日	
决标单位(印)	法定代表人(签名)　　　　　　年　　月　　日

2. 投标人提出异议

招标人全部或部分使用非中标单位投标文件中的技术成果和技术方案时，需要征得其书面同意，并给予一定的经济补偿。如果投标人在中标结果确定后对中标结果有异议，甚至认为自己的权益受到了招标人的侵害，有权向招标人提出异议；如果异议不被接受，还可以向有关行政监督部门提出申诉，或者直接向法院提起诉讼。

3. 招投标结果的备案制度

招投标结果的备案制度是指依法必须进行招标的项目。招标人应当自确定中标人之日起15日内，向有关行政监督部门提交招标投标情况的书面报告。书面报告应当至少包含以下内容：

(1)招标范围；

(2)招标方式和发布招标公告；

(3)招标文件中的投标人须知、技术条款、评标标准和方法、合同主要条款等内容；

(4)评标委员会的组成和评标报告；

(5)中标结果。

12.2.5　发出中标通知书及合同签订

1. 中标通知书

(1)中标通知书的性质。中标人确定后，招标人应当迅速将中标结果通知中标人及所有未中标的投标人。《招标投标法》规定，7日内发出中标通知书，中标通知书就是向中标的投标人发出的告知其中标的书面通知文件。

(2)中标通知书的法律效力。中标通知书是作为招标投标法规定的承诺行为，即中标通知书发出时生效，对于中标人和招标人都产生约束力。即使中标通知书及时发出，也可能在传递过程中并非因招标人的过错而出现延误、丢失或错投，致使中标人未能在有效期内收到该通知，招标人则丧失了对中标人的约束权。按照"发信主义"的要求招标人的上述权利可以得到保护。《招标投标法》规定，中标通知书发出后，招标人改变中标结果的，或者中标人放弃中标项目的，都应当依法承担法律责任。根据《中华人民共和国合同法》的规定，承诺生效时合同成立。因此，中标通知书发出时即发生承诺生效，投标人改变中标结果，变更中标人，实质上是种单方撕毁合同的行为；投标人放弃中标项目的则是一种违约行为，所以应当承担违约责任。

2. 合同签订

投标人中标后必须在招标人发出中标通知书后30日内按照招标文件及投标文件与招标人签订合同，并且在签订合同5个工作日内退清投标人缴纳的所有保证金。

《中华人民共和国合同法》中规定中标人确定后，招标人应当向中标人发出中标通知书，并同时将中标结果通知所有未中标的投标人。中标通知书对招标人和中标人具有法律效力。中标通知书发出后，招标人改变中标结果的，或者中标人放弃中标项目的，应当依法承担法律责任。

中标人不履行与招标人订立的合同的，履约保证金不予退还，给招标人造成的损失超过履约保证金数额的，还应当对超过部分予以赔偿；没有提交履约保证金的，应当对招标人的损失承担赔偿责任。

中标人拒绝签订合同属于缔约过失责任，是指在订立合同的过程中，一方因违背其依据诚实信用原则所应尽的义务而导致另一方信赖利益的损失时所应承担的民事责任。

缔约过失责任的构成应具备以下几个要件：

(1)缔约过失责任发生在合同订立阶段，如果在合同有效成立后造成对方损失的，则产生违约责任；

(2)缔约过失责任是缔约一方当事人违反先合同义务所应承担的责任。违反先合同义务是指在订立合同的过程中，缔约当事人依据诚实信用原则所应当承担的义务；

(3)因一方违反诚实信用原则造成另一方信赖利益的损失；

(4)缔约一方违反先合同义务的缔约过失行为与另一方信赖利益的损失之间存在因果关系；

(5)缔约过失方主观上存在过错，该过错包括故意与过失。

3. 中标无效

中标无效是指招标人确定的中标失去了法律效力。即获得中标的投标人丧失了与招标人签订合同的资格，招标人不再有与之签订合同的义务。

(1)导致中标无效的情况。《招标投标法》规定中标无效有以下六种情况：

1)招标代理机构违反《招标投标法》的规定，泄露保密的情况和资料，或者与招标人、投标人串通损害国家利益、社会公共利益或者他人合法权益的行为影响中标结果的，中标无效；

2)招标人向他方透露已获得招标文件的潜在投标人的名称、数量或者可能影响公平竞争的有关招标投标的其他情况，或者泄露标底的行为影响中标结果的，中标无效；

3)投标人相互串通围标，投标人与招标人串通投标，投标人以向招标人或者评标委员会行贿的手段取得中标的，中标无效；

4)投标人以他人名义投标或者以其他方式弄虚作假，骗取中标的，中标无效。以他人名义投标，是指投标人挂靠其他施工单位，或从其他单位通过转让或租借的方式获取资格资质证书，或者由其他单位及法定代表人在自己编制的投标文件上加盖印章和签字等行为；

5)依法必须进行招标的项目，招标人违反《招标投标法》的规定，与投标人就投标价格、投标方案等实质性内容进行谈判的行为影响中标结果的，中标无效；

6)招标人在评标委员会依法推荐的中标候选人以外确定中标人的，依法必须进行招标项目在所有投标被推荐候选人以外确定中标人的，中标无效。

以上六种情况中，导致中标无效的情况可以分为两类：一类为违法行为直接导致中标无效，包括3)、4)、6)的规定；另一类为只有在违法行为影响了中标结果时，中标才无效，包括1)、2)、5)的规定。

(2)中标无效的法律后果。中标无效的法律后果主要分为尚未签订合同时中标无效的法律后果和签订合同时中标无效的法律后果。

1)尚未签订合同时中标无效的法律后果。在招标人尚未与中标人签订书面合同的情况下，招标人发出的中标通知书失去了法律约束力，招标人没有与中标人签订书面合同的义务，中标人失去了与招标人签订合同的权利。其中，中标无效的法律后果有以下两种：

①招标人依照法律规定的中标条件从其他投标人中重新确定中标人。

②没有符合规定条件的中标人，招标人应依法重新进行招标。

2)签订合同时中标无效的法律后果。招标人与投标人之间已经签订书面合同，所签订合同无效。根据《中华人民共和国民法通则》和《中华人民共和国合同法》的规定，合同无效产生以下后果：

①恢复原状。根据《中华人民共和国合同法》的规定，无效的合同自始没有法律约束力。因该合同取得的财产，应当予以返还，不能返还或者没有必要返还的，应当折价补偿。

②赔偿损失。有过错的一方应当赔偿对方因此所受的损失。如果招标人、投标人双方都有过错的，应当各自承担相应责任。另外，根据《中华人民共和国民法通则》的规定，招标人知道招标代理机构从事违法行为而不做反对表示的，招标人应当与招标代理机构一起对第三人负连带责任。

③重新确定中标人或重新进行招标。

12.2.6 定标案例

现有A、B、C、D四家经资格预审合格的施工企业参加某综合楼招标项目的投标。与评标有关的数据见表12-2。

表12-2 投标数据表

投标单位	A	B	C	D
报价/万元	3 420	3 528	3 600	3 636
工期/d	460	455	460	450

经招标工作小组确定的评标指标及评分方法为：

(1)报价以标底价(3 600万元)的±3%以内为有效标，评分方法是：报价为标底价的97%者得100分，报价每上升1%扣5分。

(2)定额工期为500 d，评分方法是：工期提前10%为100分，在此基础上每拖后5 d扣2分。

(3)企业信誉和施工经验均已在资格审查时评定，企业信誉得分情况为：C单位为100分，A、B、D单位均为95分；施工经验得分情况为：A、B单位为100分，C、D单位为95分。

(4)上述四项评标指标得总权重分为：投标报价45%，投标工期25%，企业信誉和施工经验均为15%。

问题：试在下表填制每个单位各项指标得分及总得分，并根据总得分列出名次，确定中标单位。

根据题意，计算报价得分：

A单位：相对报价(3 420/3 600)×100%＝95%

B 单位：相对报价（3 528/3 600）×100％＝98％

C 单位：相对报价（3 600/3 600）×100％＝100％

D 单位：相对报价（3 636/3 600）×100％＝101％

经过计算后，得出（表12-3）：

表 12-3　各项指标得分及总得分表

投标单位项目	A	B	C	D	权重
投标报价/万元	3 432	3 528	3 600	3 656	0.45
报价得分	废标	95	85	80	
投标工期/d	—	455	460	450	0.25
工期得分	—	98	96	100	
企业信誉	—	95	100	95	0.15
施工经验	—	100	95	95	0.15
总得分	—	96.5	91.5	89.5	1.0
名次	4	1	2	3	—

故中标单位是 B 单位。

12.3　任务实施

请完成定标工作，发出中标通知书，向有关部门提交报告。

12.4　任务评价

本任务主要讲述定标过程。招投标活动中评标结束后，评标委员会经授权确定中标人，或者招标人经评标委员会确定中标人。确定中标人后，应当发出中标通知书，自发出中标通知书 30 日内签订合同。

请完成下表：

任务12　任务评价表

能力目标	知识点	分值	自测分数
能组织评标	评标委员会	20	
	评标程序	10	
能依据评标方法和评标标准评标	评标标准及方法	30	
	评标相关法律规定	20	

技能实训

一、判断题

1. 招标人可以直接授权评标委员会直接确定中标人。（　　）
2. 投标价最低的不一定中标。（　　）
3. 采用最低投标价选择中标人时，投标价可以低于工程成本。（　　）
4. 按照招标文件中规定的评标方法，评标委员会可以推荐3～5名有排序的合格的中标候选人。（　　）
5. 如果投标人在中标结果确定后对中标结果有异议，有权向招标人提出异议。（　　）
6. 招标人应当在签订合同5个工作日内退清投标人缴纳的所有保证金。（　　）
7. 投标人相互串通围标，投标人与招标人串通投标，投标人以向招标人或者评标委员会行贿的手段取得中标的，中标无效。（　　）
8. 中标人不履行与招标人订立的合同的，投标保证金不予退还。（　　）
9. 招标人知道招标代理机构从事违法行为而不做反对表示的，也应由招标代理机构承担责任。（　　）
10. 中标无效，指的是招标人确定的中标失去了法律效力。（　　）

二、单选题

1. 招标人应当自发出中标通知书后（　　）日内签订合同。
   A. 30　　　　B. 10　　　　C. 20　　　　D. 15
2. 发出中标通知书后，（　　）。
   A. 双方应签订合同　　　　　　B. 招标人可以更改中标人
   C. 中标人可以放弃中标　　　　D. 双方可以协议解除
3. 招标人发出中标通知书后，在签订合同（　　）内退清投标人缴纳的所有保证金。
   A. 5个工作日　B. 5日　　　　C. 15日　　　D. 15个工作日
4. 《招标投标法》规定（　　）内发出中标通通知书。
   A. 5个工作日　B. 7日　　　　C. 10日　　　D. 15个工作日
5. 如果投标人在中标结果确定后对中标结果有异议，甚至认为自己的权益受到了招标人的侵害，其（　　）。
   A. 无权提出异议　　　　　　　B. 可以直接向有关部门反映
   C. 有权向招标人提出异议　　　D. 可以在媒体公开曝光

三、简答题

1. 如何确定中标人？
2. 中标通知书包括哪些内容？
3. 发出中标通知书后，若投标人放弃中标，应当如何处理？

项目 4　合同管理

任务 13　合同谈判

引例：我国某水电站建设工程采用国际招标，选定国外某承包公司承包引水洞工程施工。在招标文件列出应由承包商承担的税负和税率。但在其中遗漏了承包工程总额 3.03%的营业税，因此，承包商报价时没有包括该税。工程开始后，工程所在地税务部门要求承包商交纳已完工程的营业税 92 万元，承包商按时缴纳，同时向业主提出索赔要求。关于这个问题的责任分析为：业主在招标文件中仅列出几个小额税种，而忽视了大额税种，是招标文件的不完备，或者是有意的误导行为。业主应当承担责任。索赔处理过程：索赔发生后，业主向国家申请免除营业税，并被国家批准。但对已缴纳的 92 万元税款，经双方商定各承担 50%。

案例分析：如果招标文件中没有给出任何税收目录，而承包商报价中遗漏税赋，本索赔要求是不能成立的。这属于承包商环境调查和报价失误，应当由承包商负责。因为合同明确规定："承包商应遵守工程所在国一切法律"，"承包商应交纳税法所规定的一切税收"。

13.1　任务导读

13.1.1　任务描述

××学院教学楼工程，准备签订合同，需要进行合同谈判，请完成合同谈判工作。

13.1.2　任务目标

(1)能掌握合同谈判技巧；
(2)能进行合同关键事项谈判。

13.2　理论基础

13.2.1　合同的概念

"在商业时代里，财富多半是由允诺组成的"(庞德)，正是无数的合同支撑着我们的日常经济生活。合同是人与人之间建立民事法律关系的最主要的形式,没有人可以在现代社会中离开合同而生活。由于社会上各种各样的活动大都是通过合同制度来运营,或者可以用合同制度加以理解(比如以合同关系解释企业的经济学理论),因此,有人说合同时代到来了。

自罗马法以来,合同一直是民法中一个重要概念。尽管"合同"充斥整个社会,成为尽人皆知的词汇,但究竟什么是法律上的合同?

1. 大陆法系——协议说

"协议说"源于罗马法,在罗马法中,契约被定义为"得到法律承认的债的协议"。在罗马法中,买卖合同是纯粹合意的产物。合同的成立即合意的达成,但要使合同的成立为法院所认可,仅仅用非正式的表达方式表示同意是不够的,还必须具备其他因素,如一定的言辞、动作、程序等。这一概念基本上为大陆法所继受。正如德国学者萨维尼所指出的"契约之本质在于意思之合致"。

2. 英美法系——允诺说

英美法传统理论认为合同是一种"允诺"。允诺者,指一方当事人对于他方当事人负担行为或不行为义务的表示。负担此义务者为"允诺人"(promisor),享有此权利者,为"受领允诺人"(promisee)。例如,甲对乙说:"你愿不愿意以10万元购买1994年出厂的福特千里马汽车吗?"乙回答说:"我愿意。"则甲为允诺人,乙为受领允诺人。

在英美法中,一个非常通行的定义是:合同是能够直接或间接地由法律强制执行的允诺。但是由于英美法的合同概念仅强调一方对另一方做出的允诺,没有强调双方当事人的合意,而这正是合同成立的关键因素,因此也受到许多学者的批评。认为两大法系关于合同的概念存在重大分歧,也与实际情况并不相符。事实上,英美传统的合同法主张合同是一种允诺,但根据合同法中的"交易原则",并非任何允诺都是可以强制执行的,要使一项允诺具有强制执行的效力,受允诺人必须予以回报(对价),从而使双方之间存在某种交易。由此可见,英美合同法认为合同并非一种单方允诺,而是以交易为基础的允诺,是双方"允诺"的交换,这就和大陆法合同的概念十分接近。

由于"允诺说"容易导致将合同视为单方允诺的误解,所以一些英美法学者也开始采纳大陆法关于合同的见解,将合同视为一种协议。如《牛津法律大辞典》给合同下的定义为:"合同是二人或多人之间为在相互间设定合同义务而达成的具有法律强制力的协议。"

由此可见,英美法与大陆法在合同概念有逐步接近的趋势。

3.《合同法》对合同的定义

《合同法》第2条第1款规定:"本法所称合同是平等主体的自然人、法人、其他组织之间设立、变更、终止民事权利、义务关系的协议。"

对于合同的概念,我国理论界存在两种观点:

(1)狭义的"合同"概念。民法上的合同仅指债权合同,即以发生债的关系为目的的合意。

(2)广义的"合同"概念。凡是以发生民法上效果为目的的合意,都属于合同的范畴,不但包括所有以债之发生为直接目的的合同,还包括债权合同+物权合同(抵押合同、质押合同、土地使用权转让合同)＋合伙合同、联营合同＋新类型的合同(承包合同)。

目前,我国学者大都采纳了广义的合同概念,而《中华人民共和国民法通则》第85条关于合同的概念的规定(合同是当事人之间设立、变更、终止民事关系的协议)实际上也采纳了广义的合同概念。也有学者认为此处所称的"民事关系"应仅指债权债务关系。因为是规定在"债权"一节,明定合同为发生债的原因。

关于应当采纳广义还是狭义的合同概念,值得探讨。狭义的合同概念将合同作为发生债权债务关系的合意,这是完全符合大陆法的债法理论的。根据大陆法民法体系,合同是债的一种形式或债的发生原因,合同法只是债法的组成部分而不是与债法相分离的、与物权法等法律相对应的。

从民法规范的适用和体系建立的意义上,强调合同是债的形式,是极为必要的,但这并不意味着合同在内容上仅限于债权债务关系的合意。债权债务关系是民法调整的财产关系的主要形式,但并非唯一形式。现实生活中,权利人行使各项民事权利,都有可能借助合同的形式。这些合同仍然是就民事关系的设立等达成合意,因此,当然属于民事合同的范畴。事实上,也不可能在合同法之外,就这些合同单独制定其他合同法律。如果认为合同只是发生债权债务关系的合意,则未免将合同限定得过于狭窄,并将使许多民事合同关系难以受到调整。

13.2.2 合同的法律特征

(1)合同是平等主体所实施的一种民事法律行为;
(2)合同以设立、变更或终止民事权利义务关系为目的;
(3)合同是当事人协商一致的产物或意思表示一致的协议。

13.2.3 合同的分类

1. 有名合同与无名合同

根据法律上是否规定了一定的名称并加以规范来区分有名合同与无名合同。

基于合同自由原则,当事人在不违反法律强制性规定或公序良俗的范围内,可以订立任何内容的债权合同,与物权法定义不同。法律对债权合同虽不采用强制原则,但对若干日常生活上常见的合同类型,设有规定,并赋予一定名称。

有名合同又称为典型合同,是指法律上已经确定了一定的名称及规则的合同。如《中华人民共和国合同法》规定的15类合同都属于有名合同。除此之外,一些单行法律也规定了一些合同关系,如保证合同、抵押合同、质押合同、保险合同等。

无名合同又称为非典型合同,是指法律上尚未确定名称与规则的合同。

合同法不仅不禁止当事人订立无名合同,甚至鼓励。这是合同自由的固有含义。法律创设典型合同,其主要机能在于:以任意规定补充当事人约定之不备;以强行规定保护当事人的利益。认定某一合同究竟属于何种法定合同类型,主要目的在于确定任意规定或强行规定的适用。法律不是凭空创设合同类型,而是就已存在的生活事实,斟酌当事人的利益状态及各种冲突的可能性,加以规范。

两者的区别在于两者适用的法律规则不同。

无名合同的主要问题,在于其合同内容不完备时,应当如何适用法律。此类问题又涉及无名合同的类型问题,学说上尚无定论,一般分为以下几类:

(1)纯粹的无名合同。指以法律完全无规定的事项为内容的合同,即其内容不符合任何有名合同要件的合同。如使用他人肖像的合同、瘦身美容合同、加盟店合同、企业咨询合同、演出合同等现代新型合同。

处理方法:根据合同目的、诚信原则及交易惯例确定。

(2)合同联立。指数个合同(典型或非典型)具有互相结合的关系,其结合的主要情形有以下两种:

1)单纯外观的结合,即数个独立的合同仅因缔约的行为(如订立在一个书面)而结合,相互间不具有依存关系。例如,甲交A车于乙修理,并向乙租用B车。于此情形,应当分别适用各自的典型合同的规定,即关于A车的修理适用承揽的规定,关于B车的租用适用租赁的规定,彼此间不发生任何牵连。

2)具有一定依存关系的结合,即依当事人的意思,一个合同的效力依存于另一个合同的效力。

例如:甲经营养鸡场,乙向甲借款开设香鸡城,并约定乙所需的鸡,均应当向甲购买(相互依存)。

甲向乙买马,并向乙租用马鞍一周的合同(一方依存)。

甲与乙约定,甲如在一个月内被录取为研究生,则甲向乙购买计算机,否则甲向乙租用计算机三个月(选择其一)。

于此情形,合同之间具有依存关系,其个别合同是否有效成立,虽然应就各个合同加以判断,但假设其中一个合同不成立、无效、撤销或解除,另一个合同亦同其命运。

(3)混合合同。在非典型合同中,混合合同在实务上最为常见。混合合同是指由数个典型或非典型合同的部分而构成的合同。混合合同在性质上属一个合同,与合同联立有别。

例如:甲在学校附近经营宿舍,学生乙与甲订立所谓包膳宿合同,由甲交付房间,供应早餐及打扫房间、洗衣服,乙每月支付1 000元。试问:①设甲供应之早餐含有不洁物,致乙中毒时,乙得向甲主张何种权利? 得否解除合同? ②设甲交付之房间,屋顶龟裂,具有危险性时,乙得向甲主张何种权利? 得否解除合同?

混合合同的法律适用有三种学说:①吸收说,认为将混合合同分为主要部分和非主要部分,以主要部分适用的法律规范调整该合同。古罗马法不承认契约自由,因此采纳吸收主义,但吸收适用的方式有悖于当事人订立合同的真正目的的弊端。②结合说,认为应分解混合合同的各条款分析其构成,结合起来统一适用,系统地发现其法律效果。③类推适用说,认为应当就混合契约的各个构成部分类推适用于法律对各典型契约所做的规定。事实上,没有任何一说可以单独圆满解决混合合同法律适用问题。于当事人未有约定时,应当根据其利益状态、合同目的及斟酌交易惯例决定适用何说较为合理。

根据德国通说,将混合合同分为四类加以说明:

1)典型合同附其他种类的从给付。即双方当事人所提出的给付符合典型合同,但一方尚附带有其他种类的从给付义务。如甲租屋于乙(租赁),附带"打扫"义务(雇佣),此类型混合合同原则上应当采用吸收说，适用典型合同（租赁）的法律规定。

2）类型结合合同。即一方当事人所负的数个给付义务属于不同合同类型，彼此间居于同值地位，而他方当事人仅负单一的对待给付（有偿合同），或不负任何对待给付。如前所举包膳宿合同。此类型混合合同原则上应当采用结合说，食物供给适用买卖，房屋住宿适用租赁。其中一项给付义务不履行或具有瑕疵时，应依其规定行使权利。如供给的食物不洁时，应请求减少对待给付，甚至解除之（买卖的部分），但合同本身原则上并不因此而受影响。当给付构成经济上一体性时，应同其命运。如甲向乙租用停车场（租赁），并由乙维护汽车（雇佣），倘若乙终止租赁部分时，其汽车维护部分应随之消灭。

3）双重典型契约，又称混血儿契约，即双方当事人互负的给付各属于不同的契约类型。例如，在租赁房屋时，承租人以提供劳务代替交付租金。此类型混合合同原则上应当采用结合说，分别适用其所属合同类型的规定。

4）类型融合合同，或称狭义的混合合同，即一个合同中所含的构成部分同时属于不同的合同类型。例如，甲以半赠的意思，将价值2万元的画以1万元出售于乙，学说上称为混合赠予。于此情形，甲之给付既然同时属于买卖与赠予，原则上应当适用此两种类型的规定：关于物之瑕疵，根据买卖的规定，关于乙不当行为则按照赠予的规定加以处理。

2. 诺成合同与实践合同

根据合同的成立是否以交付标的物为成立要件来区分诺成合同与实践合同。

诺成合同又称为不要物合同，是指以当事人的意思表示一致为成立要件的合同。这种合同不以交付标的物作为合同成立要件，故又称为不要物合同。如买卖合同、租赁合同等。

实践合同又称为要物合同，是指除当事人意思表示一致外，还需要交付标的物才能成立的合同。

诺成合同应当是合同的一般形态，法律规定实践合同是为了在特殊情况下保护一方当事人的利益，如小件寄存合同，在没有交付物之前，合同不成立，保管人可以接受其他人的寄存。在这种合同中，只有即时交付才能保护债权人的利益与交易安全。

诺成合同与实践合同的区别并不在于一方是否应交付标的物，主要在于两者成立与生效的时间是不同的。根据传统民法，买卖租赁、雇用承揽、委托属于诺成合同，而使用借贷、保管、运送属于实践合同。《中华人民共和国合同法》中，实践合同主要有三种情况：第一，客运合同（自承运人向旅客交付客票时成立，因此如果车辆早开或晚点则构成违约）；第二，一般保管合同（自保管物交付时成立）；第三，自然人之间的借款合同（自借款人提供借款时生效）。

区分的意义在于以下几点：

（1）两者成立要件不同。"要物"：如果法律明确规定为成立要件的，按照法律规定。如《中华人民共和国合同法》第367条规定："保管合同自保管物交付时成立，但当事人另有约定的除外。"法律已经对交付标的物的效力作了规定，在此情况下，未交付应当认为合同没有成立。但在法律没有做出规定的情况下，应当视为生效要件比较合理，因为在没有交付标的物之前，双方毕竟已经达成了合意，将交付作为生效要件，当事人可以通过另行交付使合同生效，而不必重新达成合意，当事人也不能对先前已经达成的合意反悔。

(2)两者当事人的义务不同。
1)诺成合同：违反给付义务——违约责任。
2)实践合同：违反给付义务——缔约过失责任。

3. 双务合同与单务合同

双务合同与单务合同，根据双方当事人是否存在对待给付义务来区分双务合同与单务合同。

双务合同是指当事人双方相互负有对待给付义务的合同，即一方当事人所享有的权利就是他方当事人所负担的义务，也就是说，双方当事人之间存在着互为等价的关系。

双务合同不仅具有双务性，而且具有对价性（并非指双方的给付在客观上具有相同的价值，而是指给付相互之间具有依存关系，由当事人主观决定）。双务合同中的当事人互负债务，是一种必然的相对关系，如果一方依据合同负有债务，而另一方只是在例外的情况下负有债务，民法上称为"不完全的双务合同"。如委托合同，受托人应当负有执行委托事务的义务，委托人只是在受托人完成义务后负担费用，所以只是在特殊的情况下负担债务，而不是根据委托合同所必然负有的债务。所以，委托合同一般不称为双务合同。

双务合同都是有偿合同，因为在无偿的情况下，通常合同不具有对价性。如买卖合同是双务合同，而赠予合同不是。

单务合同是指当事人双方并不相互负有对待给付义务的合同。

认为单务合同是一方只享有权利而不负担义务，另一方只负担义务而不享有权利的观点是不对的。例如，在借用合同中，借用人既负有按约定使用并按期归还的义务，又负有借用期限未届满前不得请求归还的义务，但义务不具有对价性。再如，附义务的赠予合同仍然是单务合同。也就是说，在单务合同中，当事人的权利与义务并不是相对应的。

典型的单务合同包括借用合同、自然人借款合同（不管有偿与否）。有偿借款合同存在对价，但无对待给付义务，因为是实践性合同，交付后才成立，交付行为是合同成立条件，不是合同义务。

区分的法律意义在于以下几点：
(1)适用同时履行抗辩权的条件不同，单务合同不存在适用同时履行抗辩权；
(2)风险负担有所不同，单务合同不存在风险负担问题；
(3)不履行合同的后果不同，双务合同存在返还给付问题，单务合同不发生这种后果。

4. 有偿合同与无偿合同

根据当事人取得利益是否偿付代价；或者说当事人是否可以从合同中获取某种利益来区分有偿合同与无偿合同。

有偿合同是指当事人取得利益必须支付相应代价的合同。不要求客观上价值相等，只要当事人主观上认可。

无偿合同是一方给付对方某种利益，对方取得该利益并不支付代价的合同。在无偿合同中，一方当事人也要承担义务，如借用人无偿借用他人物品，还负正当使用和按期返还的义务。在实践中，绝大多数反映交易关系的合同都是有偿的。

区分的法律意义在于以下几点：

(1)可以确定某些合同的性质。如果改变合同的有偿性或无偿性,则合同的性质就会发生根本变化。如借用合同为无偿合同,若有偿则为租赁合同。有些合同是否有偿取决于当事人的约定或法律规定,如自然人之间的借款合同、保管合同、委托合同等。

(2)主体资格要求不同。订立有偿合同原则上要求当事人双方均为完全行为能力人,否则就会影响合同的效力;但对于一些纯获法律上利益的无偿合同,如接受赠予,无行为能力人也可订立。

(3)当事人的注意义务要求不同。有偿合同的当事人的注意义务要高于无偿合同当事人。

(4)法律对无偿合同受益人的保护程度较低。如在善意取得制度中,无偿合同不适用善意取得。无偿合同中一般故意或重大过失才承担责任。有偿合同有违约行为即应当承担责任。

典型的有偿与无偿合同包括:

(1)恒为有偿合同,如买卖、互易、租赁、承揽、居间、行纪。

(2)恒为无偿合同,如赠予。

(3)视当事人是否约定报酬(或对价)而定,如委托。

有偿、无偿合同与双务、单务合同的联系:一般双务多为有偿,单务多为无偿,但双务也可以是无偿,如无偿的保管合同;单务也可以有偿,如有息贷款合同。有偿合同并不全是双务合同,如附负担的赠予。因此,不能将两者完全等同起来。

5. 要式合同与不要式合同

根据合同是否以特定的形式为要件来区分要式合同与不要式合同。

要式合同是指必须采取法律规定的形式才能成立或生效的合同。不要式合同是指法律没有规定必须采取特定的形式,而是由当事人自行约定形式的合同。

实践中,大多数合同是不要式合同,只有一些重要的交易合同,法律要求当事人采取特定的形式,以便国家监督管理。现代合同法中,合同的形式是以不要式为原则,以要式为例外。

要式合同如:甲向乙租屋,订立书面约定:"本合同书须经公证。"试问在办理公证前,甲得否应当向乙请求交付房屋?学术界曾有不同看法。甲能否请求交付房屋要视租赁合同是否成立,而租赁合同是否成立,又须视当事人所约定的"公证"是否为成立要件。

《中华人民共和国合同法》第36条规定:"法律、行政法规规定或者当事人约定采用书面形式订立合同,当事人未采用书面形式但一方已经履行主要义务,对方接受的,该合同成立。"如果对这一规定做相反的解释,即可得出如下结论:当事人没有采取法律、行政法规规定或当事人约定的书面形式,也没有履行主要义务的,合同应当为不成立。可见,《中华人民共和国合同法》对要式合同的形式要件采取了成立要件主义。生效要件更合理,如签订了房屋买卖合同但未登记过户,合同已成立,如果不登记视为违约,防止"一屋二卖"。

6. 主合同与从合同

根据合同相互之间的主从关系来区分主合同与从合同。

主合同是指不依赖于其他合同而能独立存在的合同;从合同是指以其他合同的存在为存在前提的合同。

主合同和从合同是相对而言的,没有主合同就没有从合同,没有从合同也就无所谓主合同。主合同不能存在，从合同也就不能存在；主合同转让，从合同依附于主合同发生转让；主合同终止，从合同也随之终止。典型的从合同为担保合同。

7. 预约与本约

根据订立合同是否有事先约定的关系来区分预约与本约。

预约是指当事人约定将来订立一定合同的合同；将来应当订立的合同，称为"本约"，是为履行预约而订立的合同。故预约也是一种合同，以订立本约为其债务的内容。预约的目的在于订立本约，当事人之所以不订立本约，主要是因为法律上或事实上的事由，致订立本约尚未成熟，乃先订立预约，使相对人受其拘束，以确保本约的订立。如甲拟向乙借款，乙表示须一个月后始有资金，甲与乙订立预约，约定一个月后再订立本约。从实践来看，预约合同适用的范围是较为广泛的，尤其是消费领域，如预购某件东西、预定某座位、预购飞机票车船票等。

订立预约也应当符合合同的要求，内容应当明确具体，表明将来要订立什么内容的合同，否则只是意向书。

预约的效力：在预约中，本合同在预约成立时尚未成立，预约合同的成立和生效，仅仅只是使当事人负有将来按预约规定的条件订立本合同的义务，而不负履行将来要订立的合同的义务。违反预约合同，拒绝订立本约，另一方也只能请求法院强制其订立本约或承担其他违约责任，但不能要求其承担违反本约的责任，更不能要求其履行本约规定的义务。即根据预约的性质，违约只适用于财产责任，不适用于实际履行责任。

13.2.4 合同法律关系

13.2.4.1 合同法律关系的构成

法律关系是一定的社会关系在相应的法律规范的调整下形成的权利义务关系。合同法律关系是指有合同法律规范所调整的、在民事流转过程中所产生的权利义务关系。合同法律关系包括合同法律关系主体、合同法律关系客体、合同法律关系内容三个要素。这三个要素构成了合同法律关系，缺少其中任何一个要素都不能构成合同法律关系，改变其中的任何一个要素就改变了原来设定的法律关系。

合同法律关系的主体是买卖双方；客体是实物；内容是权利义务。

1. 合同法律关系的主体

合同法律关系的主体是参加合同法律关系、享有相应权利、承担相应义务的当事人，合同法律关系的主体可以是自然人、法人、其他组织。

（1）自然人：自然人是指基于出生而成为民事法律关系主体的有生命的人。根据自然人的年龄和精神健康状况，可以将自然人分为完全民事行为能力人、限制民事行为能力人和无民事行为能力人。

（2）法人：法人是具有民事权利和民事行为能力、依法独立享有民事权利和承担民事义务的组织。

法人应当具备以下条件：

1）依法成立；

2)有必要的财产或者经费；
3)有自己的名称；
4)能够独立承担民事责任。

法人的法定代表人是自然人，他依照法律或者法人组织章程的规定，代表法人行使职权。法人以它的主要办事机构所在地为住所。

法人可以分为企业法人和非企业法人两大类，非企业法人包括行政法人、事业法人、社团法人。

2. 合同法律关系的客体

合同法律关系的客体主要包括物、行为和智力成果等。

(1)物：法律意义上的物是指可以为人们控制、并具有经济价值的生产资料和消费资料，分为动产和不动产、流通物与限制流通物、特定物与种类物等。

(2)行为：行为多表现为完成一定的工作，这些行为都可以成为合同法律关系的客体。

(3)智力成果：智力成果是通过人的智力活动所创造出来的精神成果，包括知识产权、技术秘密及在特定情况的公知技术。如专利权、计算机软件等。

3. 合同法律关系的内容

合同法律关系的内容是指合同约定和法律规定的权利和义务。

(1)权利：权利是指合同法律关系主体在法定范围内，按照合同的约定有权按照自己的意志做出某种行为的自由。

(2)义务：义务是指合同法律关系主体必须按照法律规定或约定承担应负的责任。

13.2.4.2 合同法律关系的产生、变更与消灭

法律事实是指能够引起合同法律关系产生、变更和消灭的客观现象和事实。法律事实包括行为和事件。

行为是指法律关系主体有意识的、能够引起法律关系发生变更和消灭的活动，包括作为和不作为两种表现形式。行为还可以分为合法行为和违法行为。事件可以分为自然事件和社会事件两种。

1. 代理关系

代理关系指代理人在代理权限范围内以被代理人的名义与第三人实施的法律效果直接归属于被代理人的行为及相应的法律制度。

代理具体有以下特征：代理人必须在代理权限范围内实施代理行为；代理人以被代理人的名义实施代理行为；代理人在被代理人的授权范围内独立地表现自己的意志；代理人对代理人行为承担民事责任。

2. 代理的种类

(1)委托代理：在建设工程中涉及的代理主要是委托代理，如项目经理作为施工企业的代理人、总监理工程师作为监理单位的代理人等。

(2)法定代理。

(3)指定代理。

13.2.5 合同订立

当事人订立合同，旨在达到预期的目的，而目的的实现有赖于合同的效力，合同发生法律效力的基本前提是合同要符合订立的基本原则。除这些原则外，还应当遵循以下操作规则：

(1)可行性规则。要求缔约人在缔约时，认真搞好资信调查，认真审查对方，慎重约束自己；考虑自己和对方的履约能力；考虑合同履行的难点，以使合同顺利履行。

(2)严密性规则。要求缔约人在缔约时尽量使条款完备，意思表示明确，特别是合同的必要条款，既符合当事人双方的要求，又符合法律的规定。合同订立不严密，在履行中就会出问题，甚至影响合同的效力。

13.2.5.1 订立合同的程序

1. 要约

要约是指当事人一方以缔结合同为目的，而向对方提出确定的意思表示，即订约提议。提出要约的一方为要约人，对方为受约人。经受约人承诺，要约人即受该意思表示约束。

要约与要约引诱的区别主要有以下几点：

(1)要约以订立合同为直接目的，要约引诱是唤起别人向自己做出要约表示。

(2)要约必须包括能使合同得以成立的主要条款，要约引诱不能决定合同内容。

(3)要约一般是针对特定的对象进行，要约引诱一般是对不特定的多数人。

要约到达受约人时生效。要约对要约人的效力，要约一经生效，要约人不得撤回、随意撤销或变更要约内容。受约人的承诺必须在要约确定的期限内进行，如没有期限的可在合理期限内承诺。

2. 承诺

承诺是指受约人的意思表示。承诺必须由受约人做出，且必须在合理期限内向要约人做出。承诺的内容应与要约内容一致。

承诺到达要约人时生效。承诺一旦生效，合同就成立。承诺可以撤回，但撤回承诺的通知应当在承诺生效之前或者与承诺通知同时到达要约人。

13.2.5.2 合同的内容和形式

合同的内容即为合同的权利和义务，大多数的权利和义务是由合同的条款规定的，因此，合同的内容也就是合同的条款，由双方当事人约定，作为合同的主要条款。

1. 合同的主要条款

合同的主要条款是指合同一般应当具备的条款，它决定着合同类型，确定当事人双方的权利义务的质与量，有时还决定合同是否成立，处于相当重要的地位。当事人之间订立合同的过程就是对其主要条款达成协议的过程。

(1)当事人的名称、姓名和住所。当事人的姓名或名称及住所可以确定当事人的情况，确定其是否具有签订合同的资格，确定合同权利义务的享有者和承担者。而且当事人的住所还与合同的履行、诉讼管辖密切相关。

(2)标的。标的是合同权利义务所指向的对象。合同的标的可以是物、行为、智力成果及工程项目等。合同的标的必须明确、具体、肯定，没有标的或标的不明确，双方的权利义务就无所依靠。没有标的的合同或标的不明确的合同是无法履行的。如果当事人对标的没有达成协议，合同根本就不能成立，因为签订合同的目的是相互之间有所给付，并取得一定的经济利益。所以一切合同都有标的。

(3)数量。数量是指以一定的度量衡表示出标的的质量、个数、长度、面积、容积等。数量是衡量标的的指标，是确定双方当事人的权利义务大小的尺度。数量要清楚、计量单位要明确，不可含混不清。计量方法按主管部门规定执行，没有规定的按供需双方协议执行。

(4)质量。质量是产品或服务的优劣程度。质量的标准就是规格，包括成分、质量、尺寸、色泽、不合格率、精密度、性能等。质量是指标的内在素质和外观形态的综合，它直接决定了标的的效用，也是决定标的价款高低的重要因素。因此，质量必须明确、具体、详细。质量主要包括标的的物理和化学成分、规格、性能、款式、感觉要素等。

(5)价款或报酬。价款或报酬是标的的价金，是当事人一方取得标的应向对方支付的代价。当事人在订立合同时，应当明确约定价款或报酬的计算标准、金额总数、结算方式、支付条件等。

价款或报酬有政府定价或统一规定的，按政府定价和有关规定执行。实行国家指导价的，应由双方在国家最高限价和最低保护价的范围内确定商品的价格。实行议价的，由双方协商决定价款或报酬。

(6)履行期限、履行地点和履行方式。

1)履行期限是指当事人履行合同和接受履行的时间。履行期限直接关系到合同义务完成的时间并涉及当事人的经济利益，也是确定合同违约与否的因素之一。履行期限可以分为即时履行、定时履行、分期履行。

2)履行地点是指当事人履行合同和接受履行的地点，它可以作为确定验收地点的依据，可以作为确定运输费用由谁来负担、风险由谁承受的依据，可以作为确定标的物所有权转移的依据，也可以作为确定诉讼管辖和涉外合同纠纷法律适用的依据之一。

3)履行方式是指当事人履行合同和接受履行的方式，包括交货方式、实施行为方式、验收方式、付款方式、结算方式等。

(7)违约责任。违约责任是指当事人不履行合同义务或履行合同义务不符合合同约定而应当承担的民事责任。

(8)解决争议的方法。解决争议的方法的条款是合同当事人之间就关于如何解决合同争议的程序、办法、适用法律、受诉法院选择等内容而作特别约定的条款。

此外，当事人可以参照各类合同的示范文本订立合同。各类合同的示范文本，有的是合同的监督部门提供的，有的是行业性的组织提供的，目的是为当事人订立合同提供参考，使合同规范明确，避免和减少合同纠纷。

2. 合同的一般形式

合同的形式有要式和不要式，也可分为约定形式和法定形式。我国合同的形式遵循要式和不要式兼用的原则。

(1) 口头形式。口头形式是指当事人只用语言为意思表示订立合同，而不用文字表达协议内容的合同形式。

口头形式简便易行，被广泛运用于生产和生活领域。其缺点是发生纠纷难以取证，不易分清责任。所以，对于不能即时清结的合同和标的数量较大的合同，不宜采取这种形式。

(2) 书面形式。书面形式是指合同书、信件和数据电文（包括电报、传真、电子数据和电子邮件）等可以有形地表现合同所载内容的形式。合同书是指记载合同内容的文书；信件是指当事人就要约和承诺的内容往来的信函。

书面形式的优点是合同权利义务记载清楚，有据可查，发生纠纷容易举证，便于分清责任；其缺点是比较复杂，手续较为烦琐。

13.2.5.3 合同订立准备

订立合同之前，需要做必要的准备，进行一些先期性活动。

合同双方在发出要约之前，应了解对方的资信情况、经营状况、履约能力，在此基础上进行可行性分析，为实质性谈判做好准备。一般合同接触有通过展销会、订货会、会谈、调查、咨询、看货等活动进行。通过这些活动，审查对方主体资格、法人资格、法定代表人的资格、委托道理人的资格和权限；其行为能力与权利能力是否相符。

此阶段可以向对方发出要约邀请，称为引诱要约，是指一方邀请对方向自己发出要约，即希望他人向自己发出要约的意思表示。其基本特征是：要约邀请仅是订立合同的提议，并不包括合同的主要条款；要约邀请是向不特定的多数人提出的；要约邀请以引诱他人对自己发出要约为目的。

13.2.6 合同谈判

语言是传递信息的媒介，是人与人之间进行交际的工具。合同谈判则是人们运用语言传达意见、交流信息的过程。而谈判中的信息传递与接受则需要通过谈判者之间的听、看、问、答、叙、辩以及劝和拒绝等方式来完成。在很大程度上，语言的应用效用往往决定了谈判的成败。因此，谈判人员必须十分注意捕捉对方思维过程的蛛丝马迹，及时跟踪对方动机的线索，认真倾听对方的发言，注意观察对方的每一个细微动作，综合运用听、看、问、答、叙、辩以及劝和拒绝等方面的技巧，以便准确地把握对方的行为与想法，传递自己的意见与观点，进而达到谈判预期的目的。

13.2.6.1 合同谈判语言表达的原则

语言表达是非常灵活、非常具有创造性的。因此，几乎没有哪一种语言的表达技巧适合所有的谈话内容。就商务谈判来讲，应当做到准确、正确地运用语言，不伤害对方的面子与自尊，从而有利于交易的达成。

1. 客观坦诚，有的放矢

在商务谈判中运用语言艺术表达思想、传递信息时，必须以客观事实为依据。以产品的购销谈判为例，产品的销售方对企业的情况和产品的情况进行介绍时就要遵循客观真实的原则，恰如其分地介绍产品的性能、质量等。为了表现出真实感，可以进行现场试用或演示，还可以用用户对该产品的评价加以说明。作为产品的购买方，也应当实事求是地对产品进行评价，介绍自己的购买力时不要夸大、失实，还价要充满诚意，而且最好加上还价的理由。

2. 符合逻辑，具体灵活

在商务谈判过程中运用语言艺术时应当做到概念清楚、判断准确、证据确凿、符合逻辑。逻辑性的原则反映在问题的陈述、提问、回答、辩论及说服等各个方面。提问要察言观色，把握时机；回答问题要切题准确，一般不要答非所问；试图说服对方时，要使语言充满强烈的感染力和强大的逻辑力量，真正打动对方，使对方心悦诚服。

3. 规范流畅，文明礼貌

谈判过程中所用的语言应当做到文明礼貌、清晰易懂、流畅严谨且不伤及对方的面子与自尊。在谈判中，当一个人的自尊受到威胁时，他就会全力防卫，对外界充满敌意。这时，要想与他沟通是十分困难的。而在大多数情况下，丢面子、伤自尊都是由语言不慎造成的，因此，谈判人员应当特别注意。

4. 适应环境，具说服性

掌握谈判的语言艺术必须重视语言的环境因素，如果不看场合，说话随心所欲，那么不仅不能发挥语言的效果，甚至还会使人反感，产生副作用。传说大诗人歌德当过律师，他在法庭上以诗一般的语言发言时，却招来了哄堂大笑，法官当场禁止他这样讲话。因此，谈判者说话必须考虑环境因素，选择特定的语言适应环境的要求。

13.2.6.2 合同谈判的技巧

在合同谈判中，应该注意谈判技巧。在谈判中，一是要善于倾听；二是要善于表达。倾听时，要专心致志、集中精力地听，可以通过记笔记来集中精力，并鉴别地倾听对方的发言，克服先入为主的倾听习惯，将讲话者的意思听全、听透。不要因为轻视对方而抢话、急于反驳，或者急于判断问题和回避难于回答问题等情况放弃听对方话题。

谈判中应基于己方的立场、观点、方案等通过主动阐述来表达对各种问题的具体看法，以便对方有所了解。谈判中的"说"是一种不受对方提出问题的方向、范围制约的表达方式。说话的人是主动进行阐述，是谈判中传递大量信息、沟通情感的重要方法之一。

除了倾听和表达之外，在谈判中还应注意以下技巧：

(1)谈判不仅是语言交流，而且是行为交流，应该注意对方眼睛、肢体、体位等语言。
(2)谈判中，应该恰到好处地提问，选择合适的提问类型时机等。
(3)谈判中回答问题应当谨慎。

谈判中回答问题不是一件容易的事情。因为谈判者对回答的每一句话都负有责任，都将被对方理所当然地认为是一种承诺。这就给回答问题的人带来一定的精神负担和压力。因此，一个谈判者水平的高低，在很大程度上取决于其回答问题的水平。在谈判中，针对问题所做出的准确、正面的回答未必就是最好的回答，有时回答得越准确就越愚笨。回答的真正艺术在于知道该说什么和不该说什么。

通常，不同的人针对同样的问题会有不同的回答，不同的回答又会产生不同的效果。要针对提问者的真实心理答复，如果难以回答，则要避正答偏顾左右而言他。

(4)谈判中辩论时,应当有一定技巧。辩论是商务谈判的重要组成部分,是谈判者表达自己的意见、驳斥对方的观点、谋求双方共同利益的信息交流活动,是实现双方各自目的的必要手段。商务谈判中的讨价还价集中体现在"辩"上,"辩"最能体现谈判的特征,它具有谈判双方相互依赖、相互对抗的二重性,是人类语言艺术和思维艺术的综合运用,具有较强的技巧性。

13.3　任务实施

请分组完成某高校教学楼工程的合同谈判工作。

13.4　任务评价

本任务主要讲述合同谈判的技巧。合同谈判时应当充分利用身体、肢体和口头等语言,促成合同谈判成功。

请完成下表:

任务 13　任务评价表

能力目标	知识点	分值	自测分数
能按法律规定确定中标人	确定中标人方法	20	
	上报评标结果	10	
填写发出中标通知书	中标通知书	30	

技能实训

一、判断题

1. 合同是当事人之间设立、变更、终止民事关系的协议。(　　)
2. 要约引诱以订立合同为直接目的,要约是唤起别人向自己做出要约表示。(　　)
3. 商务谈判中所提问的问题应当时刻围绕着谈判的主题,以及谈判的顺利进行来展开。(　　)
4. 谈判者对回答的每一句话都负有责任,都将被对方理所当然地认为是一种承诺。(　　)
5. 提问问题后应当闭口不言,等待对方回答。(　　)

二、单选题

1. 如果一个人每分钟眨眼次数超过 5 次,很可能表示这个人(　　)。
　　A. 神情活跃,对某事物感兴趣　　　B. 对事物感到不耐烦
　　C. 对事物缺乏兴趣　　　　　　　D. 对事物持无关态度

2. 一个人在谈判时，手中玩笔，表示这个人（　　）。

   A. 神情活跃，对某事物感兴趣

   B. 对事物感到不耐烦

   C. 漫不经心，对所谈的问题没有兴趣，或显示其不在乎的态度

   D. 对事物持消极态度

3. 一个人拳头紧握，表示这个人（　　）。

   A. 神情活跃，对某事物感兴趣

   B. 对事物感到不耐烦

   C. 表示向对方挑战或自我紧张情绪的表现

   D. 对事物持消极态度

4. 一个人谈话时不断变换站、坐等体位，身体不断摇晃，通常表示这个人（　　）。

   A. 神情活跃，对某事物感兴趣　　B. 对事物感到不耐烦

   C. 焦躁或情绪不稳　　　　　　　D. 对事物持消极态度

5. 当直接提出某个问题而对方不感兴趣，或是不愿进行回答时，我们可以（　　），以此来激发对方回答问题的兴趣。

   A. 换一个话题

   B. 换一个双方感兴趣的问题，缓和气氛

   C. 紧追不舍

   D. 换一个角度并且用十分诚恳的态度来问对方

三、案例题

我国某承包公司作为分包商与奥地利某总承包公司签订了一房建项目的分包合同。该合同在伊拉克实施，它的产生完全是奥方总包精心策划、蓄意欺骗的结果。如其在谈判中编制谎言说，每平方米单价只要114美元即可完成合同规定的工程量，而实际上按照当地市场情况工程花费不低于每平方米500美元；有时奥方会对经双方共同商讨确定的条款利用打字机会将对自己有利的内容塞进去；在准备签字的合同中擅自增加工程量等。该工程的分包合同价为553万美元，工期为24个月。而在工程进行到11个月时，中方已经投入654万美元，但仅完成工程量的25%。预计如果全部履行分包合同，还要再投入1 000万美元以上。结果中方不得不抛弃全部投入资金，彻底废除分包合同。

试分析：上面案例存在什么问题？应当如何处理？

任务14 建设工程合同

引例：白塔建筑公司投标某房地产公司投资开发的位于某市高新区慧欣花园二期住宅工程，于2013年7月23日取得中标通知书。通知书载明总造价3 000万元，工期300天，要求7月30日签订《建设工程合同》。2013年7月26日，双方签订《建设工程合同》及"补充协议"各一份，7月30日又签订《建设工程合同》并在招标投标办公室备案，依此合同交纳了定额管理费。同年8月29日，双方对7月30日合同进行了工商鉴证。前后两份《建设工程合同》的总造价分别为2 500万元及3 000万元，主要条款如工期、质量、工程款支付等规定相同。工程价款的计算及支付，合同规定"价款采用预算及竣工审计的方式"，"开工前7日内支付本年度工程款的25%，分8个月扣回"；进度款"按照每月工程师审定的进度款减预付款的1/8乘以97%，支付上月进度款，每月5日前支付"。验收合格后，留3%作为保修金。工程结算没有下浮的规定。"补充协议"内容主要体现在付款方面。

白塔建筑公司于2014年10月28日请求甲方对其工程进行验收并将工程结算资料交予甲方。业主于2014年5月20日组织验收，工程质量合格。组织验收时某房地产公司共付款比中标合同约定金额少付290万元。某建筑公司多次要求支付工程款，某房地产公司均以"补充协议"付款时间未到、整体工程尚未竣工等因素为由予以拒绝。某建筑公司于2015年8月向某市第一中级人民法院提起了诉讼。

14.1 任务导读

14.1.1 任务描述

××学院教学楼工程，已经签订工程施工合同，为了全面掌握施工合同管理，需要对建筑工程合同进一步了解。

14.1.2 任务目标

(1)能够解读建筑工程合同；
(2)能够理解施工合同文件解释顺序。

14.2 理论基础

14.2.1 建设工程合同的概念及特征

1. 建设工程合同的概念

《中华人民共和国合同法》第269条规定:"建设工程合同是指承包人进行工程建设,发包人支付价款的合同。建设工程合同包括工程勘察、设计、施工合同。建设工程实行监理的,发包人也应与监理人订立委托监理合同。"

建设工程合同是一种诺成合同,合同订立生效后双方应当严格履行。同时,建设工程合同也是一种双务、有偿合同,当事人双方在合同中都有各自的权利和义务,在享有权利的同时必须履行义务。建设工程合同的双方当事人分别称为承包人和发包人。承包人,是指在建设工程合同中负责工程的勘察、设计、施工任务的一方当事人,承包人最主要的义务是进行工程建设,即进行工程的勘察、设计、施工等工作;发包人,是指在建设工程合同中委托承包人进行工程的勘察、设计、施工任务的建设单位(或业主、项目法人),发包人最主要的义务是向承包人支付相应的价款。

由于建设工程合同涉及的工程量通常较大,履行周期长,当事人的权利、义务关系复杂,因此,《中华人民共和国合同法》第270条明确规定:"建设工程合同应当采用书面形式。"

2. 建设工程合同的特征

(1)合同主体的严格性。建设工程的主体一般只能是法人,发包人、承包人必须具备一定的资格,才能够成为建设工程合同的合法当事人,否则,建设工程合同可能因主体不合格而导致无效。发包人对需要建设的工程,应当经过计划管理部门审批,落实投资计划,并且应当具备相应的协调能力。承包人是有资格从事工程建设的企业,而且应当具备相应的勘察、设计、施工等资质,没有资格证书的,一律不得擅自从事工程勘察、设计业务;资质等级低的,不能够越级承包工程。

(2)形式和程序的严格性。一般合同当事人就合同条款达成一致,合同即告成立。不必一律采用书面形式。建设工程合同,履行期限长,工作环节多,涉及面广,应当采取书面形式,双方权利、义务应当通过书面合同形式予以确定。此外,由于工程建设对国家经济发展、公民工作生活具有重大影响,国家对建设工程的投资和程序有严格的管理程序,因此,建设工程合同的订立和履行也必须遵守国家关于基本建设程序的规定。

(3)合同标的的特殊性。建设工程合同的标的是各类建筑产品,建设产品是不动产,与地基相连,不能移动,这就决定了每项工程的合同的标的物都是特殊的,相互之间不同并且不可替代。另外,建筑产品的类别庞杂,其外观、结构、使用目的、使用人都各不相同,这就要求每一个建筑产品都需要单独设计和施工,建筑产品生产的单件性也决定了建设工程合同标的的特殊性。

(4)合同履行的长期性。建设工程由于结构复杂、体积大、建筑材料类型多、工作量大,使得合同履行期限都较长。而且,建设工程合同的订立和履行一般都需要较长的准备期,在合同的履行过程中,还可能因为不可抗力、工程变更、材料供应不及时等原因而导致合同期限顺延。所有这些情况,决定了建设工程合同的履行期限具有长期性。

14.2.2 建设工程合同的主要内容

1. 建设工程合同的主体

发包人、承包人是建设工程合同的当事人。发包人、承包人必须具备一定的资格,才能够成为建设工程合同的合法当事人,否则,建设工程合同可能因主体不合格而导致无效。

(1)发包人的主体资格。发包人有时也称发包单位、建设单位、业主或项目法人。发包人的主体资格也就是进行工程发包并签订建设工程合同的主体资格。

根据《招标投标法》第9条规定:"招标人应当有进行招标项目的相应资金或者资金来源已经落实,并应当在招标文件中如实载明。"这就要求发包人有支付工程价款的能力。《招标投标法》第12条规定:"招标人具有编制招标文件和组织评标能力的,可以自行进行办理招标事宜。"综上所述,发包人进行工程发包应当具备下列基本条件:

1)应当具有相应的民事权利能力和民事行为能力;

2)实行招标发包的,应当具有编制招标文件和组织评标的能力或者委托招标代理机构代理招标事宜;

3)进行招标项目的相应资金或者资金来源已经落实。

发包人的主体资格除了应当符合上述基本条件外,还应当符合原国家计委发布的《关于实行建设项目法人责任制的暂行规定》、原建设部和国家工商行政管理总局所发的《建筑市场管理规定》(建法〔1991〕798号)、原建设部印发的《工程项目建设管理单位管理暂行办法》(建建〔1997〕123号)的具体规定;当建设单位为房地产开发企业时,还应当符合《房地产开发企业资质管理规定》(2000年3月29日建设部令第77号)。

(2)承包人的主体资格。建设工程合同的承包人分为勘察人、设计人、施工人。对于建设工程承包人,我国实行严格的市场准入制度。《中华人民共和国建筑法》第26条规定:"承包建筑工程的单位应当持有依法取得的资质证书,并在其资质等级许可的业务范围内承揽工程。"2000年1月30日国务院令第279号发布的《建设工程质量管理条例》第18条规定:"从事建设工程勘察、设计的单位应当依法取得相应等级的资质证书,并在其资质等级许可的范围内承揽工程;"第25条规定:"施工单位应当依法取得相应等级的资质证书,并在其资质等级许可的范围内承揽工程。"

2. 建设工程合同的形式

建设工程合同具有标的额大、履行时间长、不能即时清结等特点,因此应当采用书面形式。对有些建设工程合同,国家有关部门制定了统一的示范文本,订立合同时可以参照相应的示范文本。合同的示范文本,实际上就是含有格式条款的合同文本。采用示范文本或其他书面形式订立的建设工程合同,在组成上并不是单一的,凡是能够体现招标人与中标人协商一致协议内容的文字材料,包括各种文书、电报、图表等,均为建设工程合同文件。订立建设工程合同时，应当注意明确合同文件的组成及其解释顺序。

采用合同书包括确认书订立合同，自双方当事人签字或者盖章时合同成立。签字或盖章不在同一时间的，最后签字或盖章时合同成立。

建设工程合同文件，一般包括以下几个组成部分：

(1)合同协议书；

(2)中标通知书；

(3)投标书及其附件；

(4)通用合同条款；

(5)专用合同条款；

(6)洽商、变更等明确双方权利义务的纪要、协议；

(7)工程量清单、工程报价单或工程预算书、图纸；

(8)标准、规范和其他有关技术资料、技术要求。

建设工程合同的所有合同文件，应当能互相解释，互为说明，保持一致。当事人对合同条款的理解有争议的，应当按照合同所使用的词句、合同的有关条款、合同的目的、交易习惯以及诚实信用原则，确定该条款的真实意思。合同文本采用两种以上的文字订立并约定具有同等效力的，对各文本使用的词句推定具有相同含义。各文本使用的词句不一致的，应当根据合同的目的予以解释。

在工程实践中，当发现合同文件出现含糊不清或不相一致的情形时，通常按照合同文件的优先顺序进行解释。合同文件的优先顺序，除双方另有约定的外，应当按照合同条件中的规定确定，即排在前面的合同文件比排在后面的更具有权威性。因此，在订立建设工程合同时对合同文件最好按其优先顺序排列。《建设工程施工合同(示范文本)》(GF—2013—0201)第二部分通用合同条款中，明确规定了合同文件组成及解释顺序。

14.2.3 建设工程合同的种类

按照《中华人民共和国合同法》的规定，建设工程合同包括三种，即建设工程勘察合同、建设工程设计合同、建设工程施工合同。

1. 建设工程勘察合同

建设工程勘察合同是承包方进行工程勘察，发包人支付价款的合同。建设工程勘察单位称为承包方，建设单位或者有关单位称为发包方(也称为委托方)。

建设工程勘察合同的标的是为建设工程需要而做的勘察成果。工程勘察是工程建设的第一个环节，也是保证建设工程质量的基础环节。为了确保工程勘察的质量，勘察合同的承包方必须是经国家或省级主管机关批准，持有《勘察许可证》，具有法人资格的勘察单位。

建设工程勘察合同必须符合国家规定的基本建设程序，任何违反国家规定的建设程序的勘察合同均是无效的。勘察合同由建设单位或有关单位提出委托，经与勘察部门协商，双方取得一致意见，即可签订。

2. 建设工程设计合同

建设工程设计合同是承包方进行工程设计，委托方支付价款的合同。建设单位或有关单位为委托方，建设工程设计单位为承包方。

建设工程设计合同的标的是为建设工程需要而做的设计成果。工程设计是工程建设的第二个环节，是保证建设工程质量的重要环节。工程设计合同的承包方必须是经国家或省级主要机关批准、持有《设计许可证》、具有法人资格的设计单位。只有具备了上级批准的设计任务书，建设工程设计合同才能够订立；小型单项工程必须具有上级机关批准的文件方能订立。如果单独委托施工图设计任务，应当同时具有经有关部门批准的初步设计文件方能订立。

3. 建设工程施工合同

建设工程施工合同是工程建设单位与施工单位，也就是发包方与承包方以完成商定的建设工程为目的，明确双方相互权利、义务的协议。建设工程施工合同的发包方可以是法人，也可以是依法成立的其他组织或公民，而承包方必须是法人。

建设工程施工合同具有以下主要特点：

(1)对合同承包方的主体资格要求严格。要审查承包方的资质证明、营业执照、安全生产合格证、企业等级证书。外地建设企业进驻当地施工，应当根据当地政府的有关规定办理必要的手续，如进省(市)许可证等。

(2)合同的标的物具有特殊性。合同标的物是建设产品，其特殊性表现为：建设产品的固定性和生产的流动性；建设产品类别庞杂，形成其产品个体性和生产的单件性；建设产品体积庞大，消耗的人力、物力、财力多，一次性投资数额大。

(3)施工合同执行周期长。由于建设产品的体积庞大，结构复杂，建设周期都比较长，因此，施工合同的执行期也较长。

(4)合同内容特殊。建设工程施工合同内容繁杂，合同执行周期长，许多内容均应当在合同中明确约定，因此，建设工程施工合同较其他类型合同的内容要多。合同除涉及双方当事人外，还要涉及地方政府，工程所在地单位和个人的利益等，因此建设工程施工合同涉及面较广，也较复杂。

14.2.4 建设工程合同关系

14.2.4.1 业主的主要合同关系

业主作为工程的所有者，可能是政府、企业、其他投资者，或几个企业的组合(合资或联营)，或政府与企业的组合(如合资项目、BOT项目)。

业主根据对工程的需求，确定工程项目的总目标。工程总目标是通过许多工程活动的实施实现的，如工程的勘察、设计、各专业工程施工、设备和材料供应、咨询(可行性研究、技术咨询、招标工作)与项目管理等工作。业主通过合同将这些工作委托出去，以实施项目，实现项目的总目标。按照不同的项目实施策略，业主签订的合同种类和形式是丰富多样的，签订合同的数量变化也很大。

1. 工程承包合同

任何一个工程都必须具有工程承包合同。一份承包合同所包括的工程或工作范围会有很大的差异。业主可以采用不同的工程承发包模式，可以将工程施工分专业、分阶段委托，将材料和设备供应分别委托，也可以将上述工作以各种形式合并委托，还可采用"设计—采购—施工"总承包模式。一个工程可能有一份、几份，甚至几十份承包合同。通常，业主签订的工程承包合同有以下几种类型：

(1)"设计—采购—施工"总承包合同，即全包合同。业主将工程的设计、施工、供应、项目管理全部委托给一个承包商，即业主仅面对一个工程承包商。

(2)工程施工合同，即一个或几个承包商承包或分别承包工程的土建、机械安装、电气安装、装饰、通信等施工。根据施工合同所包括的工作范围的不同，又可以分为以下三种：

1)施工总承包合同，即承包商承担一个工程的全部施工任务，包括土建、水电安装、设备安装等。

2)单位工程施工承包合同，业主可以将专业性很强的单位工程(如土木工程施工、电气与机械工程施工等)分别委托给不同的承包商。这些承包商之间为平行关系。

3)特殊专业工程施工合同，如管道工程、土方工程、桩基础工程等的施工合同。

2. 勘察合同

勘察合同即业主与勘察单位签订的合同。

3. 设计合同

设计合同即业主与设计单位签订的合同。

4. 供应合同

对由业主负责提供的材料和设备，必须与有关的材料和设备供应单位签订供应(采购)合同。在一个工程中，业主可能签订许多供应合同，也可以把材料委托给工程承包商，把整个设备供应委托给一个成套设备供应企业。

5. 项目管理合同

在现代工程中，项目管理的模式是丰富多样的。如业主自己管理，或聘请工程师管理，或业主代表与工程师共同管理，或采用CM模式。项目管理合同的工作范围可能有：可行性研究、设计监理、招标代理、造价咨询和施工监理等某一项或几项，或全部工作，即由一个项目管理公司负责整个项目管理工作。

6. 贷款合同

贷款合同即业主与金融机构(如银行)签订的合同。后者向业主提供资金保证。按照资金来源的不同，可能有贷款合同、合资合同或项目融资合同等。

7. 其他合同

其他合同，如由业主负责签订的工程保险合同等。

在工程中，与业主签订的合同通常被称为主合同。

14.2.4.2 承包商的主要合同关系

承包商是工程承包合同的执行者，完成承包合同所确定的工程范围的设计、施工、竣工和保修任务，并为完成这些工程提供劳动力、施工设备、材料和管理人员。任何承包商都不可能、也不必具备承包合同范围内所有专业工程的施工能力、材料和设备的生产和供应能力，他同样必须将许多专业工程或工作委托出去。所以，承包商常常又有自己复杂的合同关系。

(1)工程分包合同。承包商把从业主那里承接到的工程中的某些专业工程施工分包给另一承包商来完成,与他签订分包合同。承包商在承包合同下可能订立许多工程分包合同。

分包商仅完成承包商的工程,向承包商负责,与业主无合同关系。承包商向业主担负全部工程责任,负责工程的管理和所属各分包商工作之间的协调,以及各分包商之间合同责任界面的划分,同时,承担协调失误造成损失的责任。

(2)采购合同。承包商为工程所进行的必要的材料和设备的采购和供应,必须与供应商签订采购合同。

(3)运输合同。这是承包商为解决材料和设备的运输问题而与运输单位签订的合同。

(4)加工合同。即承包商将建筑构配件、特殊构件加工任务委托给加工承揽单位而签订的合同。

(5)租赁合同。在建筑工程中,承包商需要许多施工设备、运输设备、周转材料。当有些设备、周转材料在现场使用率较低,或承包商不具备自己购置设备的资金实力时,可以采用租赁方式,与租赁单位签订租赁合同。

(6)劳务供应合同。即承包商与劳务供应商签订的合同,由劳务供应商向工程提供劳务。

(7)保险合同。承包商按照施工合同要求对工程进行保险,与保险公司签订保险合同。

在主合同范围内承包商签订的这些合同被称为分合同。它们都与工程承包合同相关,都是为了完成承包合同责任而签订的。

14.2.4.3 其他情况

在实际工程中,还可能出现以下几种情况:

(1)设计单位、各供应单位也可能存在各种形式的分包。

(2)如果承包商承担工程(或部分工程)的设计(如"设计—采购—施工"总承包),则他有时也必须委托设计单位签订设计合同。

(3)如果工程付款条件苛刻,要求承包商带资承包,他也必须借款,与金融单位订立借(贷)款合同。

(4)在许多大工程中,尤其是业主要求总承包的工程中,承包商经常是几个企业的联营体,即联营承包。若干家承包商(最常见的是设备供应商、土建承包商、安装承包商、勘察设计单位)之间订立联营承包合同,联合投标,共同承接工程。联营承包已成为许多承包商经营战略之一,国内外工程中很常见。

(5)在一些大工程中,工程分包商也需要材料和设备的供应,也可能租赁设备,委托加工,需要材料和设备的运输,需要劳务。所以他又有自己复杂的合同关系。

14.2.4.4 建设工程合同体系

按照上述的分析和项目任务的结构分解,就得到不同层次、不同种类的合同,它们共同构成如图 14-1 所示的合同体系。

在该合同体系中,这些合同都是为了完成业主的工程项目目标而签订和实施的。由于

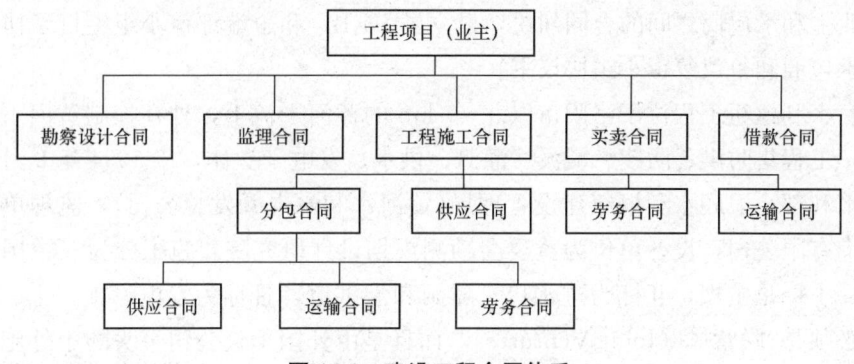

```
                    ┌──────────────┐
                    │ 工程项目（业主）│
                    └──────────────┘
  ┌────────┬─────────┼─────────┬────────┐
勘察设计合同 监理合同 工程施工合同 买卖合同 借款合同
                ┌────────┼────────┬────────┐
              分包合同  供应合同  劳务合同  运输合同
        ┌────────┼────────┐
      供应合同  运输合同  劳务合同
```

图 14-1 建设工程合同体系

这些合同之间存在着复杂的内部联系，构成了该工程的合同网络。

其中，建设工程施工合同是最有代表性、最普遍，也是最复杂的合同类型。它在建设工程项目的合同体系中处于主导地位，是整个建设工程项目合同管理的重点。无论是业主、监理工程师或承包商都将它作为合同管理的主要对象。建设工程项目的合同体系在项目管理中也是一个非常重要的概念。它从一个角度反映了项目的形象，对整个项目管理的运作有很大的影响：

(1)它反映了项目任务的范围和划分方式；

(2)它反映了项目所采用的管理模式(例如监理制度、总包方式或平行承包方式)；

(3)它在很大程度上决定了项目的组织形式，因为不同层次的合同常常决定了该合同的实施者在项目组织结构中的地位。

这里我们以二滩水电工程为例子介绍一下二滩水电工程的合同体系。

二滩水电工程主体工程于 1991 年 9 月正式开工，由国家开发投资公司(48％)、四川省投资公司(48％)、四川省电力公司(中国华电集团公司)(4％)三个投资方合资组成业主二滩水电开发有限责任公司(EHDC)。工程的可行性研究和勘察设计任务承包给中国水电工程顾问集团成都勘察设计研究院(CHIDI)。整个建设工程分成三个标，Ⅰ标是大坝标，承包方是由意大利的英波基诺和 GTM、法国的杜美思和托诺、中国的水电八局等中外 5 家承包商签订联营承包合同组成联营体，在总承包合同下又有很多分包商和供应商，如基础处理工作分包给了意大利的 Trvei 公司，这家意大利公司又将基础处理工作转给了水电八局下属的基础分局，整个工程中，合同关系极为复杂；Ⅱ标是地下厂房标，以德国 PHILIPP HOLZMANN 公司为责任方，由中、德三家公司组成中德二滩联营体(SGEJV)为地下厂房工程承包商；Ⅲ标是机电标，以中国葛洲坝集团公司为责任方，由中水一局、中水八局、东方集团四家公司组成的二滩机电安装联营体(GYBD)为主体安装承包商。主要机电设备亦通过招标选定，加拿大通用电气公司(GE)与中国东方电机股份有限公司和哈尔滨电机公司合作，是 6 台水轮发电机组的制造供货商；主变压器、GIS 设备、500 kV 高压电缆、发电机断路器，以及计算机监控系统是通过国际招标，分别由国外厂商制造和供货，所有的闸门及启闭机、厂房桥吊等通过国内招标，分别由国内厂商制造和供货。

工程监理为二滩水电工程公司(EEC)，现在叫作二滩国际。材料和设备采购分给了国内、国外的众多的单位，例如，大坝的部分金结就是由水电八局的下属的金结制造厂制造。

为了解决业主和承包商之间的合同纠纷,设立了 DRB,和争端评审小组签订了协议(业主、Ⅰ、Ⅱ标承包商和争议复审小组协议书)。

小浪底水利枢纽工程位于洛阳市以北 40 km 的黄河干流上,处在控制黄河下游水沙的关键部位,工程集防洪、防凌、减淤、灌溉、供水、发电于一体,于 1994 年 9 月开工。建设单位为水利部小浪底水利枢纽建设管理局(黄河水利水电开发总公司),监理单位为小浪底工程咨询有限公司,设计单位为黄委会勘测规划设计研究院。施工分为三个国际标和部分国内标,Ⅰ标是主坝,Ⅱ标为进水口、隧洞和溢洪道,Ⅲ标为发电设施。Ⅰ、Ⅱ、Ⅲ标的投标人必须是"联营体"(Joint Ventures),而且是由外国承包公司牵头的中外施工企业联合体。这样,就把施工的主要合同责任放在外国大承包公司的肩上,中国的承包公司是联营体中的"伙伴",处于比较主动的地位。以Ⅰ标为例,除意大利著名土建承包公司英波吉罗(Impregilo S. P. A)以外,还有两个外国公司参加,外国公司在联营体中所占的股份为 87%,中国水电十四局仅占 13% 的股份。Ⅱ标中,以旭普林(Zoublin)为首的外国公司有 5 家,共占联营体股份 88%,中国水电七局和十一局共占股份 12%。Ⅲ标以法国著名承包公司杜美兹(Dumez)为首,另有德国著名公司霍尔茨曼(Holzman)参加,这两个外国公司各占 44% 的联营体股份,中国水电六局占股 12%。由此可见,三个标段的技术、经济、合同责任,主要由外国公司承担。

工程合同的签订都是为了完成业主的工程项目总目标,都必须围绕这个目标签订和实施。这些合同之间存在着复杂的内部联系。在现代工程中,由于合同策略是多样化的,所以合同关系和合同体系也是十分复杂和不确定的。工程项目的合同体系在项目管理中也是一个非常重要的概念。它从一个重要角度反映了项目的形象,对整个项目管理的运作有很大的影响。

(1)它反映了项目任务的范围和划分方式;

(2)它反映了项目所采用的承发包模式和管理模式。对业主来说,工程项目是通过合同运作的,工程项目的合同体系反映了项目的运作方式;

(3)它在很大程度上决定了项目的组织形式。因为不同层次的合同,常常又决定了合同实施者在项目组织结构中的地位。

14.2.5 无效建设工程合同的认定

无效建设工程合同指虽由发包方与承包方订立,但因违反法律规定而没有法律约束力,国家不予承认和保护,甚至对违法当事人进行制裁的建设工程合同。具体而言,建设工程合同属下列情况之一的,合同无效:

(1)没有经营资格而签订的合同。没有经营资格是指没有从建筑经营活动的资格。根据企业登记管理的有关规定,企业法或者其他经济组织应当在经依法核准的经营范围内从事经营活动。《建筑市场管理规定》第 14 条规定:"承包工程勘察、设计、施工和建筑构配件、非标准设备加工生产的单位(以下统称承包方),必须持有营业执照、资质证书或产品生产许可证、开户银行资信证等证件,方准开展承包业务",对从事建设工程承包业务的企业明确提出了必须具备相应资质条件的要求。

(2)超越资质等级所订立的合同。《工程勘察和工程设计单位资格管理办法》和《工程勘察设计单位登记管理暂行办法》规定，工程勘察设计单位的资质等级分为甲、乙、丙、丁四级，不同资质等级的勘察设计单位承揽业务的范围有严格的区别；而根据《建筑业企业资质管理规定》，建筑安装企业应当按照《建筑业企业资质证书》所核定的承包工程范围从事工程承包活动，无《建筑业企业资质证书》避开或擅自超越《建筑业企业资质证书》所核定的承包工程范围从事承包活动的，由工程所在地县级以上人民政府建设行政主管部门给警告、停工的处罚，并可处以罚款。

(3)跨越省级行政区域承揽工程，但未办理审批许可手续而订立的合同。根据《建筑市场管理规定》第15条的规定，跨省、自治区、直辖市承包工程或者分包工程、提供劳务的施工企业，应当持单位所在地省、自治区、直辖市人民政府建设行政主管部门或者国务院有关主管部门出具的外出承包工程的证明和资质等级证书等证件，向工程所在地的省、自治区、直辖市人民政府建设行政主管部门办理核准手续，并到工商行政等机关办理有关手续。勘察、设计单位跨省承揽任务的，应当依照《全国工程勘察、设计单位资格认证管理办法》的有关规定办理类似许可手续。一些省、自治区、直辖市对外地企业到其行政区域内承揽工程，也有明确规定。

(4)违反国家、部门或地方基本建设计划的合同。建设工程承包合同的显著特点之一就是合同的标的具有计划性，即工程项目的建设大多数必须经过国家、部门或者地方的批准。《建设工程施工合同管理办法》规定，工程项目已经列入年度建设计划，方可订立合同。

(5)未取得《建设工程规划许可证》或者违反《建设工程规划许可证》的规定进行建设，严重影响城市规划的合同。《建设工程规划许可证》是新建、扩建、改建建筑物、构筑物和其他工程设施等申请办理开工许可手续的法定条件，由城市规划行政主管部门根据规划设计要求核发。没有该证或者违反该证的规定进行建设，影响城市规划但经批准尚可采取改正措施的，可以维持合同的效力；严重影响城市规划的，因合同的标的是违法建筑而导致合同无效。

(6)未取得《建设用地规划许可证》而签订的合同。《中华人民共和国城乡规划法》规定，在城市规划区内进行建设，需要申请用地的，必须持国家批准建设项目的有关文件，向城市规划行政主管部门申请定点，由城市规划行政主管部门核定其用地位置和界限，提供规划设计条件，核发建设用地规划许可证。取得建议用地规划许可证是申请建设用地的法定条件。无证取得用地的，属非法用地；以此为基础而进行的工程建设显然属于违法建设，因内容违法而无效。

(7)未依法取得土地使用权而签订的合同。进行工程建设，必须合法取得土地使用权。任何单位和个人没有依法取得土地使用权（如未经批准或采取欺骗手段骗取批准）进行建设的，均属非法占用土地，合同的标的——建设工程为违法建筑物，合同无效。实践中，如果施工承包合同订立时，发包方尚未取得土地使用证的，应当区别不同情况认定合同的效力；如果发包方已经取得《建设用地规划许可证》，并经土地管理部门审查批准用地，只是用地手续尚未办理完毕未能取得土地使用证的，不应因发包方用地手续在形式上存在欠缺而认定合同无效；如果未经审查批准用地的合同无效。

(8)未依法办理报建手续而签订的合同。为了有效掌握建设规模，规范工程建设实施阶段程序管理，统一工程项目报建的有关规定，达到加强建筑市场管理的目的，建设部于1994年颁布《工程建设项目报建管理办法》，实行严格的报建制度。根据该办法的规定：凡未报建的工程建设项目，不得办理招标投标手续和发放施工许可证，设计、施工单位不得承接该项工程的设计和施工任务。

(9)应当办理而未办理招标投标手续所订立的合同。《建筑市场管理规定》规定，凡政府和公有制企、事业单位投资的新建、改建、扩建和技术改造的工程项目，除某些不宜招标的军事、保密等工程，以及外商投资、国内私人投资、境外个人捐资和县级以上人民政府确认的抢险、救灾等工程可以不实行招投标以外，必须采取招标投标的方式确定施工单位。对于应实行招标投标确定施工单位即签订合同的，合同无效，如果工程尚未开工，不准开工；如果已经开工，则责令停止施工。

(10)根据无效定标结果所签订的合同。依法实行招标投标确施工单位的工程，招标单位应当与中标单位签订合同。中标是承包单位与发包单位签订合同的依据，如果定标结果是无效的，则所签订合同因无合法基础而无效。

(11)非法转包的合同。转包可以分为全部工程整体转包与肢解工程转包两种基本形式。转包行为有损发包人的合法权益，扰乱建筑市场管理秩序，为法律、法规和规章明文禁止的。

(12)不符合分包条件而分包的合同。承包人欲将所承包的工程分包的，应当征得发包人的同意，并且分包工程的承包人必须具备相应的资质等级条件。分包单位所承包的工程不得再行分包，凡违反规定分包的合同均属无效合同。

(13)违法带资、垫资施工的合同。合同内容违法是多方面的，实践中较为突出的是关于带资、垫资施工的约定。带资、垫资往往是发包方强行要求的，也有施工单位以带资、垫资作为竞争手段以达到承揽工程的目的的情况。

(14)采取欺诈、胁迫的手段所签订的合同。这两种情形并不鲜见。一些不法分子虚构、伪造工程项目情况，以骗取财物为目的，引诱施工单位签订所谓"施工承包合同"。有的不法分子则强迫投资者将建设项目由其承包。凡此种种，不仅合同无效，而且极有可能触犯刑律。

(15)损害国家利益和社会公共利益的合同。

(16)违反国家指令性建设计划而签订的合同。《中华人民共和国合同法》第273条规定，国家重大建设工程合同的订立，应当符合国家规定的程序和国家批准的投资计划、可行性研究报告等要求。国家指令性计划"国家重大建设工程项目"建设的作用不言而喻。

14.3 任务实施

请完成××学院教学楼工程的建设工程合同管理工作。

14.4 任务评价

本任务主要讲述合同管理的一些理论。包括建筑工程合同的种类、特征、组成等，建设工程合同的主体内容，施工合同解释顺序，以及无效合同的情况等。

请完成下表：

任务 14　任务评价表

能力目标	知识点	分值	自测分数
能够解读建筑工程合同	建设工程合同概念	20	
	合同订立形式	10	
	合同类型	20	
能够理解施工合同文件解释顺序	合同构成	30	
	合同效力	20	

技能实训

一、判断题

1. 建设工程施工合同是工程建设单位与施工单位，也就是发包方与承包方以完成商定的建设工程为目的，明确双方相互权利、义务的协议。（　　）

2. 工程设计是工程建设的第一个环节，也是保证建设工程质量的基础环节。（　　）

3. 未取得《建设工程规划许可证》或者违反《建设工程规划许可证》的规定进行建设，严重影响城市规划的合同，为无效合同。（　　）

4. 带资、垫资往往是发包方强行要求的，也有施工单位以带资、垫资作为竞争手段以达到承揽工程的目的的情况。（　　）

5. 损害国家利益和社会公共利益的合同有效，但应赔偿国家或者社会损失。（　　）

6. 未依法办理报建手续而签订的合同，不影响合同效力。（　　）

7. 建设工程施工合同的发包方可以是法人，也可以是依法成立的其他组织或公民，而承包方必须是法人。（　　）

8. 用地手续尚未办理完毕未能取得土地使用证的，不应因发包方用地手续在形式上存在欠缺而认定合同无效。（　　）

9. 违反国家、部门或地方基本建设计划的合同属于无效合同。（　　）

10. 建设工程施工合同是最有代表性、最普遍，也是最复杂的合同类型。（　　）

二、单选题

1. 未取得《建设用地规划许可证》而签订的合同。按照规定，(　　)。
   A. 该部分内容无效　　　　　　B. 全部合同无效
   C. 经审批后有效　　　　　　　D. 视情况而定

2. 任何违反国家规定的建设程序的勘察合同均是(　　)。
   A. 无效的　　　　　　　　　　B. 全部合同无效
   C. 经审批后有效　　　　　　　D. 视情况而定

3. 损害国家利益和社会公共利益的合同应当属于(　　)。
   A. 无效合同　　　　　　　　　B. 全部合同无效
   C. 经审批后有效　　　　　　　D. 视情况而定

4. 建设工程合同是一种(　　)合同，合同订立生效后双方应当严格履行。
   A. 口头　　　　　　　　　　　B. 诺成
   C. 单务　　　　　　　　　　　D. 灵活

5. 在建筑工程中承包商需要许多施工设备、运输设备、周转材料，这些设备材料应当(　　)。
   A. 必须施工单位自有　　　　　B. 必须由建设单位提供
   C. 可以租赁　　　　　　　　　D. 不允许租赁

三、案例题

北京某房地产开发公司与某建筑企业签订住宅小区的施工合同。工程按照约定如期顺利开工，在施工过程中，由于雨季超过了正常年份，影响了工程进度，为了赶工期，施工单位加班加点，对于隐蔽工程的验收，施工单位按照合同约定提前书面通知监理进行验收，但监理正忙着别的工程进行质量检查，因此未按通知时间参加隐蔽工程验收。

为了不耽误工期，施工企业自行进行了隐蔽工程验收，并将验收记录在案。监理回到施工现场查看验收记录，提出重新钻孔复验，但遭到施工单位拒绝。在施工单位的一再坚持下，房地产开发单位也没有继续要求重新验收。

施工单位按期完成施工任务并经验收交付使用。

住宅小区交付使用后，地下车库也被业主购置一空。一日，业主将车开进地下车库时，突然发现车胎被什么东西击穿，并引发了大火，将车胎烧毁并延及部分车体。事后经查，发现是裸露在空气中的地下电缆断头击穿车胎并引发大火。为此，向法院提起诉讼要求开发商赔偿损失。追加施工单位为被告。

施工企业辩称：通知监理参加隐蔽工程验收，监理未按时间参加验收，竣工验收时房地产企业也未对房屋质量提出任何异议。

试分析该案例。

任务 15　建设工程施工合同

引例：某施工单位根据领取的某 200 m² 两层厂房工程项目招标文件和全套施工图纸，采用低报价策略编制了投标文件，并获得中标。该施工单位(乙方)于某年某月某日与建设单位(甲方)签订了该工程项目的固定价格施工合同。合同工期为 8 个月。甲方在乙方进入施工现场后，因资金紧缺，无法如期支付工程款，口头要求乙方暂停施工一个月。乙方亦口头答应。工程按合同规定期限验收时，甲方发现工程质量有问题，要求返工。两个月后，返工完毕。结算时甲方认为乙方迟延交付工程，应当按照合同约定偿付逾期违约金。乙方认为临时停工是甲方要求的。乙方为抢工期，加快施工进度才出现了质量问题，因此迟延交付的责任不在乙方。甲方则认为临时停工和不顺延工期是当时乙方答应的。乙方应当履行承诺，承担违约责任。

问题：
1. 该工程采用固定价格合同是否合适？
2. 该施工合同的变更形式是否妥当？依据合同法律规范此合同争议应如何处理？

15.1　任务导读

15.1.1　任务描述

××学院建设教学楼，签订施工合同后，请根据实际情况，了解施工合同，解读施工合同。

15.1.2　任务目标

(1)能对施工合同进行风险分析；
(2)能对合同主要条款进行分析；
(3)能对分包商进行管理。

15.2　理论基础

15.2.1　建设工程施工合同的概念及特点

1. 建设工程施工合同的概念

建设工程施工合同是发包人(建设单位、业主或总包单位)与承包人(施工单位)之间为完成商定的建设工程项目，确定双方权利和义务的协议。建设工程施工合同也称为建筑安装承包合同，建筑是指对工程进行营造的行为，安装主要是指与工程有关的线路、管道、设备等设施的装配。依照施工合同，承包人应当完成一定的建筑、安装工程任务，发包人应当提供必要的施工条件并支付工程价款。

建设工程施工合同是建设工程的主要合同，是工程建设质量控制、进度控制、投资控制的主要依据。在市场经济条件下，建设市场主体之间相互的权利义务关系主要是通过合同确立的，因此，在建设领域加强对施工合同的管理具有十分重要的意义。国家立法机关、国务院、国家建设行政管理部门都十分重视施工合同的规范工作，1999年3月15日九届全国人大第二次会议通过、1999年10月1日生效实施的《中华人民共和国合同法》对建设工程合同做了专章规定，《中华人民共和国建筑法》《招标投标法》《建设工程施工合同管理办法》等也有许多涉及建设工程施工合同的规定，这些法律法规是我国建设工程施工合同订立和管理的依据。

施工合同的当事人是发包人和承包人，双方是平等的民事主体，双方签订施工合同，必须具备相应资质条件和履行施工合同的能力。

(1) 发包人。是指在协议书中约定、具有工程发包主体资格和支付工程价款能力的当事人以及取得该当事人资格的合法继承人。可以是具备法人资格的国家机关、事业单位、国有企业、集体企业、私营企业、经济联合体和社会团体，也可以是依法登记的个人合伙、个体经营户或个人，即一切以协议、法院判决或其他合法完备手续取得发包人的资格，承认全部合同条件，能够而且愿意履行合同规定义务的合同当事人。与发包人合并的单位、兼并发包人的单位、购买发包人合同和接受发包人出让的单位和人员(合法继承人)，均可以成为发包人，履行合同规定的义务，享有合同规定的权利。发包人必须具备组织协调能力或委托给具备相应资质的监理单位承担。

(2) 承包人。是指在协议书中约定、被发包人接受的具有工程施工承包主体资格的当事人以及取得该当事人资格的合法继承人。承包人必须具备有关部门核定的资质等级并持有营业执照等证明文件。《中华人民共和国建筑法》第13条规定："建筑施工企业按照其拥有的注册资本、专业技术人员、技术装备和已完成的建筑工程业绩等资质条件，划分为不同的资质等级，经资质审查合格，取得相应等级的资质证书后，方可在其资质等级许可的范围内从事建筑活动。"

在施工合同实施过程中，工程师受发包人委托对工程进行管理。施工合同中的工程师是指本工程监理单位委派的总监理工程师或发包人指定的履行本合同的代表，其具体身份和职权由发包人和承包人在专用条款中约定。

2. 建设工程施工合同的特点

(1) 合同标的物的特殊性。施工合同的"标的物"是特定建筑产品，不同于其他一般商品。首先，建筑产品的固定性和施工生产的流动性是区别于其他商品的根本特点。建筑产品是不动产，其基础部分与大地相连，不能移动，这就决定了每个施工合同相互之间具有不可替代性，而且施工队伍、施工机械必须围绕建筑产品不断移动。其次，由于建筑产品各有其特定的功能要求，所以建筑实体形态千差万别，种类庞杂，其外观、结构、使用目的、使用人都各不相同，这就要求每一个建筑产品都需单独设计和施工，即使可以重复利用标准设计或重复使用图纸，也应当采取必要的修改设计才能进行施工，从而造成建筑产品的单体性和生产的单件性。最后，建筑产品体积庞大，消耗的人力、物力、财力多，一次性投资额大。所有这些特点，必然在施工合同中表现出来，使得施工合同在明确标的物时，需要将建筑产品的幢数、面积、层数或高度、结构特征、内外装饰标准和设备安装要求等一一规定清楚。

(2)合同内容的多样性和复杂性。施工合同实施过程中涉及的主体有多种，且其履行期限长、标的额大。涉及的法律关系，除承包人与发包人的合同关系外，还有与劳务人员的劳动关系、与保险公司的保险关系、与材料设备供应商的买卖关系、与运输企业的运输关系等。施工合同除了应当具备合同的一般内容外，还应对安全施工、专利技术使用、地下障碍和文物发现、工程分包、不可抗力、工程设计变更、材料设备供应、运输和验收等内容做出规定。

所有这些都决定了施工合同的内容具有多样性和复杂性的特点，要求合同条款必须具体、明确和完整。

《建设工程施工合同(示范文本)》(GF—2013—0201)通用合同条款有20大部分共117个条款；国际FIDIC施工合同通用条件有25节共72条款。

(3)合同履行期限的长期性。由于建设工程结构复杂、体积大、材料类型多、工作量大，其工程生产周期都较长。因为工程建设的施工应当在合同签订后才开始进行，且需加上合同签订后到正式开工前的施工准备时间和工程全部竣工验收后、办理竣工结算及保修期间。在工程的施工过程中，还可能因为不可抗力、工程变更、材料供应不及时、一方违约等原因而导致工期延误，因而，施工合同的履行期限具有长期性，变更较频繁，合同争议和纠纷也比较多。

(4)合同监督的严格性。由于施工合同的履行对国家经济发展、公民的工作与生活都有重大的影响，因此，国家对施工合同的监督是十分严格的。具体表现在以下几个方面：

1)对合同主体监督的严格性。建设工程施工合同主体一般是法人。发包人一般是经过批准进行工程项目建设的法人，必须有国家批准的建设项目，落实投资计划，并且应当具备相应的协调能力；承包人则必须具备法人资格，而且应当具备相应的从事施工的资质。无营业执照或无承包资质的单位不能作为建设工程施工合同的主体，资质等级低的单位不能越级承包建设工程。

2)对合同订立监督的严格性。订立建设工程施工合同必须以国家批准的投资计划为前提，即使是国家投资以外的、以其他方式筹集的投资，也要受到当年的贷款规模和批准限额的限制，纳入当年投资规模的平衡，并经过严格的审批程序。建设工程施工合同的订立，还必须符合国家关于建设程序的规定。

考虑到建设工程的重要性和复杂性，在施工过程中经常会发生影响合同履行的各种纠纷，因此，《中华人民共和国合同法》要求建设工程施工合同应当采用书面形式。

3)对合同履行监督的严格性。在施工合同的履行过程中，除合同当事人应当对合同进行严格的管理外，合同的主管机关(工商行政管理部门)、建设主管部门、合同双方的上级主管部门、金融机构、解决合同争议的仲裁机关或人民法院，还有税务部门、审计部门及合同公证机关或鉴证机关等机构和部门，都要对施工合同的履行进行严格的监督。

15.2.2 建设工程施工合同承发包方式

我国建设市场中由于承发包内容和具体环境的影响，工程承发包方式也是多种多样的。

15.2.2.1 按承包内容和范围划分承包方式

1. 建设全过程承包

建设全过程承包也称"统包"，或"一揽子承包"，即通常所说的"交钥匙"工程。采用这种承包方式，建设单位一般只要提出使用要求和竣工期限，承包单位即可从可行性研究、勘察设计、设备询价与选购、材料订货、工程施工、生产职工培训直至竣工投产等实行全过程、全面的总承包，并负责对各项分包任务进行综合管理、协调和监督工作。这种承包方式主要适用于各种大中型建设项目。它的好处是可以积累建设经验和充分利用已有的经验，节约投资，缩短建设周期并保证建设的质量，提高经济效益。当然，也要求承包单位必须具有雄厚的技术经济实力和丰富的组织管理经验。我国各部门和地方建立的建设工程总承包公司，即属于这种性质的承包单位。

2. 阶段承包

阶段承包的内容是建设过程中某一阶段或某些阶段的工作。如可行性研究、勘察设计、建筑安装施工等。在施工阶段根据承包内容的不同，可细分为以下三种方式：

（1）包工包料。即承包工程施工所用的全部人工和材料。这是国际上采用较为普遍的施工承包方式。

（2）包工部分包料。即承包者只负责提供施工的全部人工和一部分材料，其余部分则由建设单位或总包单位负责供应。我国改革开放前曾实行多年的施工单位承包全部用工和地方材料，建设单位负责供应统配和部管材料以及某些特殊材料，就属于这种承包方式。改革后已逐步过渡到以包工包料方式为主。

（3）包工不包料。即承包人仅提供劳务而不承担供应任何材料的义务。在国内外的建筑工程中，都存在这种承包方式。

3. 专项承包

专项承包的内容是某一建设阶段中的某一专门项目，由于专业性较强，多由有关的专业承包单位承包，故称专业承包。如可行性研究中的辅助研究项目，勘察设计阶段的工程地质勘察、基础或结构工程设计、供电系统及防灾系统的设计，建设准备过程中的设备选购和生产技术人员培训、通风设备和电梯安装等。

15.2.2.2 按承包者所处地位划分承包方式

在工程承包中，一个建设项目往往有不止一个承包单位。承包单位与建设单位之间，以及不同承包单位之间的关系不同，地位不同，也就形成不同的承包方式。常见的承包方式有以下四种。

1. 总承包

一个建设项目建设全过程或其中某个阶段（如施工阶段）的全部工作，由一个承包单位负责组织实施。这个承包单位可以将若干专业性工作交给不同的专业承包单位去完成，并统一协调和监督它们的工作。一般情况下，建设单位仅同这个承包单位发生直接关系，而不与各专业承包单位发生直接关系，这样的承包方式叫作总承包。承担这种任务的单位叫作总承包单位，或简称总包，通常有咨询设计机构、一般土建公司，以及设计施工一体化的大建筑公司等。我国的工程总承包公司就是总包单位的一种组织形式。

2. 分承包

分承包简称分包，是相对总承包而言的，即承包者不与建设单位发生直接关系，而是从总承包单位分包某一分项工程（如土方、模板、钢筋等）或某种专业工程（如钢结构制作和安装、卫生设备安装、电梯安装等），在现场由总包统筹安排其活动，并对总包负责。分包单位通常为专业工程公司，如工业炉窑公司、设备安装公司、装饰工程公司等。国际上通行的分包方式主要有两种：一种是由建设单位指定分包单位，与总包单位签订分包合同；另一种是由总包单位自行选择分包单位签订分包合同。

3. 独立承包

独立承包是指承包单位依靠自身的力量完成承包任务，而不实行分包的承包方式。通常仅适用于规模较小、技术要求比较简单的工程以及修缮工程。

4. 联合承包

联合承包是相对于独立承包而言的承包方式，即由两个以上承包单位组成联合体承包一项工程任务，由参加联合的各单位推定代表统一与建设单位签订合同，共同对建设单位负责，并协调它们之间的关系。但参加联合的各单位仍是各自独立经营的企业，只是在共同承包的工程项目上，根据预先达成的协议，承担各自的义务和分享共同的收益，包括投入资金数额、工人和管理人员的派遣、机械设备和临时设施的费用分摊、利润的分享以及风险的分担等。

这种承包方式由于多家联合，资金雄厚，在技术和管理上可以取长补短，发挥各自的优势，有能力承包大规模的工程任务。同时，由于多家共同协作，在报价及投标策略上互相交流经验，也有助于提高竞争力，较易得标。在国际工程承包中，外国承包企业与工程所在国承包企业联合经营，也有利于对当地国情民俗、法规条例的了解和适应，便于工作的开展。

15.2.2.3 按获得承包任务的途径划分承包方式

根据承包单位获得任务的不同途径，承包方式可以划分为以下三种。

1. 投标竞争

投标竞争是指通过投标竞争，优胜者获得工程任务，与建设单位签订承包合同。这是国际上通行的获得承包任务的主要方式。我国实行社会主义市场经济体制，建筑业和基本建设管理体制改革的主要内容之一，就是从以计划分配工程任务为主逐步过渡到以在政府宏观调控下实行投标竞争为主的承包方式。

2. 委托承包

委托承包也称协商承包，即不需经过投标竞争，而由建设单位与承包单位协商，签订委托其承包某项工程任务的合同。

3. 指令承包

指令承包是政府运用强制性的行政手段，指定工程承包单位。该方式仅适用于很少一部分保密工作、特殊工种等。

15.2.3 建设工程施工合同的类型及其选择

15.2.3.1 建设工程施工合同的类型

按照计价方式不同，建设工程施工合同可以划分为总价合同、单价合同和成本加酬金合同三大类。根据招标准备情况和建设工程项目的特点不同，建设工程施工合同可选用其中的任何一种。

1. 总价合同

总价合同又分为固定总价合同和可调总价合同。

(1)固定总价合同。承包商按照投标时业主接受的合同价格一笔包死。在合同履行过程中，如果业主没有要求变更原定的承包内容，承包商在完成承包任务后，不论其实际成本如何，均应当按照合同价获得工程款的支付。

采用固定总价合同时，承包商要考虑承担合同履行过程中的全部风险，因此，投标报价较高。固定总价合同的适用条件一般有以下几项：

1)工程招标时的设计深度已达到施工图设计的深度，合同履行过程中不会出现较大的设计变更，以及承包商依据的报价工程量与实际完成的工程量不会有较大差异；

2)工程规模较小，技术不太复杂的中小型工程或承包内容较为简单的工程部位。这样，可以使承包商在报价时能够合理地预见到实施过程中可能遇到的各种风险；

3)工程合同期较短(一般为1年之内)，双方可以不必考虑市场价格浮动可能对承包价格的影响。

(2)可调总价合同。这类合同与固定总价合同基本相同，但合同期较长(1年以上)，其在固定总价合同的基础上，增加合同履行过程因市场价格浮动对承包价格调整的条款。由于合同期较长，承包商不可能在投标报价时合理地预见1年后市场价格的浮动影响，因此，应当在合同内明确约定合同价款的调整原则、方法和依据。常用的调价方法有文件证明法、票据价格调整法和公式调价法。

2. 单价合同

单价合同是指承包商按照工程量报价单内分项工作内容填报单价，以实际完成工程量乘以所报单价确定结算价款的合同。承包商所填报的单价应为计入各种摊销费用后的综合单价。

单价合同大多用于工期长、技术复杂、实施过程中发生各种不可预见因素较多的大型土建工程，以及业主为了缩短工程建设周期，初步设计完成后就进行施工招标的工程。单价合同的工程量清单内所开列的工程量一般为估计工程量，而非准确工程量。

3. 成本加酬金合同

成本加酬金合同时将工程项目的实际造价划分为直接成本费和承包商完成工作后应得

酬金两部分。工程实施过程中发生的直接成本费由业主实报实销，另按照合同约定的方式付给承包商相应报酬。

成本加酬金合同大多适用于边设计、边施工的紧急工程或灾后修复工程。由于在签订合同时，业主还不可能为承包商提供用于准确报价的详细资料，因此，在合同中只能商定酬金的计算方法。在成本加酬金合同中，业主需承担工程项目实际发生的一切费用，因而也就承担了工程项目的全部。而承包商由于无风险，其报酬往往也较低。

按照酬金的计算方式不同，成本加酬金合同的形式有成本加固定酬金合同、成本加固定百分比酬金合同、成本加浮动酬金合同、目标成本加奖罚合同等。

在传统承包模式下，不同计价方式的合同类型比较见表15-1。

表15-1　不同计价方式的合同类型比较

合同类型	总价合同	单价合同	成本加酬金合同			
			百分比酬金	固定酬金	浮动酬金	目标成本加奖罚
应用范围	广泛	广泛	有局限性			酌情
业主方造价控制	易	较易	最难	难	不易	有可能
承包商风险	风险大	风险小	基本无风险		风险不大	有风险

15.2.3.2　建设工程施工合同类型的选择

建设工程施工合同的形式繁多、特点各异，业主应当综合考虑以下因素来选择不同计价模式的合同。

1. 工程项目的复杂程度

规模大且技术复杂的工程项目，承包风险较大，各项费用不易准确估算，因而不宜采用固定总价合同。最好是有把握的部分采用总价合同，估算不准的部分采用单价合同或成本加酬金合同。有时，在同一工程项目中采用不同的合同形式，是业主和承包商合理分担施工风险因素的有效办法。

2. 工程项目的设计深度

施工招标时所依据的工程项目设计深度，经常是选择合同类型的重要因素。招标图纸和工程量清单的详细程度能否使投标人进行合理报价，取决于已完成的设计深度。表15-2中列出了不同设计阶段与合同类型的选择关系。

表15-2　不同设计阶段与合同类型选择

合同类型	设计阶段	设计主要内容	设计应满足的条件
总价合同	施工图设计	1. 详细的设备清单； 2. 详细的材料清单； 3. 施工详图； 4. 施工图预算； 5. 施工组织设计	1. 设备、材料的安排； 2. 非标准设备的制造； 3. 施工图预算的编制； 4. 施工组织设计的编制； 5. 其他施工要求

续表

合同类型	设计阶段	设计主要内容	设计应满足的条件
单价合同	技术设计	1. 较详细的设备清单； 2. 较详细的材料清单； 3. 工程必需的设计内容； 4. 修正概算	1. 设计方案中重大技术问题的要求； 2. 有关实验方面确定的要求； 3. 有关设备制造方面的要求
成本加酬金合同或单价合同	初步设计	1. 总概算； 2. 设计依据、指导思想； 3. 建设规模； 4. 主要设备选型和配置； 5. 主要材料需要量； 6. 主要建筑物、构筑物的形式和估计工程量； 7. 公用辅助设施； 8. 主要技术经济指标	1. 主要材料、设备订购； 2. 项目总造价控制； 3. 技术设计的编制； 4. 施工组织设计的编制

3. 工程施工技术的先进程度

如果工程施工中有较大部分采用新技术和新工艺，当业主和承包商在这方面过去都没有经验，且在国家颁布的标准、规范、定额中又没有依据时，为了避免投标人盲目地提高承包价款或由于对施工难度估计不足而导致承包亏损，不宜采用固定价合同，而应当选用成本加酬金合同。

4. 工程施工工期的紧迫程度

有些紧急工程（如灾后恢复工程等）要求尽快开工且工期较紧时，可能仅有实施方案，还没有施工图纸，因此，承包商不可能报出合理的价格，宜采用成本加酬金合同。

对于一个建设工程项目而言，所采用的合同形式不是固定的。即使在同一个工程项目中，各个不同的工程部分或不同阶段，也可以采用不同类型的合同。在划分标段、进行合同策划时，应当根据实际情况，综合考虑各种因素后做出决策。

一般而言，合同工期在1年以内且施工图设计文件已通过审查的建设工程，可选择总价合同；紧急抢修、救援、救灾等建设工程，可选择成本加酬金合同；其他情形的建设工程，均宜选择单价合同。

15.2.4 建设工程施工合同主要条款

15.2.4.1 双方一般权利和义务

1. 工程师及其职权

（1）工程师。工程师包括监理单位委派的总监理工程师或者发包人派驻施工场地（指由发包人提供的用于工程施工的场所以及发包人在图纸中具体指定的供施工使用的任何其他场所）履行合同的代表两种情况。

1)发包人委托监理：发包人可以委托监理单位，全部或者部分负责合同的履行。国家推行工程监理制度。对于国家规定实行强制监理的工程施工，发包人必须委托监理，对于国家未规定实施强制监理的工程施工，发包人也可以委托监理。工程施工监理应当依照法律、行政法规及有关的技术标准、设计文件和建设工程施工合同，代表发包人对承包人在施工质量、建设工期和建设资金使用等方面实施监督。监理单位受发包人委托负责工程监理并应具有相应工程监理资质等级证书。发包人应当在实施监理前将委托的监理单位名称、监理内容及监理权限以书面形式通知承包人。

监理单位委派的总监理工程师在施工合同中称为工程师，其姓名、职务、职权由发包人和承包人在专用合同条款内写明。总监理工程师是经监理单位法定代表人授权，派驻施工现场监理机构的总负责人，行使监理合同赋予监理单位的权利和义务，全面负责受委托工程的建设监理工作。工程师按照合同约定行使职权，发包人在专用条款内要求工程师在行使某些职权前需要征得发包人批准的，工程师应当征得发包人批准。如对委托监理的工程师要求其在行使认可索赔权利时，如索赔额超过一定限度，必须先征得发包人的批准。

2)发包人派驻代表：发包人派驻施工场地履行合同的代表，在施工合同中也称工程师。发包人代表是经发包人法定代表人授权、派驻施工场地的负责人，其姓名、职务、职权由发包人在专用合同条款内写明，但职权不得与监理单位委派的总监理工程师职权相互交叉。双方职权发生交叉或不明确时，由发包人予以明确，并以书面形式通知承包人，以避免给现场施工管理带来混乱和困难。

3)合同履行中，发生影响发包人和承包人双方权利或义务的事件时，负责监理的工程师应当依据合同在其职权范围内客观、公正地处理。一方对工程师的处理有异议时，按照争议的约定处理。

4)除合同内有明确约定或经发包人同意外，负责监理的工程师无权解除合同约定的承包人的任何权利与义务。

(2)工程师的委派和指令。

1)工程师委派代表：在施工过程中，不可能所有的监督和管理工作都由工程师亲自完成。工程师可以委派代表，行使合同约定的自己的部分权力和职责，并可在认为必要时撤回委派。委派和撤回均应当提前7d以书面形式通知承包人，负责监理的工程师还应当将委派和撤回通知发包人。委派书和撤回通知作为合同附件。

工程师代表在工程师授权范围内向承包人发出的任何书面形式的函件，与工程师发出的函件具有同等效力。承包人对工程师代表向其发出的任何书面形式的函件有疑问时，可以将此函件提交工程师，工程师应当进行确认。工程师代表发出指令有失误时，工程师应当进行纠正。除工程师或工程师代表外，发包人派驻工地的其他人员均无权向承包人发出任何指令。

2)工程师发布指令、通知：工程师的指令、通知由其本人签字后，以书面形式交给项目经理，项目经理在回执上签署姓名和收到时间后生效。确有必要时，工程师可以发出口头指令，并在48h内给予书面确认，承包人对工程师的指令应予执行。工程师不能及时给予书面确认的，承包人应当于工程师发出口头指令后7d内提出书面确认要求。工程师在承包人提出确认要求后48h内不予答复的，视为口头指令已被确认。

承包人认为工程师指令不合理,应当在收到指令后 24 h 内向工程师提出修改指令的书面报告,工程师在收到承包人报告后 24 h 内做出修改指令或继续执行原指令的决定,并以书面形式通知承包人。紧急情况下,工程师要求承包人立即执行的指令或承包人虽有异议、但工程师决定仍继续执行的指令,承包人应予执行。因指令错误发生的追加合同价款(指在合同履行中发生需要增加合同价款的情况,经发包人确认后按照计算合同价款的方法增加的合同价款)和给承包人造成的损失由发包人承担,延误的工期相应顺延。

3)工程师应当及时完成自己的职责:工程师应当按照合同约定,及时向承包人提供所需指令、批准并履行其他约定的义务。由于工程师未能按照合同约定履行义务造成工期延误,发包人应当承担延误造成的追加合同价款并赔偿承包人有关损失,顺延延误的工期。

(3)工程师易人。如需更换工程师,发包人应当至少提前 7 d 以书面形式通知承包人,后任继续行使合同文件约定的前任的职权,履行前任的义务。

2. 项目经理及其职权

(1)项目经理。项目经理指承包人在专用合同条款中指定的负责施工管理和合同履行的代表。他代表承包人负责工程施工的组织、实施。承包人施工质量、进度管理方面的好坏,与项目经理的水平、能力、工作热情有很大的关系,一般都应当在投标书中明确项目经理并作为评标的一项内容。项目经理的姓名、职务应当在专用合同条款内写明。

承包人如需更换项目经理,应至少提前 7 d 以书面形式通知发包人,并征得发包人同意。后任继续行使合同文件约定的前任的职权,履行前任的义务,不得更改前任做出的书面承诺,因为前任项目经理的书面承诺是代表承包人的,项目经理的易人并不意味着合同主体的变更,双方都应当履行各自的义务。发包人可以与承包人协商,建议更换其认为不称职的项目经理。

(2)项目经理的职权。项目经理有权代表承包人向发包人提出要求和通知。承包人依据合同发出的通知,以书面形式由项目经理签字后送交工程师,工程师在回执上签署姓名和收到时间后生效。

项目经理按照发包人认可的施工组织设计(施工方案)和工程师依据合同发出的指令组织施工。在情况紧急且无法与工程师联系的情况下,应当采取保证人员生命和工程、财产安全的紧急措施,并在采取措施后 48 h 内向工程师送交报告。若责任在发包人或第三人,由发包人承担由此发生的追加合同价款,相应顺延工期;若责任在承包人,由承包人承担费用,不顺延工期。

3. 发包人工作

发包人按照专用条款约定的内容和时间分阶段或一次完成以下工作:

(1)办理土地征用、拆迁补偿、平整施工场地等工作,使施工场地具备施工条件,在开工后继续负责解决以上事项遗留问题。在专用合同条款中应该写明施工场地具备施工条件的要求及完成的时间。如土地的征用应写明征用的面积、批准的手续;房屋的搬迁和坟地的迁移应写明搬迁和迁移的数量,搬迁后的拆除、迁移后的回填及清理;各种障碍应当写明名称、数量、清除的距离等具体内容;写明施工场地的面积和应达到的平整程度等要求;写明拆除和迁移的当事人以后提出异议或要求赔偿、施工中发现有约定的障碍尚未清除等情况时应当由谁处理，费用如何承担。

（2）将施工所需水、电、电信线路从施工场地外部接至专用合同条款约定地点，以保证施工期间的需要。在专用合同条款中，应当写明将施工所需的水、电、电信线路接至施工场地的时间、地点和供应要求。如上、下水管应在何时接至何处，每天应当保证供应的数量、水的标准，不能全天供应的要写明供应的时间；供电线路应当在何时接至何处，供电的电压，是否需要安装变压器及变压器的规格、数量，不能保证连续供应的，应当写明供应的日期和时间。

（3）开通施工场地与城乡公共道路的通道，以及专用合同条款约定的施工场地内的主要道路，以满足施工运输的需要，保证施工期间的畅通。在专用合同条款中应当写明施工场地与公共道路的通道开通时间和要求。如写明发包人负责开通的道路的起止地点、开通的时间、路面的规格和要求、维护工作的内容，不能保证全天通行的，要写明通行的时间。

（4）向承包人提供施工场地的工程地质和地下管线资料，对资料的真实准确性负责。在专用合同条款中，应该写明工程地质和地下管线资料的提供时间和要求。如水文资料的年代、地质资料、深度等。

（5）办理施工许可证及其他施工所需证件、批件和临时用地、停水、停电、中断道路交通、爆破作业等的申请批准手续（证明承包人自身资质的证件除外）。在专用合同条款中，应当写明由发包人办理的施工所需证件、批件的名称和完成时间，其时间可以是绝对的年、月、日，也可以是相对的时间，如在某项工作开始几天之前完成。

（6）确定水准点与坐标控制点，以书面形式交给承包人，进行现场交验。在专用合同条款中，应当写明水准点与坐标控制点交验要求。

（7）组织承包人和设计单位（指发包人委托的负责本工程设计并取得相应工程设计资质等级证书的单位）进行图纸会审和设计交底。在专用条款中，应当写明图纸会审和设计交底时间。不能确定准确时间，应写明相对时间，如发包人发布开工令前多少天。

（8）协调处理施工场地周围地下管线和邻近建筑物、构筑物（包括文物保护建筑）、古树名木的保护工作，承担有关费用。在专用合同条款中，应当写明施工场地周围建筑物和地下管线的保护要求。

（9）发包人应做的其他工作，双方在专用合同条款内约定。

发包人可以将上述部分工作委托承包人办理，具体内容由双方在专用合同条款内约定，其费用由发包人承担。发包人未能履行以上各项义务，导致工期延误或给承包人造成损失的，赔偿承包人的有关损失，延误的工期相应顺延。

按具体工程和实际情况，在专用合同条款中逐款列出各项工作的名称、内容、完成时间和要求，实际存在而通用合同条款未列入的，要对条款或内容予以补充。双方协议将本条中发包人工作部分或全部交承包人完成时，应当写明对通用合同条款的修改内容，发包人应当支付费用的金额和计算方法，还应当写明发包人不能按照专用合同条款要求完成有关工作时，应当支付的费用金额和赔偿承包人损失的范围及计算方法。

4. 承包人工作

承包人按专用合同条款约定的内容和时间完成以下工作：

(1)根据发包人委托，在其设计资质等级和业务允许的范围内，完成施工图设计或与工程配套的设计，经工程师确认后使用，发包人承担由此发生的费用。

(2)需由设计资质等级和业务范围允许的承包人完成的设计文件提交时间。发包人如委托承包人完成工程施工图及配套设计，本款写明设计的名称、内容、要求、完成时间和设计费用计算方法。

(3)向工程师提供年、季、月度工程进度计划及相应进度统计报表。在专用合同条款中，应当写明应提供计划、报表的名称及完成时间。

(4)根据工程需要，提供和维修非夜间施工使用的照明、围栏设施，并负责安全保卫。在专用合同条款中应该写明：承担施工安全保卫工作及非夜间施工照明的责任和要求。

(5)按照专用合同条款约定的数量和要求，向发包人提供施工场地办公和生活的房屋及设施，发包人承担由此发生的费用。在专用合同条款中，应当写明向发包人提供的办公和生活房屋及设施的要求。如提供的现场办公生活用房的间数、面积、规格和要求，各种设施的名称、数量、规格型号及提供的时间和要求，发生费用的金额及费用承担者。

(6)遵守政府有关主管部门对施工场地交通、施工噪声以及环境保护和安全生产等的管理规定，按规定办理有关手续并以书面形式通知发包人，发包人承担由此发生的费用，因承包人责任造成的罚款除外。在专用合同条款中，应当写明需承包人办理的有关施工场地交通、环卫和施工噪声管理等手续。写明地方政府、有关部门和发包人对本款内容的具体要求，如在什么时间、什么地段、哪种型号的车辆不能行驶或行驶的规定，在什么时间不能进行哪些施工，施工噪声不得超过多少分贝。

(7)已竣工工程未交付发包人之前，承包人按专用合同条款约定负责已完工程的保护工作，保护期间发生损坏，承包人自费予以修复。发包人要求承包人采取特殊措施保护的工程部位和相应的追加合同条款，双方在专用合同条款内约定。在专用合同条款中应当写明已完工程成品保护的特殊要求及费用承担。

(8)按专用合同条款约定做好施工场地地下管线和邻近建筑物、构筑物(包括文物保护建筑)、古树名木的保护工作。在专用合同条款中，应当写明施工场地周围地下管线和邻近建筑物、构筑物(含文物保护建筑)、古树名木的保护要求及费用承担。

(9)保证施工场地清洁符合环境卫生管理的有关规定。交工前清理现场达到专用合同条款约定的要求，承担因自身原因违反有关规定造成的损失和罚款。合同签订后颁发的规定和非承包人原因造成的损失和罚款除外。在专用合同条款中，应当写明施工场地清洁卫生的要求。如对施工现场布置、机械材料的放置、施工垃圾处理等场容卫生的具体要求，交工前对建筑物的清洁和施工现场清理的要求。

(10)承包人应做的其他工作，双方在专用合同条款内约定。

承包人未能履行上述各项义务，造成发包人损失的，赔偿发包人有关损失。

在专用合同条款中应该写明：按照具体工程和实际情况，逐款列出各项工作的名称、内容、完成时间和要求，实际需要而通用合同条款未列的，要对条款和内容予以补充。本条工作发包人不在签订专用合同条款时写明，但在施工中提出要求，征得承包人同意后双方订立协议，可以作为专用合同条款的补充。本条还应当写明承包人不能够按照合同要求完成有关工作应当赔偿发包人损失的范围和计算方法。

15.2.4.2 施工合同的进度控制条款

进度控制是施工合同管理的重要组成部分。施工合同的进度控制可以分为施工准备阶段、施工阶段和竣工验收阶段的进度控制。

1. 施工准备阶段的进度控制

(1)合同工期的约定。工期指发包人和承包人在协议书中约定，按照总日历天数(包括法定节假日)计算的承包天数。合同工期是施工的工程从开工起到完成专用合同条款约定的全部内容，工程达到竣工验收标准所经历的时间。

承发包双方必须在协议书中明确约定工期，包括开工日期和竣工日期。开工日期指发包人和承包人在协议书中约定，承包人开始施工的绝对或相对的日期。竣工日期指发包人和承包人在协议书中约定，承包人完成承包范围内工程的绝对或相对的日期。工程竣工验收通过，实际竣工日期为承包人送交竣工验收报告的日期；工程按照发包人要求修改后通过竣工验收的，实际竣工日期为承包人修改后提请发包人验收的日期。合同当事人应当在开工日期前做好一切开工的准备工作，承包人则应当按照约定的开工日期开工。

对于群体工程，双方应在合同附件中具体约定不同单位工程的开工日期和竣工日期。对于大型、复杂工程项目，除约定整个工程的开工日期、竣工日期和合同工期的总日历天数外，还应当约定重要里程碑事件的开工与竣工日期，以确保工期总目标的顺利实现。

(2)进度计划。承包人应按照专用合同条款约定的日期，将施工组织设计和工程进度计划提交工程师，工程师按专用合同条款约定的时间予以确认或提出修改意见，逾期不确认也不提出书面意见的，则视为已经同意。群体工程中单位工程分期进行施工的，承包人应当按照发包人提供图纸及有关资料的时间，按单位工程编制进度计划，其具体内容在专用合同条款中约定，分别向工程师提交。

工程师对进度计划予以确认或者提出修改意见，并不免除承包人施工组织设计和工程进度计划本身的缺陷所应承担的责任。工程师对进度计划予以确认的主要目的，是为工程师对进度进行控制提供依据。

(3)其他准备工作。在开工前，合同双方还应当做好其他各项准备工作，如发包人应当按照专用合同条款的约定使施工场地具备施工条件、开通公共道路，承包人应当做好施工人员和设备的调配工作，按照合同规定完成材料设备的采购等。

工程师需要做好水准点与坐标控制点的交验，按时提供标准、规范。为了能够按时向承包人提供设计图纸，工程师需要做好协调工作，组织图纸会审和设计交底等。

(4)开工及延期开工。

1)承包人要求的延期开工。承包人应当按照协议书约定的开工日期开始施工。若承包人不能按时开工，应当在协议书约定的开工日期前7 d内以书面形式向工程师提出延期开工的理由和要求。工程师应当在接到延期开工申请后的48 h内以书面形式答复承包人。工程师在接到申请后48 h内不答复，视为已同意承包人要求，工期相应顺延。如果工程师不同意延期要求或承包人未在规定时间内提出延期开工要求，工期不予顺延。

2)发包人原因的延期开工。由于发包人原因不能按照协议书约定的开工日期开工，工程师应当以书面形式通知承包人，推迟开工日期。承包人对延期开工的通知没有否决权，但发包人应当赔偿承包人因此造成的损失，并相应顺延工期。

2. 施工阶段的进度控制

（1）工程师对进度计划的检查与监督。开工后，承包人必须按照工程师确认的进度计划组织施工，接受工程师对进度的检查、监督，检查、监督的依据一般是双方已经确认的月度进度计划。一般情况下，工程师每月检查一次承包人的进度计划执行情况，由承包人提交一份上月进度计划实际执行情况和本月的施工计划。同时，工程师还应当进行必要的现场实地检查。

工程实际进度与经确认的进度计划不符时，承包人应当按照工程师的要求提出改进措施，经工程师确认后执行。但是，对于因承包人自身的原因导致实际进度与进度计划不符时，所有的后果都应当由承包人自行承担，承包人无权就改进措施追加合同价款，工程师也不对改进措施的效果负责。如果采用改进措施后，经过一段时间工程实际进展赶上了进度计划，则仍然可以按照原进度计划执行。如果采用改进措施一段时间后，工程实际进展仍明显与进度计划不符，则工程师可以要求承包人修改原进度计划，并经工程师确认后执行。但是，这种确认并不是工程师对工程延期的批准，而仅仅是要求承包人在合理的状态下施工。因此，如果承包人按照修改后的进度计划施工不能按期竣工的，承包人仍然应当承担相应的违约责任。

工程师应当随时了解施工进度计划执行过程中所存在的问题，并帮助承包人予以解决，特别是承包人无力解决的内外关系协调问题。

（2）暂停施工。

1）工程师要求的暂停施工。工程师认为确有必要暂停施工时，应当以书面形式要求承包人暂停施工，并在提出要求后 48 h 内提出书面处理意见。承包人应当按照工程师要求停止施工，并妥善保护已完工程。承包人实施工程师做出的处理意见后，可以书面形式提出复工要求，工程师应当在 48 h 内给予答复。工程师未能在规定时间内提出处理意见，或收到承包人复工要求后 48 h 内未予答复，承包人可自行复工。

因发包人原因造成停工的，由发包人承担所发生的追加合同价款，赔偿承包人由此造成的损失，相应顺延工期；因承包人原因造成停工的，由承包人承担发生的费用，工期不予顺延。因工程师不及时做出答复，导致承包人无法复工的，由发包人承担违约责任。

2）因发包人违约导致承包人的主动暂停施工。当发包人出现某些违约情况时，承包人可以暂停施工，这是合同赋予的承包人保护自身权益的有效措施。如发包人不按照合同约定及时向承包人支付工程预付款、发包人不按照合同约定及时向承包人支付工程进度款且双方未达成延期付款协议，在承包人发出要求付款通知后仍不付款的，经过一段时间后，承包人均可以暂停施工。这时，发包人应当承担相应的违约责任。出现这种情况时，工程师应当尽量督促发包人履行合同，以求减少双方的损失。

3）意外事件导致的暂停施工。在施工过程中出现一些意外情况，如果需要承包人暂停施工的，承包人则应当暂停施工。此时工期是否给予顺延，应视风险责任应由谁承担而确定。如发现有价值的文物、发生不可抗力事件等，风险责任应由发包人承担，故应给予承包人顺延工期。

(3)工程设计变更。工程师在其可能的范围内应当尽量减少设计变更,以避免影响工期。如果必须对设计进行变更,应当严格按照国家的规定和合同约定的程序进行。

1)发包人对原设计进行变更。施工中发包人如果需要对原工程设计进行变更,应提前14 d以书面形式向承包人发出变更通知。变更超过原设计标准或者批准的建设规模时,发包人应当报规划管理部门和其他有关部门重新审查批准,并由原设计单位提供变更的相应的图纸和说明。承包人按照工程师发出的变更通知及有关要求,进行下列需要的变更:

①更改工程有关部分的标高、基线、位置和尺寸;

②增减合同中约定的工程量;

③改变有关工程的施工时间和顺序;

④其他有关工程变更需要的附加工作。

由于发包人对原设计进行变更,导致合同价款的增减及造成的承包人损失,由发包人承担,延误的工期相应顺延。

合同履行中发包人要求变更工程质量标准及发生其他实质性变更,由双方协商解决。

2)承包人要求对原设计进行变更。承包人应当严格按照图纸施工,不得对原工程设计进行变更。因承包人擅自变更设计发生的费用和由此导致发包人的直接损失,由承包人承担,延误的工期不予顺延。承包人在施工中提出的合理化建议涉及对设计图纸或施工组织设计的更改及对材料、设备的换用,须经工程师同意。工程师同意变更后,也须取得有关主管部门的批准,并由原设计单位提供相应的变更图纸和说明。未经同意擅自更改或换用时,承包人承担由此发生的费用并赔偿发包人的有关损失,延误的工期不予顺延。工程师同意采用承包人的合理化建议,所发生的费用和获得的收益,发包人承包人另行约定分担或分享。

(4)工期延误。承包人应当按照合同工期完成工程施工,如果由于其自身原因造成工期延误,则应承担违约责任。但因以下原因造成工期延误的,经工程师确认,工期相应顺延:

1)发包人未能按照专用合同条款的约定提供图纸及开工条件;

2)发包人未能按照约定日期支付工程预付款、进度款,致使施工不能正常进行;

3)工程师未按合同约定提供所需指令、批准等,致使施工不能正常进行;

4)设计变更和工程量增加;

5)一周内非承包人原因停水、停电、停气造成停工累计超过8 h;

6)不可抗力;

7)专用合同条款中约定或工程师同意工期顺延的其他情况。

上述这些情况工期可以顺延的原因是:这些情况属于发包人违约或者是应当由发包人承担的风险。

承包人在以上情况发生后14 d内,就延误的工期以书面形式向工程师提出报告,工程师在收到报告后14 d内予以确认,逾期不予确认也不提出修改意见,视为同意顺延工期。

工程师确认的工期顺延期限应当是事件造成的合理延误,由工程师根据发生事件的具体情况和工期定额、合同等的规定确认。经工程师确认的顺延工期应纳入合同总工期,如果承包人不同意工程师的确认结果,则可以按照合同约定的争议解决方式处理。

3. 竣工验收阶段的进度控制

在竣工验收阶段,工程师进度控制的任务是督促承包人完成工程扫尾工作,协调竣工验收中的各方关系,参加竣工验收。

(1)竣工验收的程序。承包人必须按照协议书约定的竣工日期或者工程师同意顺延的工期竣工。因承包人原因不能按照协议书约定的竣工日期或者工程师同意顺延的工期竣工的,承包人应当承担违约责任。

1)承包人提交竣工验收报告:当工程按照合同要求全部完成,具备竣工验收条件后,承包人按国家工程竣工验收的有关规定,向发包人提供完整的竣工资料和竣工验收报告。双方约定由承包人提供竣工图的,承包人应当按照专用合同条款内约定的日期和份数向发包人提交竣工图。

2)发包人组织验收:发包人收到竣工验收报告后28 d内组织有关单位验收,并在验收后14 d内给予认可或提出修改意见,承包人应当按要求进行修改,并承担由自身原因造成修改的费用。中间交工工程的范围和竣工时间,由双方在专用合同条款内约定。验收程序同上。

3)发包人不能按时组织验收:发包人收到承包人送交的竣工验收报告后28 d内不组织验收,或者在验收后14 d内不提出修改意见,则视为竣工验收报告已经被认可。发包人收到承包人竣工验收报告后28 d内不组织验收,从第29 d起承担工程保管及一切意外责任。

(2)提前竣工。施工中发包人如需提前竣工,双方协商一致后应签订提前竣工协议,作为合同文件组成部分。提前竣工协议应包括以下几点:

1)要求提前的时间;

2)承包人采取的赶工措施;

3)发包人为提前竣工提供的条件;

4)承包人为保证工程质量和安全采取的措施;

5)提前竣工所需的追加合同价款等。

例如,某土建工程项目,经计算定额工期为1 080 d,实际合同工期为661 d,合同金额为4 320万元。合同规定,土建工程工期提前30%以内的,按照土建合同总额的2%计算赶工措施费;如再提前,每天应当按照其合同总额的万分之四加付工期奖,两项费用在签订合同时一次定死。两项费用计算如下:

工期提前30%时的工期=1 080×(1−30%)=756(d)

实际合同工期=661 d

赶工措施费=4 320×2%=86.4(万元)

工期奖=(756−661)×4 320×4/10 000=164.16(万元)

两项合计=250.56万元

合同还规定,如果承包人未按照合同工期完成,除取消全部的提前工期奖,退还全部赶工措施费外,每延误1天,承包人支付违约罚金为合同总额的万分之四(即17 280元/d)。另外,合同还规定了上述两项费用的支付办法(略)。

(3)甩项工程。由于特殊原因,发包人要求部分单位工程或工程部位须甩项竣工时,双方应当另行订立甩项竣工协议,明确双方责任和工程价款的支付办法。

15.2.4.3 施工合同的质量控制条款

工程施工中的质量控制是合同履行中的重要环节。施工合同的质量控制涉及许多方面的因素,任何一个方面的缺陷和疏漏,都会使工程质量无法达到预期的标准。承包人应当按照合同约定的标准、规范、图纸、质量等级以及工程师发布的指令认真施工,并达到合同约定的质量等级。在施工过程中,承包人要随时接受工程师对材料、设备、中间部位、隐蔽工程、竣工工程等质量的检查、验收与监督。

1. 工程质量标准

工程质量应当达到协议书约定的质量标准,质量标准的评定以国家或专业的质量检验评定标准为依据。因承包人原因工程质量达不到约定的质量标准,由承包人承担违约责任。发包人对部分或全部工程质量有特殊要求的,应支付由此增加的追加合同价款(在专用条款中写明计算方法),对工期有影响的应当给予相应顺延。

双方对工程质量有争议,由双方同意的工程质量检测机构鉴定,所需费用及因此造成的损失,由责任方承担。如双方均有责任,则由双方根据其责任分别承担。

2. 检查和返工

在工程施工过程中,工程师及其委派人员对工程的检查检验,是一项日常工作和重要职能。承包人应当认真按照标准、规范和设计图纸要求以及工程师依据合同发出的指令施工,随时接受工程师的检查检验,为检查检验提供便利条件。工程质量达不到约定标准的部分,工程师一经发现,应当要求承包人拆除和重新施工,承包人应当按照工程师的要求拆除和重新施工,直到符合约定标准。因承包人原因达不到约定标准的,由承包人承担拆除和重新施工的费用,工期不予顺延。

工程师的检查检验应不影响施工正常进行,如影响施工正常进行,检查检验不合格时,影响正常施工的费用由承包人承担。除此之外,影响正常施工的追加合同价款由发包人承担,相应顺延工期。

因工程师指令失误或其他非承包人原因发生的追加合同价款,由发包人承担。以上检查检验合格后,又发现由承包人原因引起的质量问题,仍由承包人承担责任和发生的费用,赔偿发包人的直接损失,工期不予顺延。

3. 隐蔽工程和中间验收

由于隐蔽工程在施工中一旦完成隐蔽,很难再对其进行质量检查(这种检查成本很高),因此必须在隐蔽前进行检查验收。对于中间验收,双方可在专用合同条款中约定验收的单项工程和部位的名称、验收的时间、操作程序和要求,以及发包人应该提供的便利条件等。

工程具备隐蔽条件或达到专用条款约定的中间验收部位,承包人进行自检,并在隐蔽或中间验收前 48 h 以书面形式通知工程师验收。通知包括隐蔽和中间验收的内容、验收时间和地点。承包人准备验收记录,验收合格,工程师在验收记录上签字后,承包人方可进行隐蔽和继续施工。验收不合格,承包人在工程师限定的时间内修改后重新验收。

如工程师不能按时进行验收,应当在验收前 24 h 以书面形式向承包人提出延期要求,延期不能超过 48 h。工程师未能按照以上时间提出延期要求,不进行验收,承包人可以自

· 183 ·

行组织验收，工程师应当承认验收记录。经工程师验收，工程质量符合标准、规范和设计图纸等的要求，验收 24 h 后，工程师不在验收记录上签字，视为工程师已经认可验收记录，承包人可以进行隐蔽或继续施工。

4. 重新检验

无论工程师是否进行验收，当其提出对已经隐蔽的工程重新检验的要求时，承包人应当按照要求剥离或开孔，并在检验后重新覆盖或修复。如检验合格，发包人承担由此发生的全部追加合同价款，赔偿承包人损失并相应顺延工期。如检验不合格，承包人承担发生的全部费用，工期不予顺延。

5. 工程试车

双方约定需要试车的，应当组织试车。试车内容应当与承包人承包的安装范围相一致。

(1)单机无负荷试车：设备安装工程具备单机无负荷试车条件，由承包人组织试车，并在试车前 48 h 以书面形式通知工程师。通知包括试车内容、时间、地点。承包人准备试车记录。发包人根据承包人要求为试车提供必要条件。试车合格，工程师在试车记录上签字。只有单机试运转达到规定要求，才能进行联试。工程师不能按时参加试车，须在开始试车前 24 h 以书面形式向承包人提出延期要求，延期不能超过 48 h。如工程师未能按以上时间提出延期要求，不参加试车，承包人可以自行组织试车，工程师应当承认试车记录。

(2)联动无负荷试车：设备安装工程具备无负荷联动试车条件，发包人组织试车，并在试车前 48 h 以书面形式通知承包人。通知包括试车内容、时间、地点和对承包人的要求。承包人按照要求做好准备工作。试车合格，双方在试车记录上签字。

(3)投料试车：投料试车应在工程竣工验收后由发包人负责。如发包人要求在工程竣工验收前进行或需要承包人配合时，应当征得承包人同意，双方另行签订补充协议。

双方责任如下所述：

(1)由于设计原因试车达不到验收要求，发包人应当要求设计单位修改设计，承包人按照修改后的设计重新安装。发包人承担修改设计、拆除及重新安装的全部费用和追加合同价款，工期相应顺延。

(2)由于设备制造原因试车达不到验收要求，由该设备采购一方负责重新购置或修理，承包人负责拆除和重新安装。设备由承包人采购的，由承包人承担修理或重新购置、拆除及重新安装的费用，工期不予顺延；设备由发包人采购的，发包人承担上述各项追加合同价款，工期相应顺延。

(3)由于承包人施工原因试车达不到验收要求，承包人按照工程师要求重新安装和试车，并承担重新安装和试车的费用，工期不予顺延。

(4)试车费用除已包括在合同价款之内或专用合同条款另有约定外，均由发包人承担。

(5)工程师在试车合格后不在试车记录上签字，试车结束 24 h 后，视为工程师已经认可试车记录，承包人可以继续施工或办理竣工手续。

6. 竣工验收

竣工验收是全面考核建设工作、检查是否符合设计要求和工程质量的重要环节。工程未经竣工验收或竣工验收未通过的，发包人不得使用。发包人强行使用时，由此发生的质量问题及其他问题,由发包人承担责任。但在此情况下,发包人主要是对强行使用直接产生的质量问题和其他问题承担责任,不能免除承包人对工程的保修等责任。

《中华人民共和国建筑法》第58条规定:"建筑施工企业对工程的施工质量负责。"第60条规定:"建筑物在合理使用寿命内,必须确保地基基础工程和主体结构的质量。建筑工程竣工时,屋顶墙面不得留有渗漏、开裂等施工缺陷,对已发现的质量缺陷,建筑施工企业应当修复。"

7. 质量保修

承包人应当按照法律、行政法规或国家关于工程质量保修的有关规定,对交付发包人使用的工程在质量保修期内承担质量保修责任。建设工程办理交工验收手续后,在规定的期限内,因勘察、设计、施工、材料等原因造成的质量缺陷,应当由施工单位负责维修。质量缺陷是指工程不符合国家或行业现行的有关技术标准、设计文件以及合同中对质量的要求。

承包人应当在工程竣工验收之前,与发包人签订质量保修书,作为合同附件,质量保修书的主要内容包括:

(1)工程质量保修范围和内容。质量保修范围包括地基基础工程、主体结构工程、屋面防水工程和双方约定的其他土建工程,以及电气管线、上下水管线的安装工程,供热、供冷系统工程等项目。具体质量保修内容由双方约定。

(2)质量保修期。质量保修期从工程实际竣工之日算起。分单项竣工验收的工程,按照单项工程分别计算质量保修期。

(3)质量保修责任。

1)属于保修范围和内容的项目,承包人应当在接到修理通知之日后7 d内派人修理。承包人不在约定期限内派人修理,发包人可委托其他人员修理,保修费用从质量保修金内扣除。

2)发生须紧急抢修事故(如上水跑水、暖气漏水漏气、燃气漏气等),承包人接到事故通知后,应立即到达事故现场抢修。非承包人施工质量引起的事故,抢修费用由发包人承担。

3)在国家规定的工程合理使用期限内,承包人确保地基基础工程和主体结构的质量。因承包人原因致使工程在合理使用期限内造成人身和财产损害的,承包人应承担损害赔偿责任。

(4)质量保修金的支付方法等。

8. 材料设备供应的质量控制

(1)发包人供应材料设备。实行发包人供应材料设备的,双方应当约定发包人供应材料设备的一览表,作为合同的附件。一览表应包括发包人供应材料设备的品种、规格、型号、数量、单价、质量等级、提供时间和地点。发包人应当按照一览表约定的内容提供材料设备,并向承包人提供产品合格证明,对其质量负责。发包人在所供材料设备到货前24 h,以书面形式通知承包人,由承包人派人与发包人共同清点。

发包人供应的材料设备,承包人派人参加清点后由承包人妥善保管,发包人支付相应保管费用。因承包人原因发生丢失损坏，由承包人负责赔偿。发包人未通知承包人清点，承包人不负责材料设备的保管，丢失损坏由发包人负责。

如果发包人供应的材料设备与一览表不符时，发包人应当承担有关责任。发包人应当承担责任的具体内容，双方可以根据以下情况在专用合同条款内约定：

1）材料设备单价与一览表不符，由发包人承担所有价差。

2）材料设备的品种、规格、型号、质量等级与一览表不符，承包人可以拒绝接收保管，由发包人运出施工场地并重新采购。

3）发包人供应的材料规格、型号与一览表不符，经发包人同意，承包人可以代为调剂串换，由发包人承担相应费用。

4）到货地点与一览表不符，由发包人负责运至一览表指定地点。

5）供应数量少于一览表约定的数量时，由发包人补齐。多于一览表约定数量时，发包人负责将多余部分运出施工场地。

6）到货时间早于一览表约定时间，由发包人承担因此发生的保管费用。到货时间迟于一览表约定的供应时间，发包人赔偿由此造成的承包人损失。造成工期延误的，相应顺延工期。

发包人供应的材料设备使用前，由承包人负责检验或试验，不合格的不得使用，检验或试验费用由发包人承担。发包人供应材料设备的结算方法，双方在专用合同条款内约定。

（2）承包人采购材料设备。承包人负责采购材料设备的，应当按照专用合同条款约定及设计和有关标准要求采购，并提供产品合格证明，对材料设备质量负责。承包人在材料设备到货前 24 h 通知工程师清点。承包人采购的材料设备与设计或标准要求不符时，承包人应当按照工程师要求的时间运出施工场地，重新采购符合要求的产品，并承担由此发生的费用，由此延误的工期不予顺延。

承包人采购的材料设备在使用前，承包人应按工程师的要求进行检验或试验，不合格的不得使用，检验或试验费用由承包人承担。工程师发现承包人采购并使用不符合设计或标准要求的材料设备时，应要求由承包人负责修复、拆除或重新采购，并承担发生的费用，由此延误的工期不予顺延。

根据工程需要，承包人需要使用代用材料时，应经工程师认可后才能使用，由此增减的合同价款双方以书面形式议定。由承包人采购的材料设备，发包人不得指定生产厂或供应商。

15.2.4.4 施工合同的投资控制条款

1. 施工合同价款及调整

施工合同价款指发包人、承包人在协议书中约定，发包人用以支付承包人按照合同约定完成承包范围内全部工程并承担质量保修责任的款项。招标工程的合同价款由发包人和承包人依据中标通知书中的中标价格在协议书内约定。非招标工程的合同价款由发包人和承包人依据工程预算书在协议书内约定。合同价款在协议书内约定后，任何一方不得擅自改变。下列三种确定合同价款的方式，双方可以在专用合同条款内约定采用其中一种：

（1）固定价格合同：双方在专用合同条款内约定合同价款包含的风险范围和风险费用的

计算方法,在约定的风险范围内合同价款不再调整。风险范围以外的合同价款调整方法,应当在专用合同条款内约定。如果发包人对施工期间可能出现的价格变动采取一次性付给承包人一笔风险补偿费用办法的,可以在专用合同条款内写明补偿的金额和比例,写明补偿后是全部不予调整还是部分不予调整,以及可以调整项目的名称。

(2)可调价格合同:合同价款可以根据双方的约定而调整,双方在专用合同条款内约定合同价款的调整方法。可调价格合同中合同价款的调整因素包括以下几点:

1)法律、行政法规和国家有关政策变化影响合同价款;

2)工程造价管理部门(指国务院有关部门、县级以上人民政府建设行政主管部门或其委托的工程造价管理机构)公布的价格调整;

3)一周内非承包人原因停水、停电、停气造成停工累计超过 8 h;

4)双方约定的其他因素。

此时,双方在专用合同条款中可写明调整的范围和条件,除材料费外是否包括机械费、人工费、管理费等,对通用合同条款中所列出的调整因素是否还有补充,如对工程量增减和工程变更的数量有限制的,还应当写明限制的数量、调整的依据;写明是哪一级工程造价管理部门公布的价格调整文件;写明调整的方法、程序,承包人提出调价通知的时间,工程师批准和支付的时间等。

承包人应当在上述情况发生后 14 d 内,将调整原因、金额以书面形式通知工程师,工程师确认调整金额后作为追加合同价款,与工程款同期支付。工程师收到承包人通知后 14 d 内不予确认也不提出修改意见,视为已经同意该项调整。

(3)成本加酬金合同:合同价款包括成本和酬金两部分,双方在专用合同条款内约定成本构成和酬金的计算方法。

2. 工程预付款

预付款是在工程开工前发包人预先支付给承包人用来进行工程准备的一笔款项。实行工程预付款的,双方应当在专用合同条款内约定发包人向承包人预付工程款的时间和数额,开工后按照约定的时间和比例逐次扣回。预付时间应不迟于约定的开工日期前 7 d。发包人不按照约定预付,承包人在约定预付时间 7 d 后向发包人发出要求预付的通知,发包人收到通知后仍不能按要求预付,承包人可以在发出通知后 7 d 停止施工,发包人应当从约定应付之日起向承包人支付应付款的贷款利息,并承担违约责任。

工程预付款可根据主管部门的规定,双方协商确定后把预付工程款的时间(如于每年的 1 月 15 日前按照预付款额度比例支付)、金额或占合同价款总额的比例(如为合同额的 5%～15%)、方法(如根据承包人的年度承包工作量)和扣回的时间、比例、方法(预付款一般应在工程竣工前全部扣回,可采取当工程进展到某一阶段如完成合同额的 60%～65%时开始起扣,也可从每月的工程付款中扣回)在专用合同条款内写明。如果发包人不预付工程款,在合同价款中可以考虑承包人垫付工程费用的补偿。

3. 工程进度款

(1)工程量的确认。对承包人已完成工程量进行计量、核实与确认,是发包人支付工程款的前提。工程量具体的确认程序如下所述:

1)承包人应当按照专用合同条款约定的时间,向工程师提交已完工程量的报告。

2)工程师接到报告后 7 d 内按设计图纸核实已完工程量(计量),并在计量前 24 h 通知承包人。承包人为计量提供便利条件并派人参加。承包人收到通知后不参加计量,计量结果有效,作为工程价款支付的依据。

3)工程师收到承包人报告后 7 d 内未进行计量,从第 8 d 起,承包人报告中开列的工程量即视为已被确认,作为工程价款支付的依据。

4)工程师不按照约定时间通知承包人,致使承包人未能参加计量,计量结果无效。

5)对承包人超出设计图纸范围和因承包人原因造成返工的工程量,工程师不予计量。

(2)工程款(进度款)结算方式。

1)按月结算:这是国内外常见的一种工程款支付方式,一般在每个月末,承包人提交已完工程量报告,经工程师审查确认,签发月度付款证书后,由发包人按照合同约定的时间支付工程款。

2)按形象进度分段结算:这是国内一种常见的工程款支付方式,实际上是按工程形象进度分段结算。当承包人完成合同约定的工程形象进度时,承包人提出已完工程量报告,经工程师审查确认,签发付款证书后,由发包人按合同约定的时间付款。如专用合同条款中可以约定:当承包人完成基础工程施工时,发包人支付合同价款的 20%,完成主体结构工程施工时,支付合同价款的 50%,完成装饰工程施工时,支付合同价款的 15%,工程竣工验收通过后,再支付合同价款的 10%,其余 5% 作为工程保修金,在保修期满后返还给承包人。

3)竣工后一次性结算:当工程项目工期较短或合同价格较低,可以采用工程价款每月月中预支、竣工后一次性结算的方法。

4)其他结算方式:结算双方可以在专用合同条款中约定采用并经开户银行同意的其他结算方式。

(3)工程款(进度款)支付的程序和责任。在确认计量结果后 14 d 内,发包人应当向承包人支付工程款(进度款)。同期用于工程的发包人供应的材料设备价款、按照约定时间发包人应当扣回的预付款,与工程款(进度款)同期结算。合同价款调整、工程师确认增加的工程变更价款及追加的合同价款、发包人或工程师同意确认的工程索赔款等,也应当与工程款(进度款)同期调整支付。

发包人超过约定的支付时间不支付工程款(进度款),承包人可向发包人发出要求付款的通知,发包人收到承包人通知后仍不能按要求付款,可以与承包人协商签订延期付款协议,经承包人同意后可延期支付。协议应当明确延期支付的时间和从计量结果确认后第 15 d 起计算应当付款的贷款利息。如发包人不按照合同约定支付工程款(进度款),双方又未达成延期付款协议,导致施工无法进行,承包人可停止施工,由发包人承担违约责任。

4. 变更价款的确定

承包人在工程变更确定后 14 d 内,提出变更工程价款的报告,经工程师确认后调整合同价款。变更合同价款按照下列方法进行:

(1)合同中已有适用于变更工程的价格,按照合同已有的价格计算变更合同价款;

(2)合同中只有类似于变更工程的价格,可以参照类似价格变更合同价款;

(3)合同中没有适用或类似于变更工程的价格,由承包人提出适当的变更价格,经工程师确认后执行。

承包人在双方确定变更后14 d内不向工程师提出变更工程价款的报告时,视为该项变更不涉及合同价款的变更。工程师应当在收到变更工程价款报告之日起14 d内予以确认,工程师无正当理由不确认时,自变更工程价款报告送达之日起14 d后视为变更工程价款报告已被确认。工程师不同意承包人提出的变更价格,按照通用条款约定的争议解决办法处理。

因承包人自身原因导致的工程变更,承包人无权要求追加合同价款。

5. 施工中涉及的其他费用

(1)安全施工。承包人应当遵守工程建设安全生产有关管理规定,严格按照安全标准组织施工,并随时接受行业安全检查人员依法实施的监督检查,采取必要的安全防护措施,消除事故隐患,由于承包人安全措施不力造成事故的责任和因此发生的费用,由承包人承担。

发包人应当对其在施工场地的工作人员进行安全教育,并对他们的安全负责。发包人不得要求承包人违反安全管理的规定施工。由于发包人原因导致的安全事故,由发包人承担相应责任及发生的费用。

承包人在动力设备、输电线路、地下管道、密封防振车间、易燃易爆地段以及临街交通要道附近施工时,施工开始前应向工程师提出安全保护措施,经工程师认可后实施。由发包人承担防护措施费用。

实施爆破作业,在放射、毒害性环境中施工(含储存、运输、使用)及使用毒害性、腐蚀性物品施工时,承包人应当在施工前14 d以书面形式通知工程师,并提出相应的安全防护措施,经工程师认可后实施,由发包人承担安全防护措施费用。

发生重大伤亡及其他安全事故,承包人应当按照有关规定立即上报有关部门并通知工程师。同时,按政府有关部门要求处理,由事故责任方承担发生的费用。双方对事故责任有争议时,应当按照政府有关部门的认定处理。

(2)专利技术及特殊工艺。发包人要求使用专利技术或特殊工艺,应当负责办理相应的申报手续,承担申报、试验、使用等费用。承包人应当按照发包人要求使用,并负责试验等有关工作。承包人提出使用专利技术或特殊工艺,应当取得工程师认可,由承包人负责办理申报手续并承担有关费用。擅自使用专利技术侵犯他人专利权的,责任者依法承担相应责任。

(3)文物和地下障碍物。在施工中发现古墓、古建筑遗址等文物及化石或其他有考古、地质研究等价值的物品时,承包人应当立即保护好现场并于4 h内以书面形式通知工程师,工程师应当于收到书面通知后24 h内报告当地文物管理部门,发包人承包人按照文物管理部门的要求采取妥善保护措施。发包人承担由此发生的费用,延误的工期相应顺延。如发现后隐瞒不报,致使文物遭受破坏,责任者依法承担相应责任。

施工中发现影响施工的地下障碍物时,承包人应当于8 h内以书面形式通知工程师,同时提出处置方案,工程师收到处置方案后24 h内予以认可或提出修正方案。由发包人承担由此发生的费用,延误的工期相应顺延。所发现的地下障碍物有归属单位时,发包人应当报请有关部门协同处置。

6. 竣工结算

(1)竣工结算程序。工程竣工验收报告经发包人认可后28 d内,承包人向发包人递交竣工结算报告及完整的结算资料,双方按照合同协议书约定的合同价款及专用合同条款约定的合同价款调整内容,进行工程竣工结算。发包人收到承包人递交的竣工结算报告及结算资料后28 d内进行核实,并给予确认或者提出修改意见。发包人确认竣工结算报告后,通知经办银行向承包人支付工程竣工结算价款。承包人收到竣工结算价款后14 d内,将竣工工程交付发包人。

(2)竣工结算相关的违约责任。

1)发包人收到竣工结算报告及结算资料后28 d内无正当理由不支付工程竣工结算价款,从第29 d起按承包人同期向银行贷款利率支付拖欠工程价款的利息并承担违约责任。

2)发包人收到竣工结算报告及结算资料后28 d内不支付工程竣工结算价款,承包人可以催告发包人支付结算价款。发包人在收到竣工结算报告及结算资料后56 d内仍不支付的,承包人可以与发包人协议将该工程折价,也可以由承包人申请人民法院将该工程依法拍卖,承包人就该工程折价或者拍卖的价款优先受偿。目前,在建设领域拖欠工程款的情况十分严重,因此承包人采取有力措施来保护自己的合法权利是十分重要的。

3)工程竣工验收报告经发包人认可后28 d内,承包人未能向发包人递交竣工结算报告及完整的结算资料,造成工程竣工结算不能正常进行或工程竣工结算价款不能及时支付,发包人要求交付工程的,承包人应当交付;发包人不要求交付工程的,承包人承担保管责任。

4)承发包双方对工程竣工结算价款发生争议时,按照通用合同条款关于争议的约定处理。

7. 质量保修金

保修金(或称保留金)是发包人在应付承包人工程款内扣留的金额,其目的是约束承包人在竣工后履行竣工义务。有关保修项目、保修期、保修内容、范围、期限及保修金额(一般不超过施工合同价款的3%)等,均应当在工程质量保修书中约定。

保修期满,承包人履行了保修义务,发包人应当在质量保修期满后14 d内结算,将剩余保修金和按照工程质量保修书约定银行利率计算的利息一起返还承包人,不足部分由承包人交付。

15.2.5 建设工程分包合同

近些年,随着我国建筑业的快速发展,建筑行业中分包作为一个重要管理问题逐渐突显出来,我国从司法角度对劳务分包、专业工程分包、转包及违法分包进行了界定。主要有《中华人民共和国合同法》《中华人民共和国建筑法》《建设工程质量管理条例》《建筑业企业资质管理规定》及《关于审理建设工程施工合同纠纷案件适用法律问题的司法解释》(以下简称《司法解释》)等。

15.2.5.1 建设工程分包合同的种类

分包主要分为劳务分包、专业工程分包和转包。

1. 劳务分包

劳务分包是指施工总承包企业或者专业承包单位将其承包工程中的劳务作业发包给具有劳务作业资质的企业完成的行为。"包工包料"是认定劳务分包的关键。在实际的劳务分包中,应当允许有"包工包辅料"存在。而将某项工程打包进行"劳务分包",可以认定为借劳务分包之名,行违法分包之实。另外,当确实需要劳务分包人自己包料和机械设备时,以总承包人的名义与劳务分包人另行签订材料委托采购合同和机械设备租赁合同更为妥当,否则就会出现名为劳务分包合同,实为违法分包合同或者工程转包合同的情形,而后者是违法的,是无效合同。

在劳务分包企业资质标准中,规定了以下13种企业资质:木工作业资质、砌筑作业资质、抹灰作业资质、石制作业资质、油漆作业资质、钢筋作业资质、混凝土作业资质、脚手架作业资质、模板作业资质、焊接作业资质、水暖电安装作业资质、钣金作业资质、架线作业资质。

2. 专业工程分包

专业工程分包是指建筑工程总承包单位根据总承包合同的约定或者经建设单位的允许,将承包工程中的部分工程发包给具有相应资质的分包单位的行为。

具有下列行为之一,可以认定为专业工程违法分包:

(1)分包工程发包人将专业工程或者劳务作业分包给不具备相应资质条件的分包工程承包单位的;

(2)施工总承包合同中未有约定又未经过建设单位认可,分包工程发包人将承包工程中的部分专业工程分包给他人的;

(3)专业工程分包人再次实施分包的;

(4)分包工程承包人没有将其承包的工程进行分包,在施工现场所设项目管理机构的项目负责人、技术负责人、项目核算负责人、质量管理人员、安全管理人员不是工程承包人本单位人员的,视同允许他人以本企业名义承揽工程;

(5)转让、出借企业资质证书或者以其他方式允许他人以本企业名义承揽工程。

另外,对分包的工程还有量的限制,如原交通部颁布的《公路建设市场管理办法》第38条规定:允许分包的工程范围应当在招标文件中规定,分包的工程不得超过总工程量的30%。各项专业工程分包的总量超过承包人合同工程总量的30%的,或者专业工程分包管理费超过30%的(招标文件规定的税费除外),均认定为违法分包。该办法还强调分包工程不得再次分包,凡再次分包也被认定为违法分包。

3. 转包

转包是指承包单位承包建设工程后,不履行合同约定的责任和义务,将其承包的全部建设工程转给他人或者将其承包的全部建设工程肢解以后,以分包的名义分别转给其他单位承包的行为。

承包人具有下列行为的，可以认定为非法转包：

(1)承包人不履行合同约定的责任和义务，将其承包的全部工程转给他人承包的；

(2)承包人将其承包的全部工程肢解后以分包的名义转给他人承包的，俗称化整为零；

(3)承包人将主体结构工程转给他人承包的；

(4)承包方将工程分包给不具备相应资质条件的单位；

(5)承包人将部分专业工程分包后未在施工现场设立项目管理机构和派驻相应人员进行组织管理的。

承包人在实施非法转包时，一般以收取管理费或其他形式等进行谋利，使承包人将工程全部转包或用化整为零的方式分包给子公司或其他单位，即使从中未获取经济利益的，其性质也认定为非法转包。

15.2.5.2 违法分包和挂靠

1. 违法分包

违法分包是指下列行为：

(1)总承包单位将建设工程分包给不具备相应资质条件的单位的；

(2)建设工程总承包合同中未约定又未经建设单位认可，承包单位将其承包的部分建设工程交由其他单位完成的；

(3)施工总承包单位将建设工程主体结构的施工分包给其他单位的；

(4)分包单位将其承包的建设工程再分包的。

2. 挂靠

没有资质的个人、单位或低资质的建筑施工企业向有资质或高资质的建筑施工企业借用资质，以求与建设项目要求相适应，这种行为在法律上被称为"挂靠"。挂靠一般具有以下特点：

(1)挂靠人没有从事建筑活动的主体资格，或者虽有从事建筑活动的资格，但没有具备与建设项目的要求相适应的资质等级；

(2)被挂靠的施工企业具有与建设项目的要求相适应的资质等级证书，但缺乏承揽该工程项目的实际能力；

(3)挂靠人向被挂靠的施工企业交纳一定数额的"管理费"，而该被挂靠的施工企业也只是以企业的名义代为签订合同及办理各项手续，被挂靠的企业收取"管理费"而不实施管理，或者所谓"管理"仅仅停留在形式上，不承担技术、质量、经济责任等；

(4)以"合法"的劳务分包形式来掩盖挂靠行为。挂靠是法律明文禁止的行为，《中华人民共和国建筑法》第26条规定："承包建筑工程的单位应当持有依法取得的资质证书，并在其资质等级许可的业务范围内承揽工程""禁止建筑施工企业以任何形式允许其他单位或者个人使用本企业的资质证书、营业执照，以本企业的名义承揽工程"。最高人民法院《关于审理建设工程施工合同纠纷案件适用法律问题的解释》第4条规定："承包人非法转包、违法分包建设工程或者没有资质的实际施工人借用有资质的建筑施工企业名义与他人签订建设工程施工合同的行为无效。"

15.3 任务实施

请完成××学院教学楼的合同管理工作。

15.4 任务评价

本任务主要讲述合同条款内容。建设工程合同条款包括合同质量、工期、价款和安全管理、竣工验收等相关内容，以及分包和违规承包等内容。

请完成下表：

任务 15　任务评价表

能力目标	知识点	分值	自测分数
能对合同主要条款进行分析和管理	施工合同风险	20	
	施工合同质量、工期、价款和安全管理	10	
	施工合同竣工验收管理	20	
能对分包商进行管理	施工合同分包	30	
	施工合同分包管理	20	

技能实训

一、判断题

1. 建设工程施工合同是建设工程的主要合同，是工程建设质量控制、进度控制、投资控制的主要依据。（　　）
2. 建筑产品的固定性和施工生产的流动性是区别于其他商品的根本特点。（　　）
3. 联合承包时，参加联合的各单位仍是各自独立经营的企业，共同承包的工程项目上各自负责各自责任，无任何关系。（　　）
4. 总承包单位可以将建设工程分包给不具备相应资质条件的单位，但其应加强指导，使其达到规定质量标准。（　　）
5. 劳务分包是指施工总承包企业或者专业承包单位将其承包工程中的劳务作业发包给具有劳务作业资质的企业完成的行为，劳务分包一定不能包料。（　　）
6. 按照规定，挂靠人应当向被挂靠的施工企业交纳一定数额的"管理费"。（　　）
7. 建筑公司转让、出借企业资质证书或者以其他方式允许他人以本企业名义承揽工程

时，应当注意他人的综合实力，防止出现达不到自己资质等级的情况。（　　）

8. 施工合同分为合同协议书、通用合同条款和专用合同条款三部分。（　　）

9. 保修金(或称保留金)是发包人在应当付给承包人工程款内扣留的金额，其目的是约束承包人在竣工后履行竣工义务。（　　）

10. 专业工程分包是指建筑工程总承包单位根据总承包合同的约定或者经建设单位的允许，将承包工程中的部分工程发包给具有相应资质的分包单位的行为。（　　）

二、单选题

1. 下列行为中，不属于分包的是（　　）。
   A. 劳务分包 B. 专业工程分包
   C. 转包　　　D. 整体分包

2. 挂靠人向被挂靠的施工企业交纳一定数额的"管理费"，这种行为属于（　　）行为。
   A. 合法　　　B. 违法
   C. 大体合法　D. 完全合法

3. 工程竣工验收报告经发包人认可后（　　）d内，承包人向发包人递交竣工结算报告及完整的结算资料。
   A. 28　　B. 36　　C. 7　　D. 14

4. 施工中发现影响施工的地下障碍物时，承包人应当于（　　）h内以书面形式通知工程师。
   A. 8　　B. 16　　C. 24　　D. 4

5. 由于承包人安全措施不力造成事故的责任和因此发生的费用，由（　　）承担。
   A. 发包人　B. 事故人　C. 承包人　D. 责任人

三、案例题

1. 某建设单位(甲方)拟建造一栋职工住宅，采用招标方式由某施工单位(乙方)承建。甲乙双方签订的施工合同摘要如下：

(1)合同协议书中的部分条款。

1)工程概况。

工程名称：职工住宅楼

工程地点：市区

工程内容：建筑面积为4 000 m² 的砖混结构住宅楼

2)工程承包范围。

承包范围：某建筑设计院设计的施工图所包括的土建、装饰、水暖电工程。

3)合同工期。

开工日期：2015年3月12日

竣工日期：2015年9月21日

合同工期总日历天数：190天

4)质量标准。

工程质量标准：达到甲方规定的质量标准

5)合同价值。

合同总价为：贰佰万元人民币（￥200万元）
6）乙方承诺的质量保修。
在该项目设计规定的使用年限(50年)内，乙方承担全部保修责任。
7）甲方承诺的合同价款支付期限与方式。
①工程预付款：于开工之日支付合同总价的10%作为预付款。
②工程进度款：基础工程完成后，支付合同总价的10%；主体结构三层完成后，支付合同总价的20%；主体结构全部封顶后，支付合同总价的20%；工程基本竣工时，支付合同总价的30%。为确保工程如期竣工，乙方不得因甲方资金的暂时不到位而停工和拖延工期。
(3)竣工结算：工程竣工验收后，进行竣工结算。结算时按照全部工程造价的3%扣留工程保修金。
8）合同生效。
合同订立时间：2015年3月5日
合同订立地点：××市××区××街××号
本合同双方约定：经双方主管部门批准及公证后生效。
(2)专用合同条款中有关合同价款的条款。
合同价款与支付：本合同价款采用固定价格合同方式确定。
合同价款包括的风险范围：
1)工程变更事件发生导致工程造价增减不超过合同总价10%。
2)政策性规定以外的材料价格涨落等因素造成工程成本变化。
风险费用的计算方法：风险费用已包括在合同总价中。
风险范围以外的合同价款调整方法：按照实际竣工建筑面积为620.00元/m² 调整合同价款。
(3)补充协议条款。
在上述施工合同协议条款签订后，甲乙双方接着又签订了补充施工合同协议条款，摘要如下：
补1. 木门窗均用水曲柳板包门窗套。
补2. 铝合金窗90系列改用42型系列某铝合金厂产品。
补3. 挑阳台均采用42型系列某铝合金厂铝合金窗封闭。
问题：
(1)上述合同属于哪种计价方式合同类型？
(2)该合同签订的条款有哪些不妥之处？应当如何修改？
(3)对合同中未规定的承包商义务，合同实施过程中又必须进行的工程内容，承包商应当如何处理？

2. 某海滨城市为发展旅游业，经批准兴建一座三星级大酒店。该项目甲方于××年10月10日分别与某建筑工程公司(乙方)和某外资装饰工程公司(丙方)签订了主体建筑工程施工合同和装饰工程施工合同。
合同约定主体建筑工程施工于当年11月10日正式开工。合同日历工期为2年5个月。

因主体工程与装饰工程分别为两个独立的合同,由两个承包商承建,为保证工期,当事人约定:主体与装饰施工采取立体交叉作业,即主体完成三层,装饰工程承包商立即进入装饰作业。为保证装饰工程达到三星级水平,业主委托某监理公司实施"装饰工程监理"。

在工程施工1年6个月时,甲方要求乙方将竣工日期提前2个月,双方协商修订施工方案后达成协议。

该工程按照变更后的合同工期竣工,经验收后投入使用。

在该工程投入使用2年6个月后,乙方因甲方少付工程款起诉至法院。诉称:甲方于该工程验收合格后签发了竣工验收报告,并已开张营业。在结算工程款时,甲方本应当交付工程总价款1 600万元人民币,但只交付1 400万元人民币。特请求法庭判决被告支付剩余的200万元及拖期利息。

在庭审中,被告答称:原告主体建筑工程施工质量有问题,如大堂、电梯间门洞、大厅墙面、游泳池等主体施工质量不合格。因此,装修商进行返工并提出索赔,经监理工程师签字报业主代表认可,共支付人民币125万元。此项费用应当由原告承担。另还有其他质量问题,并造成客房、机房设备、设施损失计75万元人民币。共计损失200万元人民币,应当从总工程款中扣除,故支付乙方主体工程款总额为1 400万元人民币。

原告辩称:被告称工程主体不合格不属实,并向法庭呈交了业主及有关方面签字的合格竣工验收报告及业主致乙方的感谢信等证据。

被告又辩称:竣工验收报告及感谢信,是在原告法定代表人宴请本方时,提出为了企业晋级的情况下,本方代表才签的字。此外,被告代理人又向法庭呈交业主被装饰工程公司提出的索赔125万元人民币(经监理工程师和业主代表签字)的清单56件。

原告再辩称:被告代表发言不属实,怎能以签署竣工验收报告为儿戏,请求法庭以文字为证。又指出:如果真的存在被告所说的情况,被告应当在装饰施工前通知本方修理。

原告最后请求法庭关注:从签发竣工验收报告到起诉前,乙方向甲方多次以书面方式提出结算要求。在长达2年多的时间里,甲方从未向乙方提出过工程存在质量问题。

问题:

(1)原、被告之间的合同是否有效?

(2)如果在装修施工时,发现主体工程施工质量有问题,甲方应当采取哪些正当措施?

(3)对于乙方因工程款纠纷的起诉和甲方因工程质量问题的起诉,法院是否应当予以保护?

任务16　施工合同管理

引例：某汽车制造厂建设施工土方工程中，承包商在合同标明有松软石的地方没有遇到松软石，因此工期提前1个月。但在合同中另一未标明有坚硬岩石的地方遇到更多的坚硬岩石，开挖工作变得困难，由此造成实际生产率比原计划低得多，经测算影响工期3个月。由于施工速度减慢，部分施工任务拖到雨期进行，按照一般公认标准推算，又影响工期2个月，为此承包商准备提出索赔。

问题：
1. 该项施工索赔能否成立？为什么？
2. 在该索赔事件中，应当提出的索赔内容包括哪两方面？
3. 在工程施工中，通常可以提供的索赔证据有哪些？
4. 承包商应当提供的索赔文件有哪些？

16.1　任务导读

16.1.1　任务描述

××学院教学楼工程施工中，出现一些合同变更，请根据实际情况做出合理判断，完成施工合同管理工作。

16.1.2　任务目标

(1)能够对合同变更、终止进行管理；
(2)能够对合同争议进行解决；
(3)能够进行索赔管理。

16.2　理论基础

16.2.1　施工合同变更管理

合同变更是指合同成立以后和履行完毕以前，由双方当事人依法对合同的内容所进行的修改，合同价款、工程的内容、工程的数量、质量要求、标准、实施程序等的一切改变，都属于合同变更。

工程变更一般是指在工程施工过程中，根据合同约定对施工的程序，工程的内容、数量、质量要求及标准等做出的变更。工程变更属于合同变更，合同变更主要是由于工程变更引起的，合同变更的管理也主要是进行工程变更的管理。

工程变更包括工程量变更、工程项目变更（如发包人提出增加或者删减原项目内容）、进度计划变更、施工条件变更等。按照变更的起因划分，变更的种类有很多，如发包人的变更指令（包括发包人对工程有了新的要求、发包人修改项目计划、发包人削减预算、发包人对项目进度有了新的要求等）；设计错误，必须对设计图纸作修改；工程环境变化；新的技术和知识，有必要改变原设计、实施方案或实施计划；工程变更主要分为设计变更和其他变更两大类。

如果出现了必须变更的情况，应当尽快变更。变更既然已经不可避免，无论是停止施工、等待变更指令，还是继续施工，无疑都会增加损失。工程变更后，应当尽快落实变更。工程变更指令发出后，应当迅速落实指令，全面修改相关的各种文件。承包人也应当抓紧落实，如果承包人不能全面落实变更指令，则扩大的损失应当由承包人承担。对工程变更的影响应当作进一步分析。工程变更的影响往往是多方面的，影响持续的时间也往往较长，对此应当有充分的分析。

16.2.1.1 变更工程

在履行合同中发生以下情形之一的，经发包人同意，监理人可以按照合同约定的变更程序向承包人发出变更指示：

（1）取消合同中任何一项工作，但被取消的工作不能转由发包人或其他人实施，此项规定是为了维护合同公平，防止某些发包人在签约后擅自取消合同中的工作，转由发包人或其他承包人实施而使本合同承包人蒙受损失。如发包人将取消的工作转由自己或其他人实施，构成违约，按照《中华人民共和国合同法》的规定，发包人应赔偿承包人损失。

（2）改变合同中任何一项工作的质量或其他特性。

（3）改变合同工程的基线、标高、位置或尺寸。

（4）改变合同中任何一项工作的施工时间或改变已批准的施工工艺或顺序。

（5）为完成工程需要追加的额外工作。

在履行合同过程中，经发包人同意，监理人可以按照约定的变更程序向承包人做出变更指示，承包人应当遵照执行。没有监理人的变更指示，承包人不得擅自变更。

16.2.1.2 变更程序

在合同履行过程中，监理人发出变更指示包括下列三种情形。

1. 监理人认为可能要发生变更的情形

在合同履行过程中，可能发生上述变更情形的，监理人可以向承包人发出变更意向书。变更意向书应当说明变更的具体内容和发包人对变更的时间要求，并附必要的图纸和相关资料。变更意向书应当要求承包人提交包括拟实施变更工作的计划、措施和竣工时间等内容的实施方案。发包人同意承包人根据变更意向书要求提交的变更实施方案的，由监理人发出变更指示。若承包人收到监理人的变更意向书后，认为难以实施此项变更，应当立即通知监理人，说明原因并附详细依据。监理人与承包人和发包人协商后确定撤销、改变或不改变原变更意向书。

2. 监理人认为发生了变更的情形

在合同履行过程中，发生合同约定的变更情形的，监理人应当向承包人发出变更指示。变更指示应当说明变更的目的、范围、变更内容以及变更的工程量及其进度和技术要求，并附有关图纸和文件。承包人收到变更指示后，应当按照变更指示进行变更工作。

3. 承包人认为可能要发生变更的情形

承包人收到监理人按合同约定发出的图纸和文件，经检查认为其中存在变更情形的，可向监理人提出书面变更建议。变更建议应当阐明要求变更的依据，并附必要的图纸和说明。监理人收到承包人书面建议后，应当与发包人共同研究，确认存在变更的，应当在收到承包人书面建议后的 14 d 内做出变更指示。经研究后不同意作为变更的，应当由监理人书面答复承包人。

无论何种情况确认的变更，变更指示只能由监理人发出。

16.2.1.3 变更估价

1. 变更估价的程序

承包人应当在收到变更指示或变更意向书后的 14 d 内，向监理人提交变更报价书，报价内容应根据变更估价原则，详细开列变更工作的价格组成及其依据，并附必要的施工方法说明和有关图纸。变更工作影响工期的，承包人应当提出调整工期的具体细节。监理人认为有必要时，可以要求承包人提交要求提前或延长工期的施工进度计划及相应施工措施等详细资料。监理人收到承包人变更报价书后的 14 d 内，根据变更估价原则，商定或确定变更价格。

2. 变更估价的原则

因变更引起的价格调整按照下列原则处理：

(1)已标价工程量清单中有适用于变更工作子目的，采用该子目的单价。此种情况适用于变更工作采用的材料、施工工艺和方法与工程量清单中已有子目相同，同时也不因变更工作增加关键线路工程的施工时间。

(2)已标价工程量清单中无适用于变更工作子目但有类似子目的，可在合理范围内参照类似子目的单价，由发、承包双方商定或确定变更工作的单价。此种情况适用于变更工作采用的材料、施工工艺和方法与工程量清单中已有子目基本相似，同时也不因变更工作增加关键线路上工程的施工时间。

(3)已标价工程量清单中无适用或类似子目的单价，可以按照成本加利润的原则，由发、承包双方商定或确定变更工作的单价。

(4)因分部分项工程量清单漏项或非承包人原因的工程变更，引起措施项目发生变化，造成施工组织设计或施工方案变更，原措施费中已有的措施项目，按照原措施费的组价方法调整；原措施费中没有的措施项目，由承包人根据措施项目变更情况，提出适当的措施费变更，经发包人确认后调整。

16.2.1.4 承包人的合理化建议

在履行合同过程中，承包人对发包人提供的图纸、技术要求以及其他方面提出的合理化建议，均应当以书面形式提交监理人。合理化建议书的内容应包括建议工作的详细说明、进度计划和效益以及与其他工作的协调等，并附必要的文件。监理人应当与发包人协商是否采纳建议。建议被采纳并构成变更的，监理人应向承包人发出变更指示。

承包人提出的合理化建议降低了合同价格、缩短了工期或者提高了工程经济效益的，发包人可按国家有关规定在专用合同条款中约定给予奖励。

暂列金额只能按照监理人的指示使用，并对合同价格进行相应调整。尽管暂列金额列入合同价格，但并不属于承包人所有，也不必然发生。只有按照合同约定实际发生后，才成为承包人的应得金额，纳入合同结算价款中。扣除实际发生额后的暂列金额余额仍属于发包人所有。

发包人认为有必要时，由监理人通知承包人以计日工方式实施变更的零星工作，其价款按照列入已标价工程量清单中的计日工计价子目及其单价进行计算。采用计日工计价的任何一项变更工作，应当从暂列金额中支付，承包人应当在该项变更的实施过程中，每天提交以下报表和有关凭证报送监理人审批：

（1）工作名称、内容和数量；

（2）投入该工作所有人员的姓名、工种、级别和耗用工时；

（3）投入该工作的材料类别和数量；

（4）投入该工作的施工设备型号、台数和耗用台时；

（5）监理人要求提交的其他资料和凭证。

计日工由承包人汇总后，在每次申请进度款支付时列入进度付款申请单，由监理人复核并经发包人同意后列入进度付款。

16.2.1.5 确定暂估价

在工程招标阶段已经确定的材料、工程设备或专业工程项目，但无法在当时确定准确价格，而可能影响招标效果的，可由发包人在工程量清单中给定一个暂估价。确定暂估价实际开支分为以下三种情况。

1. 依法必须招标的材料、工程设备和专业工程

发包人在工程量清单中给定暂估价的材料、工程设备和专业工程属于依法必须招标的范围并达到规定的规模标准的，由发包人和承包人以招标的方式选择供应商或分包人。发包人和承包人的权利义务关系在专用合同条款中约定。中标金额与工程量清单中所列的暂估价的金额差以及相应的税金等其他费用列入合同价格。

2. 依法不需要招标的材料、工程设备

发包人在工程量清单中给定暂估价的材料和工程设备不属于依法必须招标的范围或未达到规定的规模标准的，应当由承包人提供。经监理人确认的材料、工程设备的价格与工程量清单中所列的暂估价的金额差以及相应的税金等其他费用列入合同价格。

3. 依法不需要招标的专业工程

发包人在工程量清单中给定暂估价的专业工程不属于依法必须招标的范围或未达到规

定的规模标准的，由监理人按照合同约定的变更估价原则进行估价。经估价的专业工程与工程量清单中所列的暂估价的金额差以及相应的税金等其他费用，列入合同价格。

16.2.2 合同解除与终止

合同解除是指合同有效成立后，当具备合同解除条件时，因当事人一方或双方的意思表示而使合同关系自始消灭或向将来消灭的一种行为。合同解除方式根据解除的方式，可以分为单方解除和协议解除；根据解除的依据，可分为法定解除和约定解除。根据我国《中华人民共和国合同法》的规定，普通合同的解除采取任意原则。

16.2.2.1 建设工程施工合同解除与终止的原则

由于基本建设工程建设周期长、质量要求高、涉及的方面广，各阶段的工作之间有一定的严密程序，因此，建设工程施工合同具有计划性、程序性的特点。同时，因涉及基本建设规划，其标的物为不动产，承建人所完成的工作成果不仅具有不可移动性，而且须长期存在和发挥作用，事关国计民生。因此，国家对其实行严格的监督管理，从合同的签订到履行，从资金的投放到最终成果的验收，都要受到国家严格的管理和监督，施工合同解除的任意性受到一定的限制。

16.2.2.2 建设工程施工合同解除与终止的形式

解除建设工程施工合同必须采用书面形式。解除与终止建设工程施工合同的书面形式包括修改合同的文书、电报、图表等，它们都是协议的组成部分，同样具有法律约束力。建筑合同的解除与终止，在符合法律规定的条件下，当事人一方必须以书面形式向另一方提出，对方也必须以书面形式做出答复。经过公证或鉴证的建筑合同需要解除与终止时，必须再到原公证或鉴证机关审查备案。

16.2.2.3 建设工程施工合同解除与终止的事由

1. 约定事由

(1)当事人双方经过协商同意，并且不因此损害国家利益和社会公共利益。这一条件包含了两个方面的意思：①建设工程施工合同的解除与终止必须经过双方当事人的协商同意，协商同意是解除与终止合同的首要条件和前提；②建设工程施工合同的解除与终止不能损害国家利益和社会公共利益。这一规定是为了维护和保障国家、社会公共利益不受损害，保障经济秩序正常运行，促进经济的发展。

(2)建设工程施工合同中解除与终止的约定条件。建设工程施工合同的解除与终止，除法律规定的条件外，还有约定的条件。约定的条件是指双方当事人在合同中约定，一方或双方当事人在出现合同约定事由时，保留解除与终止合同的权利。约定的条件要真实、合法，而且必须在约定的条件出现时，才能解除与终止合同。

2. 法定事由

根据《中华人民共和国合同法》的规定，施工合同的解除有以下几种情况：

(1)由于不可抗力致使建设工程施工合同的全部义务不能履行。我国法律一般认为，不可抗力是指不能预见、不能避免并不能克服的客观情况。一般来说，以下情况被认为属于不可抗力：

1）自然灾害。自然灾害包括地震、水灾等因自然界的力量引发的灾害。自然灾害的发生，常常使合同的履行成为不必要或者不可能，需要解除合同。如地震摧毁了购货一方的工厂，使其不再需要订购的货物，要求解除合同。一般各国都承认自然灾害为不可抗力，但有的国家认为自然灾害不是不可抗力。因此，在处理涉外合同时，要特别注意各国法律的不同规定。

2）战争。战争的爆发可能影响到一国以至于更多国家的经济秩序，使合同履行成为不必要行为。

3）社会异常事件。社会异常事件主要指一些偶发的阻碍合同履行的事件，如罢工、骚乱，被一些国家认为属于不可抗力。

4）政府行为。政府行为主要指合同订立后，政府颁布新的政策、法律，采取行政措施导致合同不能履行，如发布禁令等，被有些国家认为属于不可抗力。

(2) 由于情势变更致使建设工程施工合同继续履行已不可能或显失公平。情势变更原则是指合同有效成立后而未完全履行前，由于作为该合同关系基础的"情势"，发生了非当初所能预料的并且不可归责于双方当事人的变化，致使合同基础动摇或丧失，以致合同难以履行或按原合同履行则显失公平，此时对双方当事人就实体部分的争议应当作出解除与终止裁判。

(3) 由于另一方违反合同以致严重影响订立合同所期望实现的目的。这里有个预期违约的概念。预期违约也称先期违约，是指在合同履行期限到来之前，一方无正当理由明确表示其在履行期到来后将不履行合同，或者其行为表明其在履行期到来后将不可能履行合同。从这一概念可以看出，预期违约存在两种形态：一种是在合同有效成立后至合同约定的履行期届至前，一方当事人明确肯定地向另一方当事人明示他将不履行合同约定的主要义务，即明示预期违约；另一种是在合同有效成立后至合同履行期到来前，一方当事人以其行为表明在履行期到来后将不履行或不能履行合同主要义务，即默示预期违约。

(4) 法律规定的其他情形。

1）承包人具有下列情形之一的，发包人可以请求解除建设工程施工合同：

①明确表示或者以行为表明不履行合同主要义务的；

②合同约定的期限内没有完工，且在发包人催告的合理期限内仍未完工的；

③已经完成的建设工程质量不合格，并拒绝修复的；

④将承包的建设工程非法转包、违法分包的。

承包人的上述行为都属不履行合同主要义务的行为，并且会导致发包人按质按期获得建设工程的合同目的难以实现，依法应当准许发包人解除合同。

2）发包人具有下列情形之一，致使承包人无法施工且在催告的合理期限内仍未履行相应义务，承包人请求解除建设工程施工合同的，应予支持：

①未按约定支付工程价款的；

②提供的主要建筑材料、建筑构配件和设备不符合强制性标准的；

③不履行合同约定的协助义务的。

16.2.2.4 合同解除与终止的赔偿责任

(1)当事人双方协商同意解除与终止建设工程施工合同时，如果给一方造成了经济损失，由要求解除与终止合同的一方承担赔偿责任。合同的解除与终止如果属于双方的责任，要根据实际情况，由双方分别承担各自应负的责任。

(2)由于不可抗力的原因造成建筑合同的解除与终止时，除双方另有约定外，不承担责任。

(3)单方解除与终止合同。当事人双方在合同中约定解除与终止建设工程施工合同可以免除责任的，在合同的范围内，当一方提出要求解除与终止建设工程施工合同时，不负赔偿责任。法律明确规定解除与终止建设工程施工合同时可以免除责任的，在解除与终止合同时，不承担责任。如果当事人一方被撤销而使建设工程施工合同解除，解除后的经济责任应当由享受其经济利益的上级单位来承担。

建设工程施工合同解除后，已经完成的建设工程质量合格的，发包人应当按照约定支付相应的工程价款；已经完成的建设工程质量不合格的，参照《最高人民法院关于审理建设工程施工合同纠纷案件适用法律问题的解释》第三条规定处理。

因一方违约导致合同解除的，违约方应当赔偿因此而给对方造成的损失。

16.2.3 争议解决

工程承包合同争议是指工程承包合同自订立至履行完毕之前，承包合同的双方当事人因对合同的条款理解产生歧义或因当事人未按照合同的约定履行合同，或不履行合同中应当承担的义务等原因所产生的纠纷。产生工程承包合同纠纷的原因十分复杂，但一般归纳为合同订立引起的纠纷、在合同履行中发生的纠纷、变更合同而产生的纠纷、解除合同而发生的纠纷等几个方面。

当争议出现时，有关双方首先应当从整体、全局利益的目标出发，做好合同管理工作。《中华人民共和国合同法》规定，当事人可以通过和解或者调解解决合同争议。当事人不愿和解、调解或者和解、调解不成的，可以根据仲裁协议向仲裁机构申请仲裁。当事人没有订立仲裁协议或者仲裁协议无效的，可以向人民法院起诉。当事人应当履行发生法律效力的判决、仲裁裁决、调解书；拒不履行的，对方可以请求人民法院执行。

从上述规定可以看出，在我国，合同争议解决的方式主要有和解、调解、仲裁和诉讼四种。在这四种解决争议的方式中，和解、调解的结果没有强制执行的法律效力，要靠当事人的自觉履行。当然，这里所说的和解、调解是狭义的，不包括仲裁和诉讼程序中在仲裁庭和法院的主持下的和解、调解。这两种情况下的和解、调解属于法定程序，其解决方法仍然具有强制执行的法律效力。

16.2.3.1 和解

和解是指在发生合同纠纷后，合同当事人在自愿、友好、互谅的基础上，依照法律、法规的规定和合同的约定，自行协商解决合同争议的一种方式。

工程承包合同争议的和解是由工程承包合同当事人双方自己或由当事人双方委托的律师出面进行协商的。在协商解决合同争议的过程中，当事人双方依照平等自愿原则，可以自由、充分地进行意思表示，弄清争议的内容、要求和焦点所在，分清责任是非，在互谅互让的基础上，使合同争议得到及时、圆满的解决。

合同发生争议时，当事人应首先考虑通过和解的方式解决。合同争议的和解解决具有以下优点：

(1)简便易行，能经济、及时地解决纠纷。工程承包合同争议的和解解决不受法律程序约束，没有仲裁程序或诉讼程序那样有一套较为严格的法律规定，当事人可以随时发现问题，随时要求解决，不受时间、地点的限制，从而防止矛盾的激化、纠纷的逐步升级。便于对合同争议的及时处理，又可以省去一笔仲裁费或诉讼费。

(2)有利于维护双方当事人团结和协作氛围，使合同更好地履行。合同双方当事人在平等、自愿、互谅、互让的基础上就工程合同争议的事项进行协商，气氛比较融洽，有利于缓解双方的矛盾，消除双方的隔阂和对立，加强团结和协作；同时，由于协议是在双方当事人统一认识的基础上自愿达成的，所以，可以使纠纷得到比较彻底的解决，协议的内容也比较容易顺利执行。

(3)针对性强，便于抓住主要矛盾。由于工程合同双方当事人对事态的发展经过有亲身的经历，了解合同纠纷的起因、发展以及结果的全过程，便于双方当事人抓住纠纷产生的关键原因，有针对性地加以解决。因合同当事人双方一旦关系恶化，常常会在一些枝节上纠缠不休，使问题扩大化、复杂化，而合同争议的和解就可以避免走这些不必要的弯路。

(4)可以避免当事人把大量的精力、人力、物力放在诉讼活动上。工程合同发生纠纷后，往往合同当事人各方都认为自己有理，特别在诉讼中败诉的一方，会一直把官司打到底，牵扯巨大的精力，而且可能由此结下怨恨。如果和解解决，就可以避免这些问题，对双方当事人都有好处。

16.2.3.2 调解

调解是指在合同发生纠纷后，在第三人的参加和主持下，对双方当事人进行说服、协调和疏导工作，使双方当事人互相谅解并按照法律的规定及合同的有关约定达成解决合同纠纷协议的一种争议解决方式。

工程合同争议的调解是解决合同争议的一种重要方式，也是我国解决建设工程合同争议的一种传统方法。它是在第三人的参加与主持下，通过查明事实、分清是非、说服教育，促使当事人双方做出适当让步，平息争端，在互谅、互让的基础上自愿达成调解协议，消除纷争。第三人进行调解必须实事求是、公正合理，不能压制双方当事人，而应当促使他们自愿达成协议。

《中华人民共和国合同法》规定了当事人之间首先可以通过自行和解来解决合同的纠纷，同时，也规定了当事人还可以通过调解的方式来解决合同的纠纷，当事人可以在这两种方式中自愿选择其中一种或两种。调解与和解的主要区别是：前者有第三人参加，并主要是通过第三人的说服教育和协调来达成解决纠纷的协议；而后者则完全是通过当事人自行协商来达成解决合同纠纷的协议。两者的相同之处是：它们都是在诉讼程序之外所进行的解决合同纠纷的活动，达成的协议都是靠当事人自觉履行来实现的。

调解解决建设工程合同争议的意义有以下几点：

(1)有利于化解合同双方当事人的对立情绪,迅速解决合同纠纷。当合同出现纠纷时,合同双方当事人会采取自行协商的方式去解决,但当事人意见不一致时,如果不及时采取措施,就极有可能使矛盾激化。在我国,调解之所以成为解决建设工程合同争议的重要方式之一,就是因为调解有第三人从中做说服教育和劝导工作,化解矛盾,增进理解,有利于迅速解决合同纠纷。

(2)有利于各方当事人依法办事。用调解方式解决建设工程合同纠纷,不是让第三人充当无原则的和事佬,事实上调解合同纠纷的过程是一个宣传法律、加强法制观念的过程。在调解过程中,调解人的一个很重要的任务就是使双方当事人懂得依法办事和依合同办事的重要性。它可以起到既不伤和气又受到一定法制教育的作用,有利于维护社会安定团结和社会经济秩序。

(3)有利于当事人集中精力干好本职工作。通过调解解决建设工程合同纠纷,能够使双方当事人在自愿、合法的基础上,排除隔阂,达成调解协议,同时,可以简化解决纠纷的程序,减少仲裁、起诉和上诉所花费的时间和精力,争取到更多的时间迅速集中精力进行经营活动。这不仅有利于维护双方当事人的合法权益,而且有利于促进社会主义现代化建设的发展。

合同纠纷的调解往往是当事人经过和解仍不能解决纠纷后采取的方式,因此与和解相比,它面临的纠纷要大一些。与诉讼、仲裁相比,仍然具有与和解相似的优点:它能够较经济、及时地解决纠纷;有利于消除合同当事人的对立情绪,维护双方长期的合作关系。

16.2.3.3 仲裁

仲裁也称为"公断",是当事人双方在争议发生前或争议发生后达成协议,自愿将争议交给第三者做出裁决,并负有自动履行义务的一种解决争议的方式。这种争议解决方式必须是自愿的,因此必须有仲裁协议。如果当事人之间有仲裁协议,争议发生后又无法通过和解、调解解决,则应及时将争议提交仲裁机构仲裁。

1. 仲裁原则

(1)自愿原则。解决合同争议是否选择仲裁方式,以及选择仲裁机构本身并无强制力。当事人采用仲裁方式解决纠纷,应当贯彻双方自愿原则,达成仲裁协议。如有一方不同意进行仲裁,仲裁机构即无权受理合同纠纷。

(2)公平合理原则。仲裁的公平合理是仲裁制度的生命力所在。这一原则要求仲裁机构要充分收集证据,听取纠纷双方的意见。仲裁应当根据事实,同时符合法律规定。

(3)仲裁依法独立进行原则。仲裁机构是独立的组织,相互之间也无隶属关系。仲裁依法独立进行,不受行政机关、社会团体和个人的干涉。

(4)一裁终局原则。由于仲裁是当事人基于对仲裁机构的信任做出的选择,因此,其裁决是立即生效的。裁决做出后,当事人就同一纠纷再申请仲裁或者向人民法院起诉的,仲裁委员会或者人民法院不予受理。

2. 仲裁委员会

仲裁委员会可以设立在直辖市和省、自治区人民政府所在地的市,也可以根据需要设立在其他设区的市,不按照行政区划层层设立。

仲裁委员会由主任1人、副主任2~4人和委员7~11人组成。仲裁委员会应当从公道正派的人员中聘任仲裁员。

仲裁委员会独立于行政机关，与行政机关没有隶属关系。仲裁委员会之间也没有隶属关系。

3. 仲裁协议

(1)仲裁协议的内容。仲裁协议是纠纷当事人愿意将纠纷提交仲裁机构仲裁的协议。它应当包括以下内容：

1)请求仲裁的意思表示；
2)仲裁事项；
3)选定的仲裁委员会。

在以上3项内容中，选定的仲裁委员会具有特别重要的意义。因为仲裁没有法定管辖，如果当事人不约定明确的仲裁委员会，仲裁将无法操作，仲裁协议将是无效的。至于请求仲裁的意思表示和仲裁事项，则可以通过默示的方式来体现。可以认为在合同中选定仲裁委员会就是希望通过仲裁解决争议，同时合同范围内的争议就是仲裁事项。

(2)仲裁协议的作用。仲裁协议的作用具体表现在以下几个方面：

1)合同当事人均受仲裁协议的约束；
2)仲裁协议是仲裁机构对纠纷进行仲裁的先决条件；
3)仲裁协议排除了法院对纠纷的管辖权；
4)仲裁协议是仲裁机构进行仲裁的依据。

4. 仲裁庭组成

仲裁庭的组成有以下两种方式：

(1)当事人约定由3名仲裁员组成仲裁庭。当事人如果约定由3名仲裁员组成仲裁庭，应当各自选定或者各自委托仲裁委员会主任指定1名仲裁员，第3名仲裁员由当事人共同选定或者共同委托仲裁委员会主任指定。第3名仲裁员是首席仲裁员。

(2)当事人约定由1名仲裁员组成仲裁庭。仲裁庭也可以由1名仲裁员组成。当事人如果约定由1名仲裁员组成仲裁庭，应当由当事人共同选定或者共同委托仲裁委员会主任指定仲裁员。

5. 开庭、提供证据、辩论和裁决

(1)开庭。仲裁应当开庭进行。当事人协议不开庭的，仲裁庭可以根据仲裁申请书、答辩书以及其他材料做出裁决，仲裁不公开进行。当事人协议公开的，可以公开进行，但涉及国家秘密的除外。

申请人经书面通知，无正当理由不到庭或者未经仲裁庭许可中途退庭的，可以视为撤回仲裁申请；被申请人经书面通知，无正当理由不到庭或者未经仲裁庭许可中途退庭的，可以缺席裁决。

(2)提供证据。当事人应当对自己的主张提供证据。仲裁庭对专门性问题认为需要鉴定的，可以交由当事人约定的鉴定部门鉴定，也可以由仲裁庭指定的鉴定部门鉴定。根据当事人的请求或者仲裁庭的要求，鉴定部门应当派鉴定人参加仲裁庭。当事人经仲裁庭许可，可以向鉴定人进行提问。

建设工程合同纠纷往往涉及工程质量、工程造价等专门性的问题，一般需要进行鉴定。

(3) 辩论。当事人在仲裁过程中有权进行辩论。辩论终结时，首席仲裁员或者独任仲裁员应当征询当事人的最后意见。

(4) 裁决。应当按照多数仲裁员的意见做出裁决，少数仲裁员的不同意见可以记入笔录。仲裁庭不能形成多数意见时，裁决应当按照首席仲裁员的意见做出。

仲裁庭仲裁纠纷时，其中一部分事实已经清楚，可以就该部分先行裁决。

对裁决书中的文字、计算错误或者仲裁庭已经裁决但在裁决书中遗漏的事项，仲裁庭应当补正；当事人自收到裁决书之日起 30 d 内，可以请求仲裁补正。

裁决书自做出之日起具有法律效力。

6. 申请撤销裁决

当事人提出证据证明裁决有下列情形之一的，可以向仲裁委员会所在地的中级人民法院申请撤销裁决：

(1) 没有仲裁协议的；
(2) 裁决的事项不属于仲裁协议的范围或者仲裁委员会无权仲裁的；
(3) 仲裁庭的组成或者仲裁的程序违反法定程序的；
(4) 裁决所根据的证据是伪造的；
(5) 对方当事人隐瞒了足以影响公正裁决的证据的；
(6) 仲裁员在仲裁该案时有索贿受贿，徇私舞弊，枉法裁决行为的。

人民法院经组成合议庭审查核实裁决有上述规定情形之一的，应当裁定撤销。当事人申请撤销裁决的，应当自收到裁决书之日起 6 个月内提出。人民法院应当在受理撤销裁决申请之日起 2 个月内做出撤销裁决或者驳回申请的裁定。

人民法院受理撤销裁决的申请后，认为可以由仲裁庭重新仲裁的，通知仲裁庭在一定期限内重新仲裁，并裁定中止撤销程序。仲裁庭拒绝重新仲裁的，人民法院应当裁定恢复撤销程序。

7. 执行

仲裁委员会做出裁决后，当事人应当履行。由于仲裁委员会本身并无强制执行的权力，因此，当一方当事人不履行仲裁裁决时，另一方当事人可以依照《民事诉讼法》的有关规定向人民法院申请执行。接受申请的人民法院应当执行。

16.2.3.4 诉讼

诉讼是指合同当事人依法请求人民法院行使审判权，审理双方之间发生的合同争议，做出有国家强制保证实现其合法权益、从而解决纠纷的审判活动。合同双方当事人如果未约定仲裁协议，则只能以诉讼作为解决争议的最终方式。

人民法院审理民事案件，依照法律规定实行合议、回避、公开审判和两审终审制度。

1. 建设工程合同纠纷的管辖

建设工程合同纠纷的管辖，既涉及级别管辖，又涉及地域管辖。

(1) 级别管辖。级别管辖是指不同级别人民法院受理第一审建设工程合同纠纷的权限分工。一般情况下，基层人民法院管辖第一审民事案件。中级人民法院管辖以下案件：重大涉外案件，在本辖区有重大影响的案件，最高人民法院确定由中级人民法院管辖的案件。在建设工程合同纠纷中，判断是否在本辖区有重大影响的依据主要是合同争议的标的额。由于建设工程合同纠纷争议的标的额往往较大，因此通常由中级人民法院受理一审诉讼，有时甚至由高级人民法院受理一审诉讼。

（2）地域管辖。地域管辖是指同级人民法院在受理第一审建设工程合同纠纷的权限分工。对于一般的合同争议，由被告住所地或合同履行地人民法院管辖。《民事诉讼法》也允许合同当事人在书面协议中选择被告住所地、合同履行地、合同签订地、原告住所地、标的物所在地人民法院管辖。对于建设工程合同的纠纷，一般都适用于不动产所在地的专属管辖，由工程所在地人民法院管辖。

2. 诉讼中的证据

诉讼中的证据有下列几种：

（1）书证；

（2）物证；

（3）视听资料；

（4）证人证言；

（5）当事人的陈述；

（6）鉴定结论；

（7）勘验笔录。

当事人对自己提出的主张，有责任提供证据。当事人及其诉讼代理人因客观原因不能自行收集的证据，或者人民法院认为审理案件需要的证据，人民法院应当调查收集。人民法院应当按照法定程序，全面、客观地审查核实证据。

证据应当在法庭上出示，并由当事人互相质证。对涉及国家秘密、商业秘密和个人隐私的证据应当保密，需要在法庭出示的，不得在公开开庭时出示。经过法定程序公证证明的法律行为、法律事实和文书，人民法院应当作为认定事实的根据，但有相反证据足以推翻公证证明的除外。书证应当提交原件，物证应当提交原物。提交原件或者原物确有困难的，可以提交复制品、照片、副本、节录本。提交外文书证，必须附有中文译本。

人民法院对视听资料，应当辨别真伪，并结合本案的其他证据，审查确定该资料能否作为认定事实的根据。

人民法院对专门性问题认为需要鉴定的，应当交由法定鉴定部门鉴定；没有法定鉴定部门的，由人民法院指定的鉴定部门鉴定。鉴定部门及其指定的鉴定人有权了解进行鉴定所需要的案件材料，必要时可以询问当事人、证人。鉴定部门和鉴定人应当提出书面鉴定结论，在鉴定书上签名或者盖章。与仲裁中的情况相似，建设工程合同纠纷往往涉及工程质量、工程造价等专门性的问题，一般在诉讼中也需要进行鉴定。

16.2.4 索赔

在市场经济条件下，建筑市场中工程索赔是一种正常的现象。工程索赔在建筑市场上是承包商保护自身正当权益，补偿由风险造成的损失，提高经济效益的重要和有效手段。

许多有经验的承包商在分析招标文件时就考虑其中的漏洞、矛盾和不完善的地方，考虑到可能的索赔，但这本身又常常会有很大的风险。

16.2.4.1　工程索赔的概念

索赔就是作为合法的所有者，根据自己的权利提出对某一有关资格、财产、金钱等方面的要求。

工程索赔是指当事人在合同实施过程中，根据法律、合同规定及惯例，对并非由于自己的过错，而是由于应由合同对方承担责任的情况造成的，且实际发生了损失，向对方提出给予补偿要求。在工程建设的各个阶段，都有可能发生索赔，但在施工阶段索赔发生较多。

对施工合同的双方来说，索赔是维护双方合法利益的权利。它同合同条件中双方的合同责任一样，构成严密的合同制约关系。承包商可以向业主提出索赔；业主也可以向承包商提出索赔。但在工程建设过程中，业主对承包商原因造成的损失可通过追究违约责任解决。另外，业主可以通过冲账、扣拨工程款、没收履约保函、扣保留金等方式来实现自己的索赔要求，不存在"索"。因此，在工程索赔实践中，一般把承包方向发包方提出的赔偿或补偿要求称为索赔；而把发包方向承包方提出的赔偿或补偿要求，以及发包方对承包方所提出的索赔要求进行反驳称为反索赔。

16.2.4.2　工程索赔的作用

（1）有利于促进双方加强管理，严格履行合同，维护市场正常秩序。合同一经签订，合同双方即产生权利和义务关系。这种权益受法律保护，这种义务受法律制约。索赔是合同法律效力的具体体现，并且由合同的性质决定。如果没有索赔和关于索赔的法律规定，则合同形同虚设，对双方都难以形成约束，这样，合同的实施得不到保证，不会有正常的社会经济秩序。索赔能对违约者起警诫作用，使他考虑到违约的后果，以尽力避免违约事件发生。所以，索赔有助于工程承发包双方更紧密的合作，有助于合同目标的实现。

（2）使工程造价更合理。索赔的正常开展，可以把原来打入工程报价中的一些不可预见费用，改为实际发生的损失支付，有助于降低工程报价，使工程造价更为合理。

（3）有助于维护合同当事人的正当权益。索赔是一种保护自己、维护自己正当利益、避免损失、增加利润的手段。如果承包商不能进行有效的索赔，损失得不到合理的、及时的补偿，会影响生产经营活动的正常进行，甚至倒闭。

（4）有助于双方更快地熟悉国际惯例，熟练掌握索赔和处理索赔的方法与技巧，有助于对外开放和对外工程承包的开展。

16.2.4.3　工程索赔的分类

工程施工过程中发生索赔所涉及的内容是广泛的，为了探讨各种索赔问题的规律及特点，通常可以作以下分类。

1. 按照索赔事件所处合同状态分类

（1）正常施工索赔。它是指在正常履行合同中发生的各种违约、变更、不可预见因素、加速施工、政策变化等引起的索赔。

(2) 工程停、缓建索赔。它是指已经履行合同的工程因不可抗力、政府法令、资金或其他原因必须中途停止施工所引起的索赔。

(3) 解除合同索赔。它是指因合同中的一方严重违约,致使合同无法正常履行的情况下,合同的另一方行使解除合同的权力所产生的索赔。

2. 按照索赔依据的范围分类

(1) 合同内索赔。它是指索赔所涉及的内容可以在履行的合同中找到条款依据,并可以根据合同条款或协议预先规定的责任和义务划分责任,业主或承包商可以据此提出索赔要求。按照违约规定和索赔费用、工期的计算办法计算索赔值。一般情况下,合同内索赔的处理解决相对顺利些。

(2) 合同外索赔。它与合同内索赔依据恰恰相反,即索赔所涉及的内容难以在合同条款及有关协议中找到依据,但可能来自民法、经济法或政府有关部门颁布的有关法规所赋予的权力。如在民事侵权行为、民事伤害行为中找到依据所提出的索赔,就属于合同外索赔。

(3) 道义索赔。它是指承包商无论在合同内或合同外都找不到进行索赔的依据,没有提出索赔的条件和理由,但他在合同履行中诚恳可信,为工程的质量、进度及配合上尽了最大的努力时,通情达理的业主看到承包商为完成某项困难的施工,承受了额外的费用损失,甚至承受重大亏损,出于善良意愿给承包商以经济补偿。因为在合同条款中没有此项索赔的规定,所以也称"额外支付"。

3. 按照合同有关当事人的关系进行索赔分类

(1) 承包商向业主的索赔。它是指承包商在履行合同中因非自方责任事件产生的工期延误及额外支出后向业主提出的赔偿要求。这是施工索赔中最常发生的情况。

(2) 总承包向其分包或分包之间的索赔。它是指总承包单位与分包单位或分包单位之间为共同完成工程施工所签订的合同、协议在实施中的相互干扰事件影响利益平衡,其相互之间发生的赔偿要求。

(3) 业主向承包商的索赔。它是指业主向不能有效地管理控制施工全局,造成不能按期、按质、按量地完成合同内容的承包商提出损失赔偿要求。

(4) 承包商同供货商之间的索赔。

(5) 承包商向保险公司、运输公司索赔等。

4. 按照索赔的目的分类

(1) 工期延长索赔。它是指承包商对施工中发生的非己方直接或间接责任事件造成计划工期延误后向业主提出的赔偿要求。

(2) 费用索赔。它是指承包商对施工中发生的非己方直接或间接责任事件造成的合同价外费用支出向业主方提出的赔偿要求。

5. 按照索赔的处理方式分类

(1) 单项索赔。它是指某一事件发生对承包商造成工期延长或额外费用支出时,承包商即可对这一事件的实际损失在合同规定的索赔有效期内提出的索赔。这是常用的一种索赔方式。

(2)综合索赔。它又被称为总索赔、一揽子索赔,是指承包商将施工过程中发生的多起索赔事件,综合在一起,提出一个总索赔。

施工过程中的某些索赔事件,由于各方未能达成一致意见得到解决的或承包商对业主答复不满意的单项索赔集中起来,综合提出一份索赔报告,双方进行谈判协商。综合索赔中涉及的事件一般都是单项索赔中遗留下来的、意见分歧较大的难题,因此,双方对责任的划分、费用的计算等都各持己见,不能立即解决,为了在履行合同过程中对索赔事件保留索赔权,应当在工程项目基本完工时提出索赔,或在竣工报表和最终报表中提出索赔。

6. 按照引起索赔的原因分类

(1)业主或业主代表违约索赔;
(2)工程量增加索赔;
(3)不可预见因素索赔;
(4)不可抗力损失索赔;
(5)加速施工索赔;
(6)工程停建、缓建索赔;
(7)解除合同索赔;
(8)第三方因素索赔;
(9)国家政策、法规变更索赔。

7. 按照索赔管理策略上的主动性分类

(1)索赔。主动寻找索赔机会,分析合同缺陷,抓住对方的失误,研究索赔的方法,总结索赔的经验,提高索赔的成功率。把索赔管理作为工程及合同管理的组成部分。

(2)反索赔。在索赔管理策略上表现为防止被索赔,不给对方留有进行索赔的漏洞,使对方找不到索赔机会,在工程管理中体现为签署严密的合同条款,避免自方违约。当对方向自方提出索赔时,应当对索赔的证据进行质疑,对索赔理由进行反驳,以达到减少索赔额度甚至否定对方索赔要求的目的。

在实际工作中,索赔与反索赔是同时存在且相互为条件的,应当培养工作人员加强索赔与反索赔的意识。

16.2.4.4 工程索赔的常见问题

1. 施工现场条件变化索赔

在工程施工中,施工现场条件变化对工期和造价的影响很大。不利的自然条件及人为障碍经常导致设计变更、工期延长和工程成本大幅度增加。

不利的自然条件是指施工中遇到的实际自然条件比招标文件中所描述的更为困难和恶劣,这些不利的自然条件或人为障碍增加了施工的难度,导致承包方必须花费更多的时间和费用,在这种情况下,承包方可以提出索赔要求。

(1)招标文件对现场条件的描述失误。在招标文件对施工现场存在的不利条件虽已经提出,但描述严重失实,或位置差异极大,或其严重程度差异极大,从而使承包商原定的实施方案变得不再适合或根本没有意义,承包方可以提出索赔。

(2)有经验的承包商难以合理预见的现场条件。在招标文件根本没有提到,而且按该项工程的一般工程实践完全是出乎意料的不利的现场条件。这种意外的不利条件，是有经验的承包商难以预见的情况。如在挖方工程中，承包方发现地下古代建筑遗迹物或文物，遇到高腐蚀性水或毒气等，处理方案导致承包商工程费用增加、工期增加，承包方即可提出索赔。

2. 业主违约索赔

（1）业主未按工程承包合同规定的时间和要求向承包商提供施工场地、创造施工条件。如未按约定完成土地征用、房屋拆迁、清除地上地下障碍，保证施工用水、用电、材料运输、机械进场、通信联络需要，办理施工所需各种证件、批件及有关申报批准手续，提供地下管网线路资料等。

（2）业主未按工程承包合同规定的条件提供相应的材料、设备。业主所供应的材料、设备到货场、站与合同约定不符，单价、种类、规格、数量、质量等级与合同不符，到货日期与合同约定不符等。

（3）监理工程师未按规定时间提供施工图纸、指示或批复。

（4）业主未按规定向承包商支付工程款。

（5）监理工程师的工作不适当或失误，如提供数据不正确、下达错误指令等。

（6）业主指定的分包商违约，如其出现工程质量不合格、工程进度延误等。

出现上述情况，会导致承包商的工程成本增加或工期增加，所以，承包商可以提出索赔。

3. 变更指令与合同缺陷索赔

（1）变更指令索赔。在施工过程中，监理工程师发现设计、质量标准或施工顺序等问题时，往往指令增加新工作，改换建筑材料，暂停施工或加速施工等。这些变更指令会使承包商的施工费用或工期增加，承包商就此提出索赔要求。

（2）合同缺陷索赔。合同缺陷是指所签订的工程承包合同进入实施阶段才发现的，合同本身存在的（合同签订时没有预料的）现时不能再作修改或补充的问题。

大量的工程合同管理经验证明，合同在实施过程中，常出现以下情况：

（1）合同条款中有错误、用语含糊、不够准确等，难以分清甲乙双方的责任和权益。

（2）合同条款中存在着遗漏。对实际可能发生的情况未做预料和规定，缺少某些必不可少的条款。

（3）合同条款之间存在矛盾，即在不同的条款或条文中，对同一问题的规定或要求不一致。

这时，按惯例要由监理工程师做出解释。但是，若此指示使承包商的施工成本和工期增加，则属于业主方面的责任，承包商有权提出索赔要求。

4. 国家政策、法规变更索赔

由于国家或地方的任何法律法规、法令、政令或其他法律、规章发生了变更，导致承包商成本增加，承包商可以提出索赔。

5. 物价上涨索赔

由于物价上涨的因素，带来人工费、材料费甚至机械费的增加，导致工程成本大幅度上升，也会引起承包商提出索赔要求。

6. 因施工临时中断和工效降低引起的索赔

由于业主和监理工程师原因造成的临时停工或施工中断，特别是根据业主和监理工程师不合理指令造成了工效的大幅度降低，从而导致费用支出增加，承包商可以提出索赔。

7. 业主不正当地终止工程引起的索赔

由于业主不正当地终止工程，承包商有权要求补偿损失，其数额是承包商在被终止工程上的人工、材料、机械设备的全部支出，以及各项管理费用、保险费、贷款利息、保函费用的支出(减去已结算的工程款)，并有权要求赔偿其盈利损失。

8. 业主风险和特殊风险引起的索赔

由于业主承担的风险而导致承包商的费用损失增大时，承包商可以据此提出索赔。根据国际惯例，战争、敌对行动、入侵、外敌行动；叛乱、暴动、军事政变或篡夺权位，内战；核燃料或核燃料燃烧后的核废物、核辐射、放射线、核泄漏；音速或超音速飞行器所产生的压力波；暴乱、骚乱或混乱；由于业主提前使用或占用工程的未完工交付的任何一部分致使破坏；纯粹是由于工程设计所产生的事故或破坏，并且该设计不是由承包商设计或负责的；自然力所产生的作用，此种自然力，即使是有经验的承包商也无法预见、无法抗拒、无法保护自己和使工程免遭损失等属于业主应当承担的风险。

许多合同规定，承包商不仅对由此而造成工程、业主或第三方的财产的破坏和损失及人身伤亡不承担责任，而且业主应保护和保障承包商不受上述特殊风险后果的损害，并免于承担由此而引起的与之有关的一切索赔、诉讼及其费用。相反，承包商还应当可以得到由此损害引起的任何永久性工程、材料的付款、合理的利润、一切修复费用、重建费用及上述特殊风险导致的费用增加。如果由于特殊风险导致合同终止，承包商除可以获得应付的一切工程款和损失费用外，还可以获得施工机械设备的撤离费用和人员遣返费用等。

16.2.4.5 工程索赔的依据和程序

1. 工程索赔的依据

合同一方向另一方提出的索赔要求，都应当提出一份具有说服力的证据资料作为索赔的依据。这也是索赔能够成功的关键因素。由于索赔的具体事由不同，所需的论证资料也有所不同。索赔依据一般包括以下几部分：

(1)招标文件。招标文件是承包商投标报价的依据，是工程项目合同文件的基础。招标文件中一般包括的通用条件、专用条件、施工图纸、施工技术规范、工程量表、工程范围说明、现场水文地质资料等文本，都是工程成本的基础资料。它们不仅是承包商参加投标竞争和编标报价的依据，也是索赔时计算附加成本的依据。

(2)投标书。投标书是承包商依据招标文件并进行工地现场勘察后编标计价的成果资料，是投标竞争中标的依据。在投标报价文件中，承包商对各主要工种的施工单价进行了分析计算，对各主要工程量的施工效率和施工进度进行了分析，对施工所需的设备和材料列出了数量和价值，对施工过程中各阶段所需的资金数额提出了要求等。所有这些文件，在中标及签订合同协议书以后，都成为正式合同文件的组成部分，也成为索赔的基本依据。

(3)合同协议书及其附属文件。合同协议书是合同双方(业主和承包商)正式进入合同关系的标志。在签订合同协议书以前，合同双方对于中标价格、工程计划、合同条件等问题的讨论纪要文件,亦是该工程项目合同文件的重要组成部分。在这些会议纪要中,如果对招标文件中的某个合同条款作了修改或解释,则这个纪要就是将来索赔计价的依据。

(4)来往信函。在合同实施期间,合同双方有大量的往来信函。这些信件都具有合同效力,是结算和索赔的依据资料,如监理工程师(或业主)的工程变更指令,口头变更确认函,加速施工指令,工程单价变更通知,对承包商问题的书面回答等。这些信函(包括电传、传真资料)可能繁杂零碎,而且数量巨大,但应仔细分类存档。

(5)会议记录。在工程项目从招标到建成移交的整个期间,合同双方要召开许多次会议,讨论解决合同实施中的问题。所有这些会议的记录,都是很重要的文件。工程和索赔中的许多重大问题,都是通过会议反复协商讨论后决定的。如标前会议纪要、工程协调会议纪要、工程进度变更会议纪要、技术讨论会议纪要、索赔会议纪要等。

对于重要的会议纪要,要建立审阅制度,即由作纪要的一方写好纪要稿后,送交对方(以及有关各方)传阅核签,如有不同意见,可以在纪要稿上修改,也可以规定一个核签的期限(如 7 d),如纪要稿送出后 7 d 以内不返回核签意见,即认为同意。这对会议纪要稿的合法性是很必要的。

(6)施工现场记录。施工现场记录是承包商的施工管理水平的一个重要标志,通过它可以看出承包商是否建立了一套完整的现场记录制度,并持之以恒地贯彻到底。这些资料的具体项目甚多,主要的如施工日志、施工检查记录、工时记录、质量检查记录、施工设备使用记录、材料使用记录、施工进度记录等。有的重要记录文本,如质量检查、验收记录,还应有工程师或其代表的签字认可。工程师同样要有自己完备的施工现场记录,以备核查。

(7)工程财务记录。在工程实施过程中,对工程成本的开支和工程款的历次收入,均应当作详细的记录,并输入计算机备查。这些财务资料如工程进度款每月的支付申请表,工人劳动计时卡和工资单,设备、材料和零配件采购单,付款收据,工程开支月报等。在索赔计价工作中,财务单证十分重要,应当注意积累和分析整理。

(8)现场气象记录。水文气象条件对工程实施的影响甚大,它经常引起工程施工的中断或工效降低,有时甚至造成在建工程的破损。许多工期拖延索赔均与气象条件有关。施工现场应当注意记录的气象资料,如每月降水量、风力、气温、河水位、河水流量、洪水位、洪水流量、施工基坑地下水状况等。如遇到地震、海啸、飓风等特殊自然灾害,更应当注意随时详细记录。

(9)市场信息资料。大中型工程项目,一般工期长达数年,应当系统地收集整理物价变动等报道资料。这些信息资料不仅对工程款的调价计算是必不可少的,对索赔也同样重要。如工程所在国官方出版的物价报道、外汇兑换率行情、工人工资调整决定等。

(10)政策法令文件。政策法令文件是指工程所在国的政府或立法机关公布的有关工程造价的决定或法令,如货币汇兑限制指令,外汇兑换率的决定,调整工资的决定,税收变更指令,工程仲裁规则等。由于工程的合同条件是以适应工程所在国的法律为前提的,因此该国政府的这些法令对工程结算和索赔具有决定性的意义,应当引起高度重视。对于重大的索赔事项,如涉及大宗的索赔款额,或遇到复杂的法律问题,还需要聘请律师,专门处理这方面的问题。

2. 工程索赔的程序

在合同实施阶段，每一个索赔事件发生后，承包商都应当抓住索赔机会，并按照合同条件的具体规定和工程索赔的惯例，尽快协商解决索赔事项。工程索赔的程序如下：

(1)索赔意向通知的发出。按照合同条件的规定，凡是非承包商原因引起工程拖期或工程成本增加时，承包商有权提出索赔。当索赔事件发生时，承包商一方面用书面形式向业主或监理工程师发出索赔意向通知书；另一方面应当继续施工，不影响施工的正常进行。索赔意向通知是一种维护自身索赔权利的文件。例如，按照FIDIC第四版的规定，在索赔事项发生后的28 d内向工程师正式提出书面的索赔通知，并抄送业主。项目部的合同管理人员或其中的索赔工作人员根据具体情况，在索赔事项发生后的规定时间内正式发出索赔通知书，以丧失索赔权。

索赔意向通知，一般仅仅是向业主或监理工程师表明索赔意向，所以应当简明扼要。通常只要说明以下几点内容即可：索赔事由的名称、发生的时间、地点、简要事实情况和发展动态；索赔所引证的合同条款；索赔事件对工程成本和工期产生的不利影响，进而提出自己的索赔要求即可。至于要求的索赔款额，或工期应补偿天数及有关的证据资料在合同规定的时间内报送。

(2)索赔资料的准备及索赔文件的提交。在正式提出索赔要求后，承包商应当抓紧准备索赔资料，计算索赔值，编写索赔报告，并在合同规定的时间内正式提交。如果索赔事项的影响具有连续性，即事态还在继续发展，则按合同规定，每隔一定时间监理工程师报送一次补充资料，说明事态发展情况。在索赔事项的影响结束后的规定时间内报送此项索赔的最终报告，附上最终账目和全部证据资料，提出具体的索赔额，要求业主或监理工程师审定。

索赔的成功很大程度上取决于承包商对索赔权的论证和充分的证据材料。即使抓住合同履行中的索赔机会，如果拿不出索赔证据或证据不充分，其索赔要求往往难以成功或被大打折扣。因此，承包商在正式提出索赔报告前的资料准备工作极为重要。这就要求承包商注意记录和积累保存工程施工过程中的各种资料，并可随时从中索取与索赔事件有关的证明资料。

索赔报告的编写，应当审慎、周密，索赔证据充分，计算结果正确。对于技术复杂或款额巨大的索赔事项，有必要聘用合同专家(律师)或技术权威人士担任咨询专家，以保证索赔取得较为满意的成果。

索赔报告书的具体内容，随该索赔事项的性质和特点而有所不同。但一份完整的索赔报告书的必要内容和文字结构方面，必须包括以下4~5个组成部分。至于每个部分的文字长短，则根据每一索赔事项的具体情况和需要来决定。

1)总论部分。每个索赔报告书的首页，应当是该索赔事项的综述。它概要地叙述发生索赔事项的日期和过程；说明承包商为了减轻该索赔事项造成的损失而做过的努力；说明索赔事项给承包商的施工增加的额外费用或工期延长的天数；提出自己的索赔要求。同时，在上述论述之后附上索赔报告书编写人、审核人的名单，注明各人的职称、职务及施工索赔经验，以表示该索赔报告书的权威性和可信性。

总论部分应当简明扼要。对于较大的索赔事项，一般应当以3~5页篇幅为限。

2) 合同引证部分。合同引证部分是索赔报告关键部分之一，主要是承包商论述自己有索赔权，这是索赔成立的基础。合同引证的主要内容是该工程项目的合同条件以及有关此项索赔的法律规定，说明自己理应得到经济补偿或工期延长，或二者均应当获得。因此，工程索赔人员应当通晓合同文件，善于在合同条件、技术规程、工程量表及合同函件中寻找索赔的法律依据，使自己的索赔要求建立在合同、法律的基础上。

对于重要的条款引证，如不利的自然条件或人为障碍(施工条件变化)，合同范围以外的额外工程、特殊风险等，应当在索赔报告书中做详细的论证叙述，并引用有说服力的证据资料。因为在这些方面经常会有不同的观点，对合同条款的含义有不同的解释，往往是工程索赔争议的焦点。

在论述索赔事项的发生、发展、处理和最终解决的过程时，承包商应当客观地描述事实，避免采用抱怨或夸张的用词，以免使工程师和业主方面产生反感或怀疑，而且使用这样的措辞，往往会使索赔工作复杂化。

综上所述，合同引证部分一般包括以下内容：

① 概述索赔事项的处理过程；

② 发出索赔通知书的时间；

③ 引证索赔要求的合同条款，如不利的自然条件、合同范围以外的工程、业主风险和特殊风险、工程变更指令、工期延长、合同价款调整等；

④ 指明所附的证据资料。

3) 索赔款额计算部分。在论证索赔权以后，应当继续计算索赔款额，具体分析论证合理的经济补偿款额。这也是索赔报告书的主要部分，是经济索赔报告的第三部分。

款额计算的目的是以具体的计价方法和计算过程说明承包商应得到的经济补偿款额。如果说合同论证部分的目的是确立索赔权，则款额计算部分的任务是决定应得的索赔款。

在款额计算部分中，索赔工作人员首先应当注意采用合适的计价方法。至于采用哪一种计价方法，应根据索赔事项的特点及自己掌握的证据资料等因素来确定。其次，应当注意每项开支的合理性，并指出相应的证据资料的名称及编号(这些资料均列入索赔报告书中)。只要计价方法合适，各项开支合理，则计算出的索赔总款额就具有说服力。

索赔款计价的主要组成部分是由于索赔事项引起的额外开支的人工费、材料费、设备费、工地管理费、总部管理费、投资利息、税收、利润等。每一项费用开支都应当附以相应的证据或单据。

款额计算部分在写法结构上，最好首先写出计价的结果，即列出索赔总款额汇总表，然后分项论述各组成部分的计算过程，并指出所依据证据资料的名称和编号。

在编写款额计算部分时，切忌采用笼统的计价方法和不实的开支款项。有的承包商对计价采取不严肃的态度，没有根据地扩大索赔款额，采取漫天要价的策略，这种做法是错误的，是不能成功的，有时甚至增加索赔工作的难度。

款额计算部分的篇幅可能较大，因为应当论述各项计算的合理性，详细地写出计算方法，并引证相应的证据资料，并在此基础上累计出索赔款总额。通过详细的论证和计算，业主和工程师对索赔款的合理性有充分的了解，这对索赔要求的迅速解决有很大关系。

总之,一份成功的索赔报告应注意事实的正确性,论述的逻辑性,善于利用成功的索赔案例来证明此项索赔成立的道理。要逐项论述,层次分明,文字简练,论理透彻,使阅读者清楚明了、合情合理、有根有据。

4)工期延长论证部分。承包商在施工索赔报告中进行工期论证,首先是为了获得施工期的延长,以免承担误期损害赔偿费的经济损失。其次,可能想要在此基础上,探索获得经济补偿的可能性。因为如果他投入了更多的资源,他就有权要求业主对他的附加开支进行补偿。工期延长论证是工期索赔报告的第三部分。

在索赔报告中论证工期的方法,主要有横道图表法、关键路线法、进度评估法、顺序作业法等。

在索赔报告中,应当对工期延长、实际工期、理论工期等的长短(天数)进行详细的论述,说明自己要求工期延长(天数)或加速施工费用(款数)的理由。

5)证据部分。证据部分通常以索赔报告书附件的形式出现,它包括该索赔事项所涉及的一切有关证据资料及对这些证据的说明。

证据是索赔文件的必要组成部分,要保证索赔证据的翔实可靠,才能够使索赔取得成功。索赔证据资料的范围甚广,它可能包括工程项目施工过程中所涉及的有关政治、经济、技术、财务等许多方面的资料。合同管理人员应当在整个施工过程中持续不断地收集整理这些资料,分类储存,最好是存入计算机中以便随时提出查询、整理或补充。

所收集的诸项证据资料,并不是都要放入索赔报告书的附件中,而是针对索赔文件中提到的开支项目,有选择、有目的地列入,并进行编号,以便审核查对。

在引用每个证据时,要注意该证据的效力或可信程度。为此,对重要的证据资料,最好附以文字说明,或附以确认函件。例如,对一项重要的电话记录,仅附上自己的记录是不够有力的,最好附上经过对方签字确认过的电话记录;或附上发给对方的要求确认该电话记录的函件,即使对方当时未复函确认或予以修改,亦说明责任在对方,因为未复函确认或修改,按照惯例应当理解为他已默认。

对于重大的索赔事项,除文字报表证据资料外,承包商还应当提供直观记录资料,如录像、摄影等证据资料。

综上所述,如果把工期索赔和经济索赔分别编写索赔报告,则它们除包括总论、合同引证和证据三个部分以外,还分别包括工期延长论证或索赔款额计算部分。如果把工期索赔和经济索赔合并为一个报告,则应当包括所有五个部分。

(3)索赔报告的评审。业主或监理工程师在接到承包商的索赔报告后,应当站在公正的立场,以科学的态度及时认真地审阅报告,重点审查承包商索赔要求的合理性和合法性,审查索赔值的计算是否正确、合理。对不合理的索赔要求或不明确的地方提出反驳和质疑,或要求做出解释和补充。监理工程师可以在业主的授权范围内做出自己独立的判断。

监理工程师判定承包商索赔成立的条件如下:

1)与合同相对照,事件已造成承包商施工成本的额外支出,或直接工期损失;

2)造成费用增加或工期损失的原因,按照合同约定不属于承包商的行为责任或风险责任;

3)承包商按照合同规定的程序提交了索赔意向通知和索赔报告。

上述三个条件没有先后主次之分，应当同时具备。只有工程师认定索赔成立后，才能按照一定程序处理。

(4)监理工程师与承包商的索赔谈判。业主或监理工程师经过对索赔报告的评审后，承包商常常需要做出进一步的解释和补充证据，而业主或监理工程师也需要对索赔报告提出的初步处理意见做出解释和说明。因此，业主、监理工程师和承包商三方就索赔的解决要进行进一步的讨论、磋商，即谈判。对经谈判达成一致意见的，做出索赔决定。若意见达不成一致，则产生争执。

在经过与承包商、业主认真分析研究广泛讨论后，工程师应当向业主和承包商提出自己的《索赔处理决定》。监理工程师收到承包商送交的索赔报告和有关资料后，于合同规定的时间内(如 28 d)给予答复，或要求承包商进一步补充索赔理由和证据。工程师在规定时间内未予答复或未对承包商做出进一步要求的，则视为该项索赔已经认可。

监理工程师在《索赔处理决定》中应当简明地叙述索赔事项、理由和建议给予补偿的金额及(或)延长的工期。《索赔评价报告》则是作为该决定的附件提供的。它根据监理工程师所掌握的实际情况详细叙述索赔的事实依据、合同及法律依据，论述承包商索赔的合理方面及不合理方面，详细计算应当给予的补偿。《索赔评价报告》是监理工程师站在公正的立场上独立编制的。

当监理工程师确定的索赔额超过其权限范围时，必须报请业主批准。

业主首先根据事件发生的原因、责任范围、合同条款审核承包商的索赔申请和工程师的处理报告，再依据工程建设的目的、投资控制、竣工投产日期要求以及针对承包商在施工中的缺陷或违反合同规定等的有关情况，决定是否批准监理工程师的处理意见，而不能超越合同条款的约定范围。索赔报告经业主批准后，监理工程师即可签发有关证书。

(5)索赔争端的解决。如果业主和承包商通过谈判不能协商解决索赔，就可以将争端提交给监理工程师解决，监理工程师在收到有关解决争端的申请后，在一定时间内要做出索赔决定。业主或承包商如果对监理工程师的决定不满意，可以申请仲裁或起诉。争议发生后，在一般情况下，双方都应当继续履行合同，保持施工连续，保护好已完工程。只有当出现单方违约导致合同确已无法履行时，双方才协议停止施工；或调解要求停止施工，且为双方接受；或仲裁机关或法院要求停止施工等情况时，当事人方可停止履行施工合同。

16.2.5 索赔值的计算

工程索赔报告最主要的两部分是合同论证部分和索赔计算部分，合同论证部分的任务是解决索赔权是否成立的问题，而索赔计算部分则确定应得到多少索赔款额或工期补偿，前者是定性的，后者是定量的。索赔的计算是索赔管理的一个重要组成部分。

16.2.5.1 工期索赔值的计算

1. 工期索赔的原因

在施工过程中，由于各种因素的影响，承包商不能在合同规定的工期内完成工程，就会造成工程拖期。造成工程拖期的原因一般有以下几个方面：

(1)非承包商的原因。由于下列非承包商原因造成的工程拖期，承包商有权获得工期延长：

1) 合同文件含义模糊或歧义；

2) 工程师未在合同规定的时间内颁发图纸和指示；

3) 承包商遇到一个有经验的承包商无法合理预见到的障碍或条件；

4) 处理现场发掘出的具有地质或考古价值的遗迹或物品；

5) 工程师指示进行未规定的检验；

6) 工程师指示暂时停工；

7) 业主未能按照合同规定的时间提供施工所需的现场和道路；

8) 业主违约；

9) 工程变更；

10) 异常恶劣的气候条件。

上述原因可归结为以下三大类：第一类是业主的原因，如未按规定时间提供现场和道路占有权，增加额外工程等；第二类是工程师的原因，如设计变更、未及时提供施工图纸等；第三类是不可抗力，如地震、洪水等。

(2) 承包商的原因。承包商在施工过程中可能由于下列原因造成工程延误：

1) 对施工条件估计不充分，制订的进度计划过于乐观；

2) 施工组织不当；

3) 承包商自身的其他原因。

2. 工程拖期的种类及处理措施

工程拖期可分为以下两种情况：

(1) 由于承包商的原因造成的工程拖期，定义为工程延误，承包商须向业主支付误期损害赔偿费。工程延误也称为不可原谅的工程拖期，如承包商内部施工组织不好，设备材料供应不及时等。在这种情况下，承包商无权获得工期延长。

(2) 由于非承包商原因造成的工程拖期，定义为工程延期，则承包商有权要求业主给予工期延长。工程延期也称为可原谅的工程拖期。它是由于业主、监理工程师或其他客观因素造成的，承包商有权获得工期延长，但是否能获得经济补偿要视具体情况而定。因此，可原谅的工程拖期又可以分为：①可以原谅并给予补偿的拖期，是指承包商有权同时要求延长工期和经济补偿的延误，拖期的责任者是业主或工程师。②可以原谅但不给予补偿的拖期，是指可给予工期延长，但不能对相应经济损失给予补偿的可原谅延误。这往往是由于客观因素造成的拖延。

上述两种情况下的工期索赔可按照表 16-1 所示的处理原则进行处理。

表 16-1 工期索赔处理原则

索赔原因	是否可原谅	拖期原因	责任者	处理原则	索赔结果
工程进度拖延	可原谅拖期	修改设计；施工条件变化；业主原因拖期；工程师原因拖期	业主	可给予工期延长，可补偿经济损失	工期+经济补偿

续表

索赔原因	是否可原谅	拖期原因	责任者	处理原则	索赔结果
工程进度拖延	可原谅拖期	异常恶劣气候；工人罢工；天灾	客观原因	可给工期延长，不给予补偿经济	工期
	不可原谅拖期	工效不高；施工组织不好；设备材料供应不及时	承包商	不延长工期，不补偿损失；向业主支付误期损害赔偿费	索赔失败；无权索赔

3. 共同延误下工期索赔的处理方法

承包商、工程师或业主以及某些客观因素均可造成工程拖期。但在实际施工过程中，工程拖期经常是由两种以上的原因共同作用产生的，称为共同延误。

共同延误主要有两种情况：在同一项工作上同时发生两项或两项以上延误；在不同的工作上同时发生两项或两项以上延误。

第一种情况比较简单。共同延误主要有以下几种基本组合：

(1) 可补偿延误与不可原谅延误同时存在。在这种情况下，承包商不能要求工期延长及经济补偿，因为即便是没有可补偿延误，不可原谅延误也已经造成工程延误。

(2) 不可补偿延误与不可原谅延误同时存在。在这种情况下，承包商无权要求延长工期，因为即便是没有不可补偿延误，不可原谅延误也已经导致施工延误。

(3) 不可补偿延误与可补偿延误同时存在。在这种情况下，承包商可以获得工期延长，但不能得到经济补偿，因为即便没有可补偿延误，不可补偿延误也已经造成工程施工延误。

(4) 两项可补偿延误同时存在。在这种情况下，承包商只能得到一项工期延长或经济补偿。

第二种情况比较复杂。由于各项工作在工程总进度表中所处的地位和重要性不同，同等时间的相应延误对工程进度所产生的影响也就不同。所以，对这种共同延误的分析就不像第一种情况那样简单。如业主延误(可补偿延误)和承包商延误(不可原谅延误)同时存在，承包商能否获得工期延长及经济补偿这个问题，应当通过具体分析才能回答。

关于业主延误与承包商延误同时存在的共同延误，一般认为应当用一定的方法按照双方过错的大小及所造成影响的大小按比例分担。如果该延误无法分解开，不允许承包商获得经济补偿。

4. 工期补偿量的计算

(1) 有关工期的概念。

1) 计划工期是指承包商在投标报价文件中申明的施工期，即从正式开工日起至建成工程所需的施工天数，一般为业主在招标文件中所提出的施工期。

2) 实际工期是指在项目施工过程中，由于多方面干扰或工程变更，建成该项工程上所花费的施工天数。如果实际工期比计划工期长的原因不属于承包商的责任，则承包商有权获得相应的工期延长，即工期延长量＝实际工期－计划工期。

3)理论工期是指较原计划拖延了的工期。如果在施工过程中受到工效降低和工程量增加等诸多因素的影响,仍然按照原定的工作效率施工,而且未采取加速施工措施时,该工程项目的施工期可能拖延甚久,这个被拖延了的工期,被称为"理论工期",即在工程量变化、施工受干扰的条件下,仍然按照原定效率施工而不采取加速施工措施时,在理论上所需要的总施工时间。在这种情况下,理论工期即实际工期。各工期之间的关系如图16-1所示。

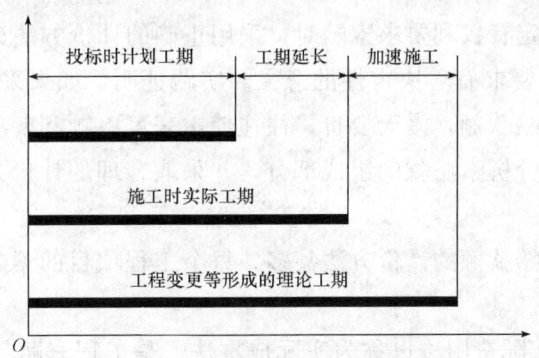

图 16-1 各工期之间的关系

(2)工期补偿量的计算方法。在工程承包实践中,对工期补偿量的计算有以下几种方法:

1)工期分析法。依据合同工期的网络进度计划图或横道图计划,考察承包商按监理工程师的指示,完成各种原因增加的工程量所需用的工时,以及工序改变的影响,算出实际工期以确定工期补偿量。

2)实测法。承包商按照监理工程师的书面工程变更指令,完成变更工程所用的实际工时。

3)类推法。按照合同文件中规定的同类工作进度计算工期延长。

4)工时分析法。某工种的分项工程项目延误事件发生后,按照实际施工的程序统计出所用的工时总量,然后按延误期间承担该分项工程工种的全部人员投入来计算要延长的工期。

16.2.5.2 费用索赔值的计算

1. 索赔款的组成

工程索赔时可以索赔费用的组成部分,与工程承包合同价所包含的组成部分一样,包括直接费、间接费、利润和其他应当补偿的费用。

(1)直接费。

1)人工费包括人员闲置费、加班工作费、额外工作所需人工费、劳动效率降低和人工费的价格上涨等费用。

2)材料费包括额外材料使用费、增加的材料运杂费、增加的材料采购及保管费和材料价格上涨费等。

3)施工机械费包括机械闲置费、额外增加的机械使用费和机械作业效率降低费等。

(2)间接费。

1)现场管理费包括工期延长期间增加的现场管理费,如管理人员工资及各项开支、交通设施费以及其他费用等。

2）上级管理费包括办公费、通信费、差旅费和职工福利费等。

（3）利润一般包括合同变更利润、合同延期机会利润、合同解除利润和其他利润补偿。

（4）其他应当补偿的费用包括利息、分包费、保险费用和各种担保费等。

2. 索赔款的计价方法

根据合同条件的规定有权利要求索赔时，采用正确的计价方法论证应当获得的索赔款数额对顺利地解决索赔要求有着决定性的意义。实践证明，如果采用不合理的计价方法，没有事实根据地扩大索赔款额，漫天要价，往往使本来可以顺利解决的索赔要求搁浅，甚至失败。因此，客观地分析索赔款的组成部分，并采取合理的计价方法，是取得索赔成功的重要环节。

在工程索赔中，索赔款额的计价方法甚多。每个工程项目的索赔款计价方法，往往因索赔事项的不同而相异。

（1）实际费用法。实际费用法也称为实际成本法，是工程索赔计价时最常用的计价方法，它实质上就是额外费用法（或称额外成本法）。

实际费用法计算的原则是：以承包商为某项索赔工作所支付的实际开支为根据，向业主要求经济补偿。每一项工程索赔的费用仅限于由于索赔事项引起的、超过原计划的费用，即额外费用，也就是在该项工程施工中所发生的额外人工费、材料费和设备费及相应的管理费。这些费用是施工索赔所要求补偿的经济部分。

用实际费用法计价时，在直接费（人工费、材料费、设备费等）的额外费用部分的基础上，加上应得的间接费和利润，即承包商应得的索赔金额。因此，实际费用法客观地反映了承包商的额外开支或损失，为经济索赔提供了精确而合理的证据。

由于实际费用法所依据的是实际发生的成本记录或单据，所以，在施工过程中系统而准确地积累记录资料是非常重要的。这些记录资料不仅是施工索赔所必不可少的，也是工程项目施工总结的基础依据。

（2）总费用法。总费用法即总成本法，就是当发生多次索赔事项以后，重新计算出该工程项目的实际总费用，再从这个实际总费用中减去投标报价时的估算总费用，为要求补偿的索赔总款额，即

$$索赔款额＝实际总费用－投标报价估算费用$$

采用总成本法时，一般要满足以下条件：

1）由于该项索赔在施工时的特殊性质，难于或不可能精准地计算出承包商损失的款额，即额外费用；

2）承包商对工程项目的报价（即投标时的估算总费用）是比较合理的；

3）已开支的实际总费用被逐项审核，被认为是比较合理的；

4）承包商对已发生的费用增加没有责任；

5）承包商有较丰富的工程施工管理经验和能力。

在施工索赔工作中，不少人对采用总费用法持批评态度。因为实际发生的总费用中可能包括了由于承包商的原因（如施工组织不善、工效太低、浪费材料等）增加了的费用；同

时，投标报价时的估算费用却因想竞争中标而过低。因此，这种方法只有在实际费用难以计算时才使用。

(3)修正的总费用法。修正的总费用法是对总费用法的改进，即在总费用计算的原则上，对总费用法进行相应的修改和调整，去掉一些比较不确切的可能因素，使其更加合理。

用修正的总费用法进行的修改和调整内容如下：

1)将计算索赔款的时段仅局限于受到外界影响的时间(如雨期)，而不是整个施工期；

2)只计算受影响时段内的某项工作所受影响的损失，而不是计算该时段内所有施工工作所受的损失；

3)在受影响时段内受影响的某项工程施工中，使用的人工、材料、设备等资源均有可靠的记录资料，如工程师的施工日志、现场施工记录等；

4)与该项工作无关的费用，不列入总费用中；

5)对投标报价时的估算费用重新进行核算。按受影响时段内该项工作的实际单价进行计算，乘以实际完成的该项工作的工程量，得出调整后的报价费用。

经过上述各项调整修正后的总费用，已经相当准确地反映出实际增加的费用，可以作为给承包商补偿的款额。

据此，按照修正后的总费用法支付索赔款的计算式为

$$索赔款额＝某项工作调整后的实际总费用－该项工作的报价费用$$

修正的总费用法与未经修正的总费用法相比较，有了实质性的改进，使它的准确程度接近于"实际费用法"，容易被业主及工程师所接受。因为修正的总费用法仅考虑实际上已经受到索赔事项影响的那一部分工作的实际费用，再从这一实际费用中减去投标报价书中的相应部分的估算费用。如果投标报价的费用是准确而合理的，则采用此修正的总费用法计算出来的索赔款额，很可能同采用实际费用法计算出来的索赔款额十分贴近。

(4)分项法。分项法是按照每个索赔事件所引起损失的费用项目分别分析计算索赔值的一种方法。在实际中，绝大多数工程的索赔都采用分项法计算。

分项法计算通常分为以下三步：

1)分析每个或每类索赔事件所影响的费用项目，不得有遗漏。这些费用项目通常应当与合同报价中的费用项目一致；

2)计算每个费用项目受索赔事件影响后的数值，通过与合同价中的费用值进行比较即可以得到该项费用的索赔值；

3)将各费用项目的索赔值汇总，得到总费用索赔值。分项法中索赔费用主要包括该项工程施工过程中所发生的额外人工费、材料费、施工机械使用费、相应的管理费及应得的间接费和利润等。由于分项法所依据的是实际发生的成本记录或单据，所以在施工过程中，对第一手资料的收集整理就显得非常重要。

(5)合理价值法。合理价值法是一种按照公正调整理论进行补偿的做法，亦称为按价偿还法。

在施工过程中，当承包商完成了某项工程但受到经济亏损时，他有权根据公正调整理论要求经济补偿。但是，由于该工程项目的合同条款对此没有明确的规定，或者由于合同已被终止，承包商按照合理价值法的原则仍然有权要求对自己已经完成的工作取得公正合

理的经济补偿。

对于合同范围以外的额外工程，或者施工条件完全变化了的施工项目，承包商也可以根据合理价值法的原则，得到合理的索赔款额。

一般认为，如果该工程项目的合同条款中有明确的规定，即可以按照此合同条款的规定计算索赔款额，而不必采用这个合理价值法来索取经济补偿。

在施工索赔实践中，按照合理价值法获得索赔比较困难。这是因为工程项目的合同条款中没有经济亏损补偿的具体规定，而且工程已经完成，业主和工程师一般不会轻易地再予以支付。这种情况一般是通过调解机构（如合同上诉委员会）或通过法律判决途径，按照合理价值法原则判定索赔款额，解决索赔争端。

在工程承包施工阶段的技术经济管理工作中，工程索赔管理是一项艰难的工作。要想在工程索赔工作中取得成功，需要具备丰富的工程承包施工经验及相当高的经营管理水平。在索赔工作中，要充分论证索赔权，合理计算索赔值，在合同规定的时间内提出索赔要求，编写好索赔报告并提供充分的索赔证据。力争友好协商解决索赔。在索赔事件发生后随时随地提出单项索赔，力争单独解决、逐月支付，把索赔款的支付纳入按月结算支付的轨道，同工程进度款的结算支付同步处理。必要时可以采取一定的制约手段，以促使索赔问题尽快解决。

16.3 任务实施

请完成××学院教学楼工程的合同管理工作。

16.4 任务评价

本任务主要讲述施工合同管理工作。施工合同在执行过程中，需要根据需要进行合同变更、解除及终止的管理；在合同执行过程中，可能会发生争议，因此，应当通过和解、协商仲裁和诉讼等手段，解决争议，并进行合同管理，妥善保管索赔证据，积极进行合同索赔工作。

请完成下表：

任务16 任务评价表

能力目标	知识点	分值	自测分数
能够对合同变更、终止进行管理	施工合同变更管理	20	
	施工合同解除及终止管理	30	
能够进行索赔管理	施工合同争议	20	
	施工合同索赔管理	30	

技能实训

一、判断题

1. 合同变更是指合同成立以后和履行完毕以前由双方当事人依法对合同的内容所进行的修改。（ ）
2. 承包人应在收到变更指示或变更意向书后的 7 d 内，向监理人提交变更报价书。（ ）
3. 如果该工程项目的合同条款中有明确的规定，即可按此合同条款的规定计算索赔款额，而不必采用这个合理价值法来索取经济补偿。（ ）
4. 修正后的总费用法支付索赔款的公式为：索赔款额＝某项工作调整后的实际总费用－该项工作的报价费用。（ ）
5. 用实际费用法计价时，在直接费（人工费、材料费、设备费等）的额外费用部分的基础上，再加上应得的间接费，即是承包商应得的索赔金额。（ ）
6. 总费用法下，索赔款额＝实际总费用－投标报价估算费用。（ ）
7. 计划工期是承包商在投标报价文件中申明的施工期，即从正式开工日起至建成工程所需的工作日。（ ）
8. 工程索赔时可索赔费用的组成部分，同工程承包合同价所包含的组成部分一样，包括直接费、间接费、利润和其他应补偿的费用。（ ）
9. 实际工期是在项目施工过程中，由于多方面干扰或工程变更，建成该项工程上所花费的施工天数。（ ）
10. 在工程承包施工阶段的技术经济管理工作中，工程索赔管理是一项艰难的工作。（ ）

二、单选题

1. 若承包商负责设计的图纸经过监理工程师的批准，则应当（ ）承包商的设计责任。
   A. 减轻　　　　B. 不减轻　　　　C. 解除　　　　D. 不解除
2. 《建设工程施工合同（示范文本）》（GF—2013—0201）规定，由于发包人原因不能按照协议书约定的开工日期开工，经过（ ）后，可以推迟开工日期。
   A. 承包人以书面形式通知工程师　　B. 工程师以书面形式通知承包人
   C. 承包人征得工程师同意　　　　　D. 工程师征得承包人同意
3. 《建设工程施工合同（示范文本）》（GF—2013—0201）规定，未经发包人同意，承包人不能将承包工程的（ ）。
   A. 主体部分分包　　　　　　　　B. 关键部分分包
   C. 非主体非关键部分分包　　　　D. 任何部分分包
4. 依据《建设工程施工合同（示范文本）》通用条款，在施工合同履行中，如果发包人不按时支付预付款，承包人可以（ ）。
   A. 立即发出解除合同通知

· 225 ·

B. 立即停工并发出通知要求支付预付款

C. 在合同约定预付时间 7 d 后发出通知要求支付预付款，如仍然不能获得预付款，则在发出通知 7 d 后停止施工

D. 在合同约定预付时间 7 d 后发出通知要求支付预付款，如仍然不能获得预付款，则在发出通知之日起停止施工

5. 在施工合同履行中，发包人按照合同约定购买了玻璃，现场交货前未通知承包人派代表共同进行现场交货清点，单方检验接收后直接交承包人的仓库保管员保管，施工使用时发现部分玻璃损坏，则应当由( )负责赔偿损失。

　A. 保管员　　　　　　　　　B. 发包人
　C. 承包人　　　　　　　　　D. 发包人与承包人共同

6. 《建设工程施工合同(示范文本)》通用条款规定：施工中，发包人供应的材料由承包人负责检查试验后用于工程，但随后又发现材料有质量问题，此时应当( )。

　A. 由发包人追加合同价款，相应顺延工期
　B. 由发包人追加合同价款，工期不予顺延
　C. 由承包人承担发生的费用，相应顺延工期
　D. 由承包人承担发生的费用，工期不予顺延

7. 为了保证工程质量，对发包人采购的大宗建筑材料用于施工前，需要进行合同约定的物理和化学抽样检验。对于此项检验，应当( )。

　A. 由承包人负责检验工作，发包人承担检验费用
　B. 由承包人负责检验工作，并承担检验费用
　C. 由发包人负责检验工作，并承担检验费用
　D. 由发包人负责检验工作，承包人承担检验费用

8. 由承包人负责采购的材料设备，到货检验时发现与标准要求不符，承包人按照工程师要求进行了重新采购，最后达到了标准要求。处理由此发生的费用和延误的工期的正确方法是( )。

　A. 费用由发包人承担，工期给予顺延
　B. 费用由承包人承担，工期不予顺延
　C. 费用由发包人承担，工期不予顺延
　D. 费用由承包人承担，工期给予顺延

9. 施工合同文本规定，设备安装工程具备无负荷联动试车条件，由( )组织试车。

　A. 发包人　　B. 承包人　　C. 工程师　　D. 监理单位

10. 施工合同文本规定，工程师未按照规定参加某隐蔽工程的验收，工程隐蔽后，工程师提出重新检验要求，重要检验的结果为合格，重新检验造成的费用损失应当由( )承担。

　A. 发包人　　B. 承包人　　C. 工程师　　D. 监理单位

三、案例题

新阳建筑公司根据领取的某 3 000 m³ 两层厂房工程项目招标文件和全套施工图纸，采用低价投标策略编制投标文件，并获得中标。新阳建筑公司(乙方)于 2015 年某月某日与华

龙公司(甲方)签订了该工程项目的固定价格施工合同。合同工期为10个月。甲方在乙方进入施工现场后，因资金短缺，无法如期支付工程款，口头要求乙方暂停施工一个月，乙方亦口头答应。工程按合同规定期限验收时，甲方发现工程质量有问题，要求返工。两个月后，返工完毕。结算时甲方认为乙方迟延交付工程，应当按照合同约定偿付逾期违约金。乙方认为临时停工是甲方要求的。乙方为抢工期，加快施工进度才出现了质量问题，因此延迟交付的责任不在乙方。甲方则认为临时停工和不顺延工期是当时乙方答应的。乙方应当履行承诺，承担违约责任。

在施工过程中，工程遭受到了多年不遇的强暴风雨的袭击，造成了相应的损失，施工单位及时向监理工程师提出索赔要求，并附有与索赔有关的资料和证据。索赔报告中的基本要求如下：

(1)遭受多年不遇的强暴风雨的袭击属于不可抗力事件，不是因施工单位原因造成的损失，故应当由业主承担赔偿责任。

(2)已建部分工程损失18万元，应当由业主承担修复的经济责任，施工单位不承担修复的经济责任。

(3)施工单位人员因此灾害导致数人受伤，处理伤病医疗费用和补偿总计3万元，业主应当给予赔偿。

(4)施工单位进场的在使用机械、设备受到损坏，造成损失8万元，由于现场停工造成台班费损失4.2万元，业主应当负担赔偿和修复的经济责任。工人窝工费3.8万元，业主应当予以支付。

(5)因暴风雨造成的损失现场停工8 d，要求合同工期顺延8 d。

(6)由于工程破坏，清理现场需费用2.4万元，业主应当予以支付。

问题：

1.该工程采用固定价格合同是否合适？

2.该施工合同的变更形式是否妥当？依据合同法律规定范围，此合同争议应当如何处理？

3.监理工程师接到施工单位提交的索赔申请后，应当进行哪些工作？

4.因不可抗力发生的风险承担的原则是什么？对施工单位提出的要求，业主应如何处理？

任务 17　其他工程合同

引例：某工程项目，业主与监理单位签订了施工阶段监理合同，与承包方签订了工程施工合同。施工合同规定：设备由业主供应，其他建筑材料由承包方采购。施工过程中，承包方未经监理工程师事先同意，订购了一批钢材。钢材运抵施工现场后，监理工程师进行了检验，检验中监理工程师发现该批材料承包方未能提交产品合格证、质量保证书和材质化验单，且这批材料外观质量不好。业主经与设计单位商定，对主要装饰石料指定了材质、颜色和样品，并向承包方推荐厂家，承包方与生产厂家签订了购货合同，厂家将石料按合同采购量送达现场，进场时发现该批材料颜色有部分不符合要求，监理工程师通知承包方该批材料不得使用。承包方要求厂家将不符合要求的石料退换，厂家要求承包方支付退货运费，承包方不同意支付，厂家要求业主在应付承包方工程款中扣除上述费用。

问题：
1. 监理工程师应当如何处理上述钢材质量问题？为什么？
2. 业主指定石料材质、颜色和样品是否合理？
3. 监理工程师进行现场检查，对不符合要求的石料通知不许使用是否合理？为什么？
4. 承包方要求退换不符合要求的石料是否合理？为什么？
5. 厂家要求承包方支付退货运费，业主代扣退货运费款是否合理？为什么？
6. 石料退货的经济损失应由谁负担？为什么？

17.1　任务导读

17.1.1　任务描述

××学院教学楼工程在施工中，相关单位签订了一些其他合同，如监理合同、勘察设计合同、物资采购合同等，这些合同有什么特点，该如何管理？

17.1.2　任务目标

(1)能够对其他合同进行分析；
(2)能够对其他工程合同进行管理。

17.2 理论基础

17.2.1 监理合同

随着我国建设工程监理相关法规及政策的不断完善,特别是《建设工程安全生产管理条例》等行政法规的颁布实施,以及建设单位对涵盖策划决策、建设实施全过程项目管理服务等方面的需求,原《建设工程委托监理合同(示范文本)》已经不能完全满足建设工程监理与相关服务实践的需要。因此,非常有必要进行修订。

17.2.1.1 修订依据

修订《建设工程委托监理合同(示范文本)》主要依据国家有关法律、法规和规章,并参考FIDIC《客户/咨询工程师(单位)服务协议书范本》(1998)、美国AIA《业主与建筑师标准合同文本》(1997版)等。此外,还综合考虑了九部委联合颁布的《标准施工招标文件》(第56号令)中通用合同条款的相关内容。

17.2.1.2 修订主要内容

(1)协议书;
(2)中标通知书(适用于招标工程)或委托书(适用于非招标工程);
(3)投标文件(适用于招标工程)或监理与相关服务建议书(适用于非招标工程);
(4)专用条件;
(5)通用条件;
(6)附录,包括附录A相关服务的范围和内容,附录B委托人派遣的人员和提供的房屋、资料、设备。

本合同签订后,双方依法签订的补充协议也是本合同文件的组成部分。

17.2.1.3 工程监理与相关服务

1. 工程监理

工程监理是指监理单位受建设单位的委托,依照法律法规、工程建设标准、勘察设计文件及合同,在施工阶段对建设工程质量、进度、造价进行控制,对合同、信息进行管理,对工程建设相关方的关系进行协调,并履行建设工程安全生产管理法定职责的服务活动。

工程监理的主要依据包括:①法律法规,如《中华人民共和国建筑法》《建设工程质量管理条例》《建设工程安全生产管理条例》及相关政策等;②工程建设标准及勘察设计文件;③合同文件。这里的"合同文件"既包括建设单位与监理单位签订的建设工程监理合同(即本合同),也包括建设单位与承包单位签订的建设工程合同。

《中华人民共和国建筑法》第32条第1款规定:"建筑工程监理应当依照法律、行政法规及有关的技术标准、设计文件和建筑工程承包合同,对承包单位在施工质量、建设工期和建设资金使用等方面,代表建设单位实施监督。"因此,监理单位代表建设单位对工程的施工质量、进度、造价进行控制是其基本工作内容和任务,对合同、信息进行管理及协调工程建设相关方的关系,是实现项目管理目标的主要手段。

尽管《中华人民共和国建筑法》第45条规定施工现场安全由建筑施工企业负责,但《建设工程安全生产管理条例》第4条规定:"建设单位、勘察单位、设计单位、施工单位、工程监理单位及其他与建设工程安全生产有关的单位,必须遵守安全生产法律、法规的规定,保证建设工程安全生产,依法承担建设工程安全生产责任。"为此,监理单位还应当履行建设工程安全生产管理的法定职责,这是法规赋予监理单位的社会责任。

2. 相关服务

这里的"相关服务"是指监理单位受建设单位委托,在建设工程勘察、设计、保修等阶段提供的与建设工程监理相关的服务。之所以称为相关服务,是指这些服务与建设工程监理相关,即这些服务是以工程监理为基础的服务,是建设单位在委托建设工程监理的同时委托给监理单位的服务。如果建设单位不委托监理单位实施监理而只要求其提供项目管理服务或技术咨询服务,则双方不必签订建设工程监理合同,而只需要签订项目管理合同或技术咨询合同即可。

17.2.1.4 监理单位义务

1. 监理范围

建设工程监理范围可能是整个建设工程,也可能是建设工程中一个或若干施工标段,还可能是一个或若干施工标段中的部分工程(如土建工程、机电设备安装工程、玻璃幕墙工程、桩基工程等)。合同双方当事人需要在专用条件中明确建设工程监理的具体范围。

2. 监理工作内容

对于强制实施监理的建设工程,通用条件中约定了22项工作属于监理单位需要完成的基本工作,也是确保建设工程监理取得成效的重要基础。

监理单位需要完成下列基本工作:

(1)收到工程设计文件后编制监理规划,并在第一次工地会议7d前报建设单位。根据有关规定和监理工作需要,编制监理实施细则。

(2)熟悉工程设计文件,并参加由建设单位主持的图纸会审和设计交底会议。

(3)参加由建设单位主持的第一次工地会议;主持监理例会并根据工程需要主持或参加专题会议。

(4)审查施工单位提交的施工组织设计,重点审查其中的质量安全技术措施、专项施工方案与工程建设强制性标准的符合性。

(5)检查施工单位工程质量、安全生产管理制度、组织机构和人员资格。

(6)检查施工单位专职安全生产管理人员的配备情况。

(7)审查施工单位提交的施工进度计划,核查施工单位对施工进度计划的调整。

(8)检查施工单位的试验室。

(9)审核施工分包单位资质条件。

(10)查验施工单位的施工测量放线成果。

(11)审查工程开工条件,对条件具备的签发开工令。

(12)审查施工单位报送的工程材料、构配件、设备质量证明文件的有效性和符合性，并按规定对用于工程的材料采取平行检验或见证取样方式进行抽检。

(13)审核施工单位提交的工程款支付申请，签发或出具工程款支付证书，并报建设单位审核、批准。

(14)在巡视、旁站和检验过程中，发现工程质量、施工安全存在事故隐患的，要求施工单位整改并报建设单位。

(15)经建设单位同意，签发工程暂停令和复工令。

(16)审查施工单位提交的采用新材料、新工艺、新技术、新设备的论证材料及相关验收标准。

(17)验收隐蔽工程、分部分项工程。

(18)审查施工单位提交的工程变更申请，协调处理施工进度调整、费用索赔、合同争议等事项。

(19)审查施工单位提交的竣工验收申请，编写工程质量评估报告。

(20)参加工程竣工验收，签署竣工验收意见。

(21)审查施工单位提交的竣工结算申请并报建设单位。

(22)编制、整理工程监理归档文件并报建设单位。

3. 相关服务的范围和内容

建设单位需要监理单位提供相关服务(如勘察阶段、设计阶段、保修阶段服务及其他专业技术咨询、外部协调工作等)的，其范围和内容应当在附录 A 中约定。

4. 项目监理机构及其人员的更换

(1)项目监理机构。监理单位应当组建满足工作需要的项目监理机构，配备必要的检测设备。项目监理机构的主要人员应当具有相应的资格条件。

项目监理机构应当由总监理工程师、专业监理工程师和监理员组成，且专业配套、人员数量满足监理工作需要。总监理工程师必须由注册监理工程师担任，必要时可设有总监理工程师代表。配备必要的检测设备是保证建设工程监理效果的重要基础。

(2)项目监理机构人员的更换。

1)在建设工程监理合同履行过程中，总监理工程师及重要岗位监理人员应当保持相对稳定，以保证监理工作正常进行。

2)监理单位可以根据工程进展和工作需要调整项目监理机构人员。需要更换总监理工程师时，应当提前 7 d 向建设单位书面报告，经建设单位同意后方可更换；监理单位更换项目监理机构其他监理人员，应当以不低于现有资格与能力为原则，并将更换情况通知建设单位。

3)有下列情形之一的监理人员，监理单位应当及时更换：

①严重过失行为的；

②有违法行为不能履行职责的；

③涉嫌犯罪的；

④不能胜任岗位职责的；

⑤严重违反职业道德的;
⑥专用条件约定的其他情形。
4)建设单位可以要求监理单位更换不能胜任本职工作的项目监理机构人员。

5. 履行义务

监理单位应当遵循职业道德准则和行为规范,严格按照法律法规、工程建设有关标准及监理合同履行义务。

(1)建设单位、施工单位及有关各方意见和要求的处置。在建设工程监理与相关服务范围内,项目监理机构应当及时处置建设单位、施工单位及有关各方的意见和要求。当建设单位与施工单位及其他合同当事人发生合同争议时,项目监理机构应当充分发挥协调作用,与建设单位、施工单位及其他合同当事人协商解决。

(2)证明材料的提供。建设单位与施工单位及其他合同当事人发生合同争议的,首先应当通过协商、调解等方式解决。如果协商、调解不成而通过仲裁或诉讼途径解决,监理单位应当按照仲裁机构或法院要求提供必要的证明材料。

(3)合同变更的处理。监理单位应当在专用条件约定的授权范围(工程延期的授权范围、合同价款变更的授权范围)内,处理建设单位与承包单位所签订合同的变更事宜。如果变更超过授权范围,应当以书面形式报建设单位批准。

在紧急情况下,为了保护财产和人身安全,项目监理机构可以不经请示建设单位而直接发布指令,但应当在发出指令后的 24 h 内以书面形式报建设单位。这样,项目监理机构就拥有一定的现场处置权。

(4)承包单位人员的调换。施工单位及其他合同当事人的人员不称职,会影响建设工程的顺利实施。为此,项目监理机构有权要求施工单位及其他合同当事人调换其不能胜任本职工作的人员。

与此同时,为限制项目监理机构在此方面有过大的权力,建设单位与监理单位可以在专用条件中约定项目监理机构指令施工单位及其他合同当事人调换其人员的限制条件。

6. 其他义务

(1)提交报告。项目监理机构应当按照专用条件约定的种类、时间和份数向建设单位提交监理与相关服务的报告,包括监理规划、监理月报,还可以根据需要提交专项报告等。

(2)保留文件资料。在监理合同履行期内,项目监理机构应当在现场保留工作所用的图纸、报告及记录监理工作的相关文件。工程竣工后,应当按照档案管理规定将监理有关文件归档。

建设工程监理工作中所用的图纸、报告是建设工程监理工作的重要依据,记录建设工程监理工作的相关文件是建设工程监理工作的重要证据,也是衡量建设工程监理效果的主要依据之一。发生工程质量、生产安全事故时,也是判别建设工程监理责任的重要依据。项目监理机构应当设置专人负责建设工程监理文件资料管理工作。

(3)使用、保管、移交已使用建设单位的财产。在建设工程监理与相关服务过程中,建设单位派遣的人员以及提供给项目监理机构无偿使用的房屋、资料、设备应在附录 B 中予以明确。监理单位应当妥善使用和保管并在合同终止时将这些房屋、设备按照专用条件约定的时间和方式移交建设单位。

17.2.1.5 建设单位义务

1. 告知

建设单位应当在其与施工单位及其他合同当事人签订的合同中明确监理单位、总监理工程师授予项目监理机构的权限。

如果监理单位、总监理工程师及建设单位授予项目监理机构的权限有变更,建设单位也应当以书面形式及时通知施工单位及其他合同当事人。

2. 提供资料

建设单位应按照附录 B 的约定,无偿、及时地向监理单位提供工程有关资料。在建设工程监理合同履行过程中,建设单位应当及时向监理单位提供最新的与工程有关的资料。

3. 提供工作条件

建设单位应当为监理单位实施监理与相关服务提供必要的工作条件。

(1)派遣人员并提供房屋、设备。建设单位应按照附录 B 的约定,派遣相应的人员,如果所派遣的人员不能胜任所安排的工作,监理单位可以要求建设单位调换。

建设单位还应当按照附录 B 的约定,提供房屋、设备,供监理单位无偿使用。如果在使用过程中所发生的水、电、煤、油及通信费用等需要监理单位支付的,应当在专用条件中约定。

(2)协调外部关系。建设单位应负责协调工程建设中的所有外部关系,为监理单位履行合同提供必要的外部条件。这里的外部关系是指与工程有关的各级政府建设主管部门、建设工程安全质量监督机构,以及城市规划、卫生防疫、人防、技术监督、交警、乡镇街道等管理部门之间的关系,还有与工程有关的各管线单位等之间的关系。如果建设单位将工程建设中所有或部分外部关系的协调工作委托监理单位完成的,则应当与监理单位协商,并在专用条件中约定或签订补充协议,支付相关费用。

4. 授权建设单位代表

建设单位应当授权一名熟悉工程情况的代表,负责与监理单位联系。建设单位应在双方签订合同后 7 d 内,将其代表的姓名和职责书面告知监理单位。当建设单位更换其代表时,也应提前 7 d 通知监理单位。

5. 委托人意见或要求

在建设工程监理合同约定的监理与相关服务工作范围内,建设单位对承包单位的任何意见或要求应通知监理单位,由监理单位向承包单位发出相应指令。

这样有利于明确建设单位与承包单位之间的合同责任,保证监理单位独立、公平地实施监理工作与相关服务,避免出现不必要的合同纠纷。

6. 答复

对于监理单位以书面形式提交建设单位并要求做出决定的事宜,建设单位应当在专用条件约定的时间内给予书面答复。逾期未答复的,视为建设单位已经认可。

7. 支付

建设单位应当按照合同(包括补充协议)约定的额度、时间和方式向监理单位支付酬金。

17.2.1.6 违约责任

1. 监理单位的违约责任

监理单位未履行监理合同义务的,应当承担相应的责任。

(1)违反合同约定造成的损失赔偿。因监理单位违反合同约定给建设单位造成损失的,监理单位应当赔偿建设单位损失。赔偿金额的确定方法在专用条件中约定。监理单位承担部分赔偿责任的,其承担赔偿金额由双方协商确定。

监理单位的违约情况包括不履行合同义务的故意行为和未正确履行合同义务的过错行为。监理单位不履行合同义务的情形包括以下几种:

1)无正当理由单方解除合同;

2)无正当理由不履行合同约定的义务。

监理单位未正确履行合同义务的情形包括以下几种:

1)未完成合同约定范围内的工作;

2)未按规范程序进行监理;

3)未按照正确数据进行判断而向施工单位及其他合同当事人发出错误指令;

4)未能及时发出相关指令,导致工程实施进程发生重大延误或混乱;

5)发出错误指令,导致工程受到损失等。

当合同协议书中是根据《建设工程监理与相关服务收费管理规定》(发改价格〔2007〕670号)约定酬金时,应当按照专用条件约定的百分比方法计算监理单位应承担的赔偿金。

赔偿金=直接经济损失×正常工作酬金÷工程概算投资额(或建筑工程安装费)

(2)索赔不成立时的费用补偿。监理单位向建设单位的索赔不成立时,监理单位应当赔偿建设单位由此发生的费用。

2. 建设单位的违约责任

建设单位未履行合同义务的,应当承担相应的责任。

(1)违反合同约定造成的损失赔偿。建设单位违反合同约定造成监理单位损失的,建设单位应当予以赔偿。

(2)索赔不成立时的费用补偿。建设单位向监理单位的索赔不成立时,应当赔偿监理单位由此引起的费用。这与监理单位索赔不成立的规定对等。

(3)逾期支付补偿。建设单位未能按照合同约定的时间支付相应酬金超过28 d的,应当按照专用条件约定支付逾期付款利息。

逾期付款利息应当按照专用条件约定的方法进行计算(拖延支付天数应从应支付日算起):

逾期付款利息=当期应付款总额×银行同期贷款利率×拖延支付天数

3. 除外责任

因非监理单位的原因且监理单位无过错,发生工程质量事故、安全事故、工期延误等造成的损失,监理单位不承担赔偿责任。这是由于监理单位不承包工程的实施,因此,在监理单位无过错的前提下,由于第三方原因使建设工程遭受损失的,监理单位不承担赔偿责任。

因不可抗力导致监理合同全部或部分不能履行时，双方各自承担其因此而造成的损失和损害。不可抗力是指合同双方当事人均不能预见、不能避免、不能克服的客观原因引起的事件，根据《中华人民共和国合同法》第117条"因不可抗力不能履行合同的，根据不可抗力的影响，部分或者全部免除责任"的规定，按照公平、合理原则，合同双方当事人应各自承担其因不可抗力而造成的损失、损害。

因不可抗力导致监理单位现场的物质损失和人员伤害，由监理单位自行负责。如果建设单位投保的"建筑工程一切险"或"安装工程一切险"的被保险人中包括监理单位，则监理单位的物质损害也可以从保险公司获得相应的赔偿。

监理单位应当自行投保现场监理人员的意外伤害保险。

17.2.1.7 监理酬金及其支付

1. 签约酬金

签约酬金是指建设单位与监理单位在签订监理合同时商定的酬金，包括建设工程监理酬金和相关服务酬金两部分。其中，相关服务酬金可以包括工程勘察、设计、保修阶段服务酬金及其他相关服务酬金。

如果监理单位受建设单位委托，仅实施建设工程监理，则签约酬金只包括建设工程监理酬金。

在建设工程监理合同履行过程中，由于建设工程监理或相关服务的范围和内容的变化会引起建设工程监理酬金、相关服务酬金发生变化，因此合同双方当事人最终结算的酬金额可能并不等于签约时商定的酬金额。

(1)工程监理酬金的确定。《建设工程监理与相关服务收费管理规定》第4条规定："建设工程监理与相关服务收费根据建设项目性质不同情况，分别实行政府指导价或市场调节价。依法必须实行监理的建设工程施工阶段的监理收费实行政府指导价；其他建设工程施工阶段的监理收费和其他阶段的监理与相关服务收费实行市场调节价。"

对于不同的建设工程，其监理酬金的计算方式不同。《建设工程监理与相关服务收费标准》中规定，铁路、水运、公路、水电、水库工程的施工监理酬金按建筑安装工程费分档定额计费方式计算，其他工程的施工监理酬金按照建设工程概算投资额分档定额计费方式计算。对于设备购置费和联合试运转费占工程概算投资额40%以上的工程，其建筑安装工程费全部计入计费额，设备购置费和联合试运转费按照40%的比例计入计费额。

(2)相关服务酬金的确定。相关服务酬金一般按照相关服务工作所需工日和《建设工程监理与相关服务人员人工日费用标准》计取。

2. 相关费用

在实施建设工程监理与相关服务过程中，监理单位可能发生外出考察、材料设备检测、咨询等费用。监理单位在服务过程中提出合理化建议而使建设单位获得经济效益的，还可获得经济奖励。

(1)外出考察费用。因工程建设需要，监理人员经建设单位同意，可以外出考察施工单位或专业分包单位业绩、材料与设备供应单位、类似工程技术方案等。

无论是建设单位直接要求监理单位外出考察，还是监理单位提出外出考察申请，双方当事人均需协商一致，对考察人员、考察方式、考察费用等内容以书面形式确认。监理人员外出考察发生的费用由建设单位审核后及时支付。

(2)检测费用。建设单位要求有相应检测资质的监理单位进行材料、设备检测的，所发生的费用应当由建设单位及时支付。需要说明的是，这里的检测费用不包括法律法规和规范要求监理单位进行平行检验及建设单位与监理单位在合同中约定的正常工作范围内的检验所发生的费用。

(3)咨询费用。根据工程建设需要，可以由监理单位组织相关咨询论证会，包括专项技术方案论证会、专项材料或设备采购评标会、质量事故分析论证会等。监理单位在组织相关咨询论证会及聘请相关专家前，应当与建设单位协商，事先以书面形式确定咨询论证会费用清单。费用发生后，由建设单位及时支付。

(4)奖励。监理单位在服务过程中提出的合理化建议，使建设单位获得经济效益的，建设单位与监理单位应当在专用条件中约定奖励金额的确定方法。在合理化建议被采纳后，奖励金额应当与最近一期的正常工作酬金同期支付。

合理化建议的奖励金额可以按照下式计算：

$$奖励金额 = 工程投资节省额 \times 奖励金额的比率$$

式中，奖励金额的比率应当由建设单位与监理单位在专用条件中约定。

3. 酬金支付

(1)支付货币。除专用条件另有约定外，酬金均以人民币支付。涉及外币支付的，所采用的货币种类、比例和汇率应当在专用条件中约定。

(2)支付申请。监理单位为确保按时获得酬金，应当在合同约定的应付款时间的 7 d 前，向建设单位提交支付申请书。支付申请书应当说明当期应付款总额，并列出当期应支付的款项及其金额，可以包括专用条件中约定的正常工作酬金，以及合同履行过程中发生的附加工作酬金及费用、合理化建议的奖金。

(3)支付酬金。建设单位应当按照合同约定的时间、金额和方式向监理单位支付酬金。

在合同履行过程中，由于建设工程投资规模、监理范围发生变化、建设工程监理与相关服务工作的内容、时间发生变化及其他相关因素等的影响，建设单位应支付的酬金可能会不同于签订合同时约定的酬金(即签约酬金)。实际支付的酬金可包括正常工作酬金、附加工作酬金、合理化建议奖励金额及费用。

(4)有争议部分的付款。建设单位对监理单位提交的支付申请书有异议时，应当在收到监理单位提交的支付申请书后 7 d 内，以书面形式向监理单位发出异议通知。无异议部分的款项应按期支付，以免影响监理单位的正常工作；有异议部分的款项按照合同约定办理，由合同双方当事人根据实际增加的工作内容进行协商。

17.2.1.8 合同生效、变更、终止及争议解决

1. 合同生效、变更与终止

(1)合同生效。建设工程监理合同属于无生效条件的委托合同，因此，合同双方当事人依法订立后合同即生效，即建设单位和监理单位的法定代表人或其授权代理人在协议书上签字并盖单位章后合同生效。除非法律另有规定或者专用条件另有约定。

(2)合同变更。在监理合同履行期间,由于主观或客观条件的变化,当事人任何一方均可提出变更合同的要求,经过双方协商达成一致后可以变更合同。如建设单位提出增加监理或相关服务工作的范围或内容;监理单位提出委托工作范围内工程的改进或优化建议等。

1)合同履行期限延长、工作内容增加。除不可抗力外,因非监理单位原因导致监理单位履行合同期限延长、内容增加时,监理单位应当将此情况与可能产生的影响及时通知建设单位。增加的监理工作时间、工作内容应视为附加工作。附加工作酬金的确定方法在专用条件中约定。

附加工作分为延长监理或相关服务时间、增加服务工作内容两类。延长监理或相关服务时间的附加工作酬金,应当按照下式进行计算:

附加工作酬金=合同期限延长时间(d)×正常工作酬金÷协议书约定的监理与相关服务期限(d)

增加服务工作内容的附加工作酬金,由合同双方当事人根据实际增加的工作内容协商确定。

2)合同暂停履行、终止后的善后服务工作及恢复服务的准备工作。监理合同生效后,如果实际情况发生变化使监理单位不能完成全部或部分工作,监理单位应当立即通知建设单位。其善后工作以及恢复服务的准备工作应当为附加工作,附加工作酬金的确定方法在专用条件中约定。监理单位用于恢复服务的准备时间不应超过28 d。

3)相关法律法规、标准颁布或修订引起的变更。在监理合同履行期间,因法律法规、标准颁布或修订导致监理与相关服务的范围、时间发生变化时,应当按照合同变更对待,双方通过协商予以调整。增加的监理工作内容或延长的服务时间应视为附加工作。若致使委托范围内的工作相应减少或服务时间缩短,也应当调整监理与相关服务的正常工作酬金。

4)工程投资额或建筑安装工程费增加引起的变更。协议书中约定的监理与相关服务酬金是按照国家颁布的收费标准确定时,其计算基数是工程概算投资额或建筑安装工程费。因非监理单位原因造成工程投资额或建筑安装工程费增加时,监理与相关服务酬金的计算基数便发生变化。因此,正常工作酬金应当作相应调整。调整额按照下式计算:

正常工作酬金增加额=工程投资额或建筑安装工程费增加额×正常工作酬金÷工程概算投资额(或建筑安装工程费)

如果是按照《建设工程监理与相关服务收费管理规定》(发改价格〔2007〕670号)约定的合同酬金,增加监理范围调整正常工作酬金时,若涉及专业调整系数、工程复杂程度调整系数变化,则应当按照实际委托的服务范围重新计算正常监理工作酬金额。

5)因工程规模、监理范围的变化导致监理单位的正常工作量的减少。在监理合同履行期间,工程规模或监理范围的变化导致正常工作减少时,监理与相关服务的投入成本也相应减少。因此,也应当对协议书中约定的正常工作酬金做出调整。减少正常工作酬金的基本原则是:按照减少工作量的比例从协议书约定的正常工作酬金中扣减相同比例的酬金。

如果是按照《建设工程监理与相关服务收费管理规定》(发改价格〔2007〕670号)约定的合同酬金,减少监理范围后调整正常工作酬金时,如果涉及专业调整系数、工程复杂程度调整系数变化,则应当按照实际委托的服务范围重新计算正常监理工作酬金额。

(3)合同暂停履行与解除。除双方协商一致可以解除合同外,当一方无正当理由未履行合同约定的义务时,另一方可以根据合同约定暂停履行合同直至解除合同。

1)解除合同或部分义务。在合同有效期内,由于双方无法预见和控制的原因导致合同全部或部分无法继续履行或继续履行已无意义,经双方协商一致,可以解除合同或监理单位的部分义务。在解除之前,监理单位应按诚信原则做出合理安排,将解除合同导致的工程损失减至最小。

除不可抗力等原因依法可以免除责任外,因建设单位原因致使正在实施的工程取消或暂停等,监理单位有权获得因合同解除导致损失的补偿。补偿金额由双方协商确定。

解除合同的协议必须采取书面形式,协议未达成之前,监理合同仍然有效,双方当事人应继续履行合同约定的义务。

2)暂停全部或部分工作。建设单位因不可抗力影响、筹措建设资金遇到困难、与施工单位解除合同、办理相关审批手续、征地拆迁遇到困难等导致工程施工全部或部分暂停时,应当书面通知监理单位暂停全部或部分工作。监理单位应当立即安排停止工作,并将开支减至最小。除不可抗力外,由此导致监理单位遭受的损失应当由建设单位予以补偿。

暂停全部或部分监理、相关服务的时间超过 182 d,监理单位可以自主选择继续等待建设单位恢复服务的通知,也可以向建设单位发出解除全部或部分义务的通知。若暂停服务仅涉及合同约定的部分工作内容,则视为建设单位已将此部分约定的工作从委托任务中删除,监理单位不需要再履行相应义务;如果暂停全部服务工作,按照建设单位违约对待,监理单位可以单方解除合同。监理单位可以发出解除合同的通知,合同自通知到达建设单位时解除。建设单位应当将监理与相关服务的酬金支付至合同解除日。

建设单位因违约行为给监理单位造成损失的,应当承担违约赔偿责任。

3)监理单位未履行合同义务。当监理单位无正当理由未履行合同约定的义务时,建设单位应当通知监理单位限期改正。建设单位在发出通知后 7 d 内没有收到监理单位书面形式的合理解释,即监理单位没有采取实质性改正违约行为的措施,则可进一步发出解除合同的通知,自通知到达监理单位时合同解除。建设单位应当将监理与相关服务的酬金支付至限期改正通知到达监理单位之日。

监理单位因违约行为给建设单位造成损失的,应当承担违约赔偿责任。

4)建设单位延期支付。建设单位按期支付酬金是其基本义务。监理单位在专用条件约定的支付日的 28 d 后未收到应支付的款项,可以发出酬金催付通知。

建设单位接到通知 14 d 后仍未支付或未提出监理单位可以接受的延期支付安排,监理单位可向建设单位发出暂停工作的通知并可自行暂停全部或部分工作。暂停工作后 14 d 内监理单位仍未获得建设单位应付酬金或建设单位的合理答复,监理单位可以向建设单位发出解除合同的通知,自通知到达建设单位时合同解除。

建设单位应当对支付酬金的违约行为承担违约赔偿责任。

5)不可抗力造成合同暂停或解除。因不可抗力致使合同部分或全部不能履行时,一方应当立即通知另一方,可以暂停或解除合同。根据《中华人民共和国合同法》的规定,双方受到的损失、损害由双方各负其责。

6)合同解除后的结算、清理、争议解决。无论是协商解除合同,还是建设单位或监理单位单方解除合同,合同解除生效后,合同约定的有关结算、清理条款仍然有效。单方解除合同的解除通知到达对方时生效,任何一方对对方解除合同的行为有异议,仍可按照约定的合同争议条款采用调解、仲裁或诉讼的程序保护自己的合法权益。

(4)合同终止。以下条件全部成立时,监理合同即告终止:

1)监理单位完成合同约定的全部工作;

2)建设单位与监理单位结清并支付全部酬金。

工程竣工并移交并不满足监理合同终止的全部条件。当上述条件全部成立时,监理合同有效期终止。

2. 合同争议解决方式

建设单位与监理单位发生合同争议时,可以采用以下方式进行解决。

(1)协商。双方应本着诚信原则协商解决彼此间的争议。以解决合同争议为目标的友好协商,可以使解决争议的成本低、效率高,且不伤害双方的协作感情。可以通过协商达成变更协议,有利于合同的继续顺利履行。

(2)调解。如果双方不能在 14 d 内或双方商定的其他时间内解决合同争议,可以将其提交给专用条件约定的或事后达成协议的调解人进行调解。调解解决合同争议的方式比诉讼或仲裁节省时间、节约费用,是较好解决合同争议的方式。当事人双方订立合同时,可以在专用条件中约定调解人。

(3)仲裁或诉讼。双方均有权不经调解直接向专用条件约定的仲裁机构申请仲裁或向有管辖权的人民法院提起诉讼。

调解不是解决合同争议的必经程序,只有双方均同意后才可以进行调解,任何一方不同意经过协商或调解,可以直接将合同争议提交仲裁或诉讼解决。

当事人双方订立合同时应当在专用条件中明确约定最终解决合同争议的方式及解决争议的机构名称(仲裁机构或人民法院)。

17.2.2 勘察合同

建设工程勘察合同是指根据建设工程的要求,查明、分析、评价建设场地的地质地理环境特征和岩土工程条件,编制建设工程勘察文件的协议。

为了保证工程项目的建设质量达到预期的投资目的,实施过程必须遵循项目建设的内在规律,即坚持先勘察、后设计、再施工的程序。

17.2.2.1 勘察合同订立

依据范本订立勘察合同时,双方通过协商,应根据工程项目的特点,在相应条款内明确以下几个方面的内容。

1. 发包人应当提供的勘察依据文件和资料

(1)提供本工程批准文件(复印件),以及用地(附红线范围)、施工、勘察许可等批件(复印件);

(2)提供工程勘察任务委托书、技术要求和工作范围的地形图、建筑总平面布置图;

(3)提供勘察工作范围已有的技术资料及工程所需的坐标与标高资料;

(4)提供勘察工作范围地下已有埋藏物的资料(如电力、电信电缆、各种管道、人防设施、洞室等）及具体位置分布图；

(5)其他必要的相关资料。

2. 委托任务的工作范围

(1)工程勘察任务（内容），可能包括自然条件观测、地形图测绘、资源探测、岩土工程勘察、地震安全性评价、工程水文地质勘察、环境评价、模型试验等；

(2)技术要求；

(3)预计的勘察工作量；

(4)勘察成果资料提交的份数。

3. 合同工期

合同约定的勘察工作开始和终止时间。

4. 勘察费用

(1)勘察费用的预算金额；

(2)勘察费用的支付程序和每次支付的百分比。

5. 发包人应当为勘察人提供的现场工作条件（熟悉）

根据项目的具体情况，双方可以在合同内约定由发包人负责保证勘察工作顺利开展应提供的条件，可能包括以下几个方面：

(1)落实土地征用、青苗树木赔偿；

(2)拆除地上地下障碍物；

(3)处理施工扰民及影响施工正常进行的有关问题；

(4)平整施工现场；

(5)修好通行道路、接通电源水源、挖好排水沟渠以及水上作业用船等。

6. 违约责任

7. 合同争议的最终解决方式、约定仲裁委员会的名称

17.2.2.2 勘察合同履行管理

1. 发包人的责任

(1)在勘察现场范围内，不属于委托勘察任务而又没有资料、图纸的地区（段），发包人应当负责查清地下埋藏物。若因未提供上述资料、图纸，或提供的资料图纸不可靠、地下埋藏物不清，致使勘察人在勘察工作过程中发生人身伤害或造成经济损失时，由发包人承担民事责任。

(2)若勘察现场需要看守，特别是在有毒、有害等危险现场作业，发包人应当派人负责安全保卫工作，按照国家有关规定，对从事危险作业的现场人员进行保健防护，并承担费用。

(3)工程勘察前，属于发包人负责提供的材料，应当根据勘察人提出的工程用料计划，提供各种材料及其产品合格证明，并承担费用和运到现场，派人与勘察人的人员一起进行验收。

(4)勘察过程中的任何变更，经办理正式变更手续后，发包人应当按照实际发生的工作量支付勘察费。

(5)为勘察人的工作人员提供必要的生产、生活条件,并承担费用;如不能提供,应当一次性付给勘察人临时设施费。

(6)发包人若要求在合同规定时间内提前完工(或提交勘察成果资料),应当按照每提前一天向勘察人支付计算的加班费。

(7)发包人应当保护勘察人的投标书、勘察方案、报告书、文件、资料图纸、数据、特殊工艺(方法)、专利技术和合理化建议。未经勘察人同意,发包人不得复制、泄露、擅自修改、传送或向第三人转让或用于本合同外的项目。

2. 勘察人的责任

(1)勘察人应当按照国家技术规范、标准、规程和发包人的任务委托书及技术要求进行工程勘察,按合同规定的时间提交质量合格的勘察成果资料,并对其负责。

(2)由于勘察人提供的勘察成果资料质量不合格,勘察人应负责无偿给予补充完善,使其质量合格。若勘察人无力补充完善,需另委托其他单位,勘察人应当承担全部勘察费用。因勘察质量造成重大经济损失或工程事故时,勘察人除应负法律责任和免收直接受损失部分的勘察费外,应根据损失程度向发包人支付赔偿金。赔偿金额为发包人、勘察人在合同内约定实际损失的某一百分比。

(3)勘察过程中,根据工程的岩土工程条件(或工作现场地形地貌、地质和水文地质条件)及技术规范要求,向发包人提出增减工作量或修改勘察工作的意见,并办理正式变更手续。

3. 勘察合同的工期

勘察人应当在合同约定的时间内提交勘察成果资料,勘察工作有效期限以发包人下达的开工通知书或合同规定的时间为准。如遇到以下特殊情况,可以相应延长合同工期:

(1)设计变更;

(2)工作量变化;

(3)不可抗力影响;

(4)非勘察人原因造成的停、窝工等。

4. 勘察费用的支付

(1)收费标准及付费方式。合同中约定的勘察费用计价方式,可以采用以下方式中的一种:

1)按照国家规定的现行收费标准取费;

2)预算包干;

3)中标价加签证;

4)实际完成工作量结算等。

(2)勘察费用的支付。

1)合同签订后3 d内,发包人应向勘察人支付预算勘察费的20%作为定金。

2)勘察工作外业结束后,发包人向勘察人支付约定勘察费的某一百分比。对于勘察规模大、工期长的大型勘察工程,还可将这笔费用按照实际完成的勘察进度分解,向勘察人分阶段支付工程进度款。

3)提交勘察成果资料后10 d内,发包人应当一次付清全部工程费用。

5. 违约责任

(1)发包人的违约责任。

1)由于发包人未给勘察人提供必要的工作生活条件而造成停、窝工或来回进出场地,发包人应当承担的责任包括以下几项:

①付给勘察人停、窝工费,金额按照预算的平均工日产值计算;

②工期按照实际延误的工日顺延;

③补偿勘察人来回的进出场费和调遣费。

2)合同履行期间,由于工程停建而终止合同或发包人要求解除合同时,勘察人未进行勘察工作的,不退还发包人已付定金;已进行勘察工作的,完成的工作量在50%以内时,发包人应向勘察人支付预算额50%的勘察费;完成的工作量超过50%时,应当向勘察人支付预算额100%的勘察费。

3)发包人未按照合同规定时间(日期)拨付勘察费的,每超过1日,应按未支付勘察费的1‰偿付逾期违约金。

4)发包人不履行合同时,无权要求返还定金。

(2)勘察人的违约责任。

1)由于勘察人原因造成勘察成果资料质量不合格,不能满足技术要求时,其返工勘察费用由勘察人承担。交付的报告、成果、文件达不到合同约定条件的部分,发包人可以要求承包人返工,承包人按发包人要求的时间返工,直到符合约定条件。返工后仍不能达到约定条件,承包人应当承担违约责任,并根据因此造成的损失程度向发包人支付赔偿金,赔偿金最高不超过返工项目的收费。

2)由于勘察人原因未按照合同规定时间(日期)提交勘察成果资料,每超过1日,应当减收勘察费的1‰。

3)勘察人不履行合同时,应当双倍返还定金。

17.2.3 设计合同

建设工程设计合同是指根据建设工程的要求,对建设工程所需的技术、经济、资源、环境等条件进行综合分析、论证,编制建设工程设计文件的协议。

17.2.3.1 设计合同的订立

依据范本订立民用建筑设计合同时,双方通过协商,应根据工程项目的特点,在相应条款内明确以下几个方面的具体内容。

1. 发包人应提供的文件和资料

(1)设计依据文件和资料。

1)经批准的项目可行性研究报告或项目建议书;

2)城市规划许可文件;

3)工程勘察资料等。

发包人应当向设计人提交的有关资料和文件在合同内需约定资料和文件的名称、份数、提交的时间和有关事宜。

(2)项目设计要求。

1)工程的范围和规模；

2)限额设计的要求；

3)设计依据的标准；

4)法律、法规规定应满足的其他条件。

2. 委托任务的工作范围

(1)设计范围。合同内应当明确建设规模，详细列出工程分项的名称、层数和建筑面积。

(2)建筑物的合理使用年限设计要求。

(3)委托的设计阶段和内容。其可能包括方案设计、初步设计和施工图设计的全过程，也可以是其中的某几个阶段。

(4)设计深度要求。设计标准可以高于国家规范的强制性规定，发包人不得要求设计人违反国家有关标准进行设计。方案设计文件应当满足编制初步设计文件和控制概算的需要；初步设计文件应当满足编制施工招标文件、主要设备材料订货和编制施工图设计文件的需要；施工图设计文件应当满足设备材料采购、非标准设备制作和施工的需要，并注明建设工程合理使用年限。具体内容要根据项目的特点在合同内约定。

(5)设计人配合施工工作的要求。其包括向发包人和施工承包人进行设计交底、处理有关设计问题；参加重要隐蔽工程部位验收和竣工验收等事项。

3. 设计人交付设计资料的时间

明确约定设计人交付设计资料的时间。

4. 设计费用

合同双方不得违反国家有关最低收费标准的规定，任意压低勘察、设计费用。合同内除了写明双方约定的总设计费外，还需要列明分阶段支付进度款的条件、占总设计费的百分比及金额。

5. 发包人应当为设计人提供的现场服务

发包人应当为设计人提供的现场服务可能包括施工现场的工作条件、生活条件及交通等方面的具体内容。

6. 违约责任

需要约定的内容包括承担违约责任的条件和违约金的计算方法等。

7. 合同争议的最终解决方式

明确约定解决合同争议的最终方式是采用仲裁或诉讼。采用仲裁时，需要注明仲裁委员会的名称。

17.2.3.2 设计合同履行管理

1. 合同的生效与设计期限

(1)合同生效。设计合同采用定金担保，以合同总价的20%为定金。设计合同经双方当事人签字盖章并在发包人向设计人支付定金后生效。发包人应在合同签字后的 3 日内支付该笔款项，以设计人收到定金作为设计开工的标志。如果发包人未能按时支付，设计人有权推迟开工时间，且交付设计文件的时间相应顺延。

(2)设计期限。设计期限是判定设计人是否按期履行合同义务的标准，除合同约定的交付设计文件(包括约定分次移交的设计文件)的时间外，还可能包括由于非设计人应承担责任和风险的原因，经过双方补充协议确定应当顺延的时间之和，如设计过程中发生影响设计进展的不可抗力事件、非设计人原因的设计变更、发包人应当承担责任的事件对设计进度的干扰等。

(3)合同终止。在合同正常履行的情况下，工程施工完成竣工验收工作，或委托专业建设工程设计完成施工安装验收，设计人为合同项目的服务结束。

2. 发包人的责任

(1)提供设计依据资料。

1)按时提供设计依据文件和基础资料。发包人应当按照合同约定时间，一次性或陆续向设计人提交设计的依据文件和相关资料，以保证设计工作的顺利进行。如果发包人提交上述资料及文件超过规定期限 15 d 以内，设计人规定的交付设计文件时间相应顺延；交付上述资料及文件超过规定期限 15 d 以上时，设计人有权重新确定提交设计文件的时间。进行专业工程设计时，如果设计文件中需要选用国家标准图、部标准图及地方标准图，应当由发包人负责解决。

2)对资料的正确性负责。尽管提供的某些资料不是发包人自己完成的，如作为设计依据的勘察资料和数据等，但就设计合同的当事人而言，发包人仍需要对所提交基础资料及文件的完整性、正确性及时限负责。

(2)提供必要的现场工作条件。由于设计人完成设计工作的主要地点不是施工现场，因此，发包人有义务为设计人在现场工作期间提供必要的工作、生活方便条件。发包人为设计人派驻现场的工作人员提供的方便条件可能涉及工作、生活、交通等方面的便利条件，以及必要的劳动保护装备。

(3)开展外部协调工作。设计的阶段成果(初步设计、技术设计、施工图设计)完成后，应当由发包人组织鉴定和验收，并负责向发包人的上级或有管理资质的设计审批部门完成报批手续。

施工图设计完成后，发包人应当将施工图报送建设行政主管部门，由建设行政主管部门委托的审查机构进行结构安全和强制性标准、规范执行情况等内容的审查。发包人和设计人必须共同保证施工图设计满足以下条件：

1)建筑物(包括地基基础、主体结构体系)的设计稳定、安全、可靠；
2)设计符合消防、节能、环保、抗震、卫生、人防等有关强制性标准、规范；
3)设计的施工图达到规定的设计深度；
4)不存在有可能损害公共利益的其他影响。

(4)开展其他相关工作。发包人委托设计配合引进项目的设计任务，从询价、对外谈判、国内外技术考察直至建成投产的各个阶段，应当吸收承担有关设计任务的设计人参加。

出国费用，除制装费外，其他费用由发包人支付。

发包人委托设计人承担合同约定委托范围之外的服务工作，需要另行支付费用。

(5)保护设计人的知识产权。发包人应保护设计人的投标书、设计方案、文件、资料图纸、数据、计算软件和专利技术。未经设计人同意，发包人对设计人交付的设计资料及文件不得擅自修改、复制或向第三人转让或用于本合同外的项目。如发生以上情况，发包人应当负法律责任，设计人有权向发包人提出索赔。

(6)遵循合理设计周期的规律。如果发包人从施工进度的需要或其他方面的考虑，要求设计人比合同规定时间提前交付设计文件，须征得设计人同意。设计的质量是工程发挥预期效益的基本保障，发包人不应当严重背离合理设计周期的规律，强迫设计人不合理地缩短设计周期的时间。双方经过协商达成一致并签订提前交付设计文件的协议后，发包人应当支付相应的赶工费。

3. 设计人的责任

(1)保证设计质量。保证工程设计质量是设计人的基本责任。设计人应当依据批准的可行性研究报告、勘察资料，在满足国家规定的设计规范、规程、技术标准的基础上，按照合同规定的标准完成各阶段的设计任务，并对提交的设计文件质量负责。在投资限额内，鼓励设计人采用先进的设计思想和方案。但若设计文件中采用的新技术、新材料可能影响工程的质量或安全，而又没有国家标准，应当由国家认可的检测机构进行试验、论证，并经国务院有关部门或省、直辖市、自治区有关部门组织的建设工程技术专家委员会审定后方可使用。

负责设计的建(构)筑物需要注明设计的合理使用年限。设计文件中选用的材料、构配件、设备等，应当注明规格、型号、性能等技术指标，其质量要求必须符合国家规定的标准。

对于各设计阶段设计文件审查会提出的修改意见，设计人应当负责修正和完善。

设计人交付设计资料及文件后，需按规定参加有关的设计审查，并根据审查结论负责对不超出原定范围的内容做必要的调整补充。

《建设工程质量管理条例》规定："设计单位未根据勘察成果文件进行工程设计，设计单位指定建筑材料、建筑构配件的生产厂、供应商，设计单位未按照工程建设强制性标准进行设计的，均属于违反法律和法规的行为，要追究设计人的责任。"

(2)完成各设计阶段工作任务。各设计阶段工作任务见表17-1。

表 17-1 各设计阶段工作任务

初步设计	技术设计	施工图设计
1. 总体设计(大型工程)。 2. 方案设计，主要包括建筑设计、工艺设计、进行方案比选等工作。 3. 编制初步设计文件，主要包括完善选定的方案；分专业设计并汇总；编制说明与概算，参加初步设计审查会议；修正初步设计	1. 提出技术设计计划，可能包括工艺流程试验研究；特殊设备的研制；大型建(构)筑物关键部位的试验、研究。 2. 编制技术设计文件。 3. 参加初步审查，并做必要修正	1. 建筑设计。 2. 结构设计。 3. 设备设计。 4. 专业设计的协调。 5. 编制施工图设计文件

(3)对外商的设计资料进行审查。委托设计的工程中，如果有部分属于外商提供的设计，如大型设备采用外商供应的设备，则需使用外商提供的制造图纸，设计人应负责对外商的设计资料进行审查，并负责该合同项目的设计联络工作。

(4)配合施工的义务。

1)设计交底。设计人在建设工程施工前，需向施工承包人和施工监理人说明建设工程勘察、设计意图，解释建设工程勘察、设计文件，以保证施工工艺达到预期的设计水平要求。

设计人按合同规定时限交付设计资料及文件后，本年内项目开始施工，负责向发包人及施工单位进行设计交底、处理有关设计问题和参加竣工验收。如果在1年内项目未开始施工，设计人仍然应负责上述工作，但可以按照所需工作量向发包人适当收取咨询服务费，收费额由双方以补充协议商定。

2)解决施工中出现的设计问题。设计人有义务解决施工中出现的设计问题，如属于设计变更的范围，按照变更原因确定费用负担责任。发包人要求设计人派专人留驻施工现场进行配合与解决有关问题时，双方应当另行签订补充协议或技术咨询服务合同。

3)工程验收。为了保证建设工程的质量，设计人应按合同约定参加工程验收工作。这些约定的工作可能涉及重要部位的隐蔽工程验收、试车验收和竣工验收。

(5)保护发包人的知识产权。设计人应当保护发包人的知识产权，不得向第三人泄露、转让发包人提交的产品图纸等技术经济资料。如发生以上情况并给发包人造成经济损失，发包人有权向设计人索赔。

4. 支付管理

(1)定金的支付。设计合同由于采用定金担保，合同内没有预付款。发包人应当在合同签订后3 d内，支付设计费总额的20%作为定金。在合同履行过程中的中期支付中，定金不参与结算，双方的合同义务全部完成进行合同结算时，定金可以抵作设计费或收回。

(2)合同价格。在现行体制下，建设工程勘察、设计发包人与承包人应当执行国家有关建设工程勘察费、设计费的管理规定。签订合同时，双方商定合同的设计费，收费依据和计算方法按照国家和地方有关规定执行。国家和地方没有规定的，由双方商定。

如果合同约定的费用为估算设计费，则双方在初步设计审批后，需按批准的初步设计概算核算设计费。工程建设期间如遇概算调整，设计费也应做相应调整。

(3)设计费的支付与结算。

1)支付管理原则。

①设计人按照合同约定提交相应报告、成果或阶段的设计文件后，发包人应当及时支付约定的各阶段设计费；

②设计人提交最后一部分施工图的同时，发包人应当结清全部设计费，不留尾款；

③实际设计费按初步设计概算核定，多退少补(实际设计费与估算设计费出现差额时，双方需另行签订补充协议)；

④发包人委托设计人承担本合同内容之外的工作服务，另行支付费用。

2)按设计阶段支付费用的百分比。

①合同签订后3d内，发包人支付设计费总额的20%作为定金，此笔费用支付后，设计人可以自主使用；

②设计人提交初步设计文件后3d内，发包人应支付设计费总额的30%；

③施工图阶段，当设计人按照合同约定提交阶段性设计成果后，发包人应当依据约定的支付条件、所完成的施工图工作量比例和时间，分期分批向设计人支付剩余总设计费的50%。施工图完成后，发包人结清设计费，不留尾款。

5. 设计合同的变更

设计合同的变更，通常指设计人承接工作范围和内容的改变，按照发生原因的不同，一般可能涉及以下几个方面的原因：

(1)设计人的工作变更。设计人交付设计资料及文件后，按照规定参加有关的设计审查，并根据审查结论负责对不超出原定范围的内容做必要的调整补充。

(2)委托任务范围内的设计变更。为了维护设计文件的严肃性，经过批准的设计文件不应当随意变更。发包人、施工承包人、监理人均不得修改建设工程勘察、设计文件。如果发包人根据工程的实际需要确需修改建设工程勘察、设计文件，首先应当报经原审批机关批准，然后由原建设工程勘察、设计单位修改。经过修改的设计文件仍需按设计管理程序经有关部门审批后使用。

(3)委托其他设计单位完成的变更。在某些特殊情况下，发包人需要委托其他设计单位完成设计变更工作，如变更增加的设计内容专业性特点较强；超过了设计人资质条件允许承接的工作范围；或施工期间发生的设计变更，设计人由于资源能力所限，不能在要求的时间内完成等原因。在此情况下，发包人经原建设工程设计人书面同意后，也可以委托其他具有相应资质的建设工程勘察、设计单位修改。修改单位对修改的勘察、设计文件承担相应责任，设计人不再对修改的部分负责。

(4)发包人原因的重大设计变更。发包人变更委托设计项目、规模、条件或因提交的资料错误，或所提交资料作较大修改，以致造成设计人设计需返工时，双方除需另行协商签订补充协议(或另订合同)、重新明确有关条款外，发包人还应当按照设计人所耗工作量向设计人增付设计费。

在未签合同前发包人已同意，设计人为发包人所做的各项设计工作，应当按照收费标准，相应支付设计费。

6. 违约责任

(1)发包人的违约责任。

1)发包人延误支付。发包人应按合同规定的金额和时间向设计人支付设计费，每逾期支付1d，应当承担应支付金额2‰的逾期违约金，且设计人提交设计文件的时间顺延。逾期30d以上时，设计人有权暂停履行下阶段工作，并书面通知发包人。

2)审批工作的延误。发包人的上级或设计审批部门对设计文件不审批或合同项目停缓建，均视为发包人应承担的风险。设计人提交合同约定的设计文件和相关资料后，按照设计人已完成全部设计任务对待，发包人应按合同规定结清全部设计费。

3)因发包人原因要求解除合同。在合同履行期间，发包人要求终止或解除合同，设计人未开始设计工作的,不退还发包人已付的定金;已开始设计工作的,发包人应当根据设计人已进行的实际工作量,不足一半时,按照该阶段设计费的一半支付;超过一半时,按照该阶段设计费的全部支付。

(2)设计人的违约责任。

1)设计错误。作为设计人的基本义务,应当对设计资料及文件中出现的遗漏或错误负责修改或补充。由于设计人员的错误造成工程质量事故损失的,设计人除负责采取补救措施外,应当免收直接受损失部分的设计费。损失严重的,还应当根据损失的程度和设计人责任大小向发包人支付赔偿金。范本中要求设计人的赔偿责任按工程实际损失的百分比计算;当事人双方订立合同时,需在相关条款内具体约定百分比的数额。

2)设计人延误完成设计任务。由于设计人自身原因,延误了按照合同规定交付的设计资料及设计文件的时间,每延误1 d,应当减收该项目应收设计费的2‰。

3)因设计人原因要求解除合同。合同生效后,设计人要求终止或解除合同,设计人应双倍返还定金。

(3)不可抗力事件的影响。由于不可抗力因素致使合同无法履行时,双方应当及时协商解决。

17.2.4 物资采购合同

建设工程物资采购合同是指出卖人转移建设工程物资所有权于买受人,买受人支付价款的明确双方权利义务关系的协议。建筑材料和设备按时、按质、按量供应是工程施工顺利地按计划进行的前提。材料和设备的供应必须经过订货、生产(加工)、运输、储存、使用(安装)等各个环节,经历一个非常复杂的过程。建筑材料和设备供应合同是连接生产、流通和使用的纽带,是建筑工程合同的主要组成部分之一。合同当事人:供方(出卖人)一般为物资供应部门或建筑材料和设备的生产厂家;需方(买受人)为建设单位或建筑承包企业。

17.2.4.1 建筑材料采购合同

1. 采购和供应方式

建筑材料的采购可以分为以下几个方式:

(1)公开招标。它与工程招标相似(也属于工程招标的一个部分),需方提出招标文件,详细说明供应条件、品种、数量、质量要求、供应地点等,由供方报价,经过竞争签订供应合同。这种方式适用于大批量采购。

(2)"询价—报价"方式。需方按要求向几个供应商发出询价函,由供应商做出。需方经过对比分析,选择一个符合要求、资信好、价格合理的供应商签订合同。

(3)直接采购方式。需方直接向供方采购,双方商谈价格,签订供应合同。另外,还有大量的零星材料(品种多、价格低)以直接采购形式购买,不需签订书面的供应合同。

2. 建筑材料供应合同的主要内容

根据《中华人民共和国合同法》的规定,材料采购合同的主要内容如下:

(1)标的。标的是供应合同的主要条款。供应合同的标的主要包括购销物资的名称(注明牌号、商标)、品种、型号、规格、等级、花色、技术标准或质量要求等。

(2)数量。数量是供应合同中衡量标的的尺度。供应合同标的数量的计量方法要按照国家或主管部门的规定执行,或按供需双方商定的方法执行,不可以用含糊不清的计量单位。对于某些建筑材料,还应在合同中写明交货数量的正负尾数差、合理误差和运输途中的自然损耗的规定及计算方法。

(3)包装。包装包括产品的包装标准和包装物的供应和回收。

产品的包装标准是指产品包装的类型、规格、容量以及印刷标记等。包装物除国家明确规定由需方供应的以外,应由建筑材料的供方负责供应。

包装费用一般不得向需方另外收取。如果需方有特殊要求,双方应当在合同中商定。如果包装超过原标准,超过部分由需方负担费用;低于原标准,应相应降低产品价格。

(4)运输方式。运输方式可以分为铁路、公路、水路、航空、管道运输及海上运输等。一般由需方在签订合同时提出采取哪一种运输方式。供方代办发运,运费由需方负担。

(5)价格。价格按照合同双方商议的金额确定。价款或者报酬不明确的,按照订立合同时履行地的市场价格履行;依法应当执行政府定价或者政府指导价的,按照规定履行。

(6)结算。结算指供需双方对产品货款、实际支付的运杂费和其他费用进行货币清算和了结的一种形式。我国现行结算方式分为现金结算和转账结算两种。转账结算在异地之间进行,可分为托收承付、委托收款、信用证、汇兑或限额结算等方法;转账结算在同城进行,有支票、付款委托书、托收无承付和同城托收承付等。

(7)违约责任。买卖合同一方不履行合同义务或者履行合同义务不符合约定的,应当承担继续履行、采取补救措施或者赔偿损失等违约责任。

(8)特殊条款。如果供需双方有一些特殊的要求或条件,可以通过协商,经双方认可后作为合同的一项条款,在合同中明确列出。

3. 建筑材料供应合同的履行

材料采购合同订立后,应当按照《中华人民共和国合同法》的规定予以全面、实际地履行。

(1)按约定的标的履行。卖方交付的货物必须与合同规定的名称、品种、规格、型号相一致,除非买方同意,不允许以其他货物代替合同中规定的货物,也不允许以支付违约金或赔偿金的方式代替履行合同。

(2)按合同规定的期限、地点交付货物。交付货物的日期应当在合同规定的交付期限内,实际交付的日期早于或迟于合同规定的交付期限,即视为同意延期交货。提前交付,买方可拒绝接受。逾期交付的,应当承担逾期交付的责任。如果逾期交货,买方不再需要,应在接到卖方交货通知后15日内通知卖方,逾期不答复的,视为同意延期交货。

交付的地点应当在合同指定的地点。合同双方当事人应当约定交付标的物地点,如果当事人没有约定交付地点或者约定不明确,事后没有达成补充协议,也无法按照合同有关条款或者交易习惯确定的,则适用下列规定:标的物需要运输的,卖方应当将标的物交付给第一承运人以运交给买方;标的物不需要运输的,买卖双方在订立合同时知道标的物在某一地点的,卖方应当在该地点交付标的物;不知道标的物在某一地点的,应当在卖方合同订立时的营业地交付标的物。

(3)按合同规定的数量和质量交付货物。对于交付货物的数量,应当当场检验,清点账目后,由双方当事人签字。对质量的检验,外在质量可当场检验,内在质量需做物理或化学试验的,试验的结果为验收的依据。卖方在交货时,应当将产品合格证随同产品交买方据以验收。

材料的检验,对买方来说既是一项权利也是一项义务,买方在收到标的物时,应当在约定的检验期间内检验,没有约定检验期间的,应当及时检验。

当事人约定检验期间的,买方应当在检验期间内将标的物的数量或者质量不符合约定的情形通知卖方。买方怠于通知的,视为标的物的数量或者质量符合约定。当事人没有约定检验期间的,买方应当在发现或者应当发现标的物的数量或者质量不符合约定的合理期间内通知卖方。买方在合理期间内未通知或者自标的物收到之日起两年内未通知卖方的,视为标的物的数量或者质量符合约定,但对标的物有质量保证期的,适用质量保证期,不适用其两年的规定。卖方知道或者应当知道提供的标的物不符合约定的,买方不受前两款规定的通知时间的限制。

(4)买方义务。买方在验收材料后,应当按照合同规定履行支付义务,否则应当承担法律责任。

(5)违约责任。

1)卖方违约责任。卖方不能交货的,应当向买方支付违约金;卖方所交货物与合同规定不符的,应根据情况由卖方负责包换、包退,包赔由此造成的买方损失;卖方承担不能按照合同规定期限交货的责任或提前交货的责任。

2)买方违约责任。买方中途退货,应向卖方偿付违约金;逾期付款,应当按照中国人民银行关于延期付款的规定向卖方偿付逾期付款违约金。

17.2.4.2 设备供应合同

1. 建设工程中的设备供应方式

建设工程的设备供应方式主要有以下三种:

(1)委托承包。由设备成套公司根据发包单位提供的成套设备清单进行承包供应,并收取设备价格一定百分比的成套业务费。

(2)按设备包干。根据发包单位提出的设备清单及双方核定的设备预算总价,由设备成套公司承包供应。

(3)招标投标。发包单位对需要的成套设备进行招标,设备成套公司参加投标,按照中标结果承包供应。

除上述三种方式外,设备成套公司还可以根据项目建设单位的要求以及自身能力,联合科研单位、设计单位、制造厂家和设备安装企业等,对设备进行从工艺、产品设计到现场设备安装、调试总承包。

2. 设备供应合同的主要内容

成套设备供应合同的一般条款可以参照前述建筑材料供应合同的一般条款,主要包括产品(成套设备)的名称、品种、型号、规格、等级、技术标准或技术性能指标;数量和计量单位；包装标准及包装物的供应与回收的规定；交货单位、交货方式、运输方式、到货地点(包括专用线、码头等)、接(提)货单位；交(提)货期限；验收方法；产品价格；结算方式、开户银行、账户名称、账号、结算单位；违约责任等。另外，在签订设备供应合同时，还需注意以下问题：

(1)设备价格。设备合同价格应当根据承包方式确定。用按照设备费包干的方式以及招标方式确定合同价格较为简捷，而按照委托承包方式确定合同价格较为复杂。在签订合同时确定价格有困难的产品，可以由供需双方协商暂定价格，并在合同中注明"按供需双方最后商定的价格(或物价部门批准的价格)结算，多退少补"。

(2)设备数量。除列明成套设备名称、套数外，还要明确规定随主机的辅机、附件、易损耗备用品、配件和安装修理工具等，并于合同后附详细清单。

(3)技术标准。除应当注明成套设备系统的主要技术性能外，还要在合同后附各部分设备的主要技术标准和技术性能的文件。

(4)现场服务。供方应当派技术人员现场服务，并要对现场服务的内容明确规定。合同中还要对供方技术人员在现场服务期间的工作条件、生活待遇及费用出处做出明确的规定。

(5)验收和保修。成套设备的安装是一项复杂的系统工程。安装成功后，试车是关键。因此合同中应详细注明成套设备验收办法。要注意的是，需方应当在项目成套设备安装后才能验收。

对某些必须安装运转后才能发现内在质量缺陷的设备，除另有规定或当事人意图另行商定提出异议的期限外，一般可在运转之日起6个月内提出异议。

成套设备是否保修、保修期限、费用负担者都应当在合同中明确规定，不管设备制造企业是谁，都应当由设备供应方负责。

3. 设备供应合同供方的责任

(1)组织有关生产企业到现场进行技术服务，处理有关设备技术方面的问题。

(2)掌握进度，保证供应。供方应当了解、掌握工程建设进度和设备到货、安装进度，协助联系设备的交、到货等工作，按照施工现场设备安装的需要保证供应。

(3)参与验收。参与大型、专用、关键设备的开箱验收工作，配合建设单位或安装单位处理在接运、检验过程中发现的设备质量和缺损件等问题，明确设备质量问题的责任。

(4)处理事故。及时向有关主管单位报告重大设备质量问题，以及项目现场不能解决的其他问题。当出现重大意见分歧或争执，而施工单位或建设单位坚持处理时，应当及时写出备忘录备查。

(5)参加工程的竣工验收，处理在工程验收中发现的有关设备的质量问题。

(6)监督和了解生产企业派驻现场的技术服务人员的工作情况，并对他们的工作进行指导和协调。

(7)做好现场服务工作日记，及时记录日常服务工作情况及现场发生的设备质量问题和处理结果，定期向有关单位抄送报表，汇报工作情况，做好现场工作总结。

(8)成套设备生产企业的责任是按照现场服务组的要求，及时派出技术人员到现场，并在现场服务组的统一领导下开展技术服务工作；同时，对本厂供应的产品的技术、质量、数量、交货期、价格等全面负责。配套设备的技术、质量等问题应由主机生产厂统一负责联系和处理解决。另外，该企业还要及时答复或解决现场服务组提出的有关设备的技术、质量、缺损件等问题。

4. 设备供应合同需方的责任

(1)建设单位应当向供方提供设备的详细技术设计资料和施工要求；

(2)应配合供方做好设备的计划接运(收)工作，协助驻现场的技术服务组开展工作；

(3)按合同要求参与并监督现场的设备供应、验收、安装、试车等工作；

(4)组织各有关方面进行工程验收，提出验收报告。另行商定提出异议的期限外，一般可以在运转之日起6个月内提出异议。

17.3 任务实施

请做好××学院教学楼工程监理合同签订管理工作。

17.4 任务评价

本任务主要讲述其他工程合同。建设工程除施工合同外，还包括监理合同、勘察设计合同、物资采购合同等。各种合同都包含变更终止和解除等问题。

请完成下表：

任务17 任务评价表

能力目标	知识点	分值	自测分数
能对其他工程合同进行分析	其他合同条款分析	20	
	其他合同履行分析	20	
能够对其他工程合同进行管理	其他合同变更管理	20	
	其他合同解除管理	20	
	其他合同终止管理	20	

技能实训

一、判断题

1. 工程监理是指监理单位受建设单位的委托，依照法律法规、工程建设标准、勘察设计文件及合同，在施工阶段对建设工程质量、进度、造价进行控制，对合同、信息进行管

理，对工程建设相关方的关系进行协调，并履行建设工程安全生产管理法定职责的服务活动。（   ）

2. 由于发包人未给勘察人提供必要的工作生活条件而造成停、窝工或来回进出场地，发包人应承担责任。（   ）

3. 建筑材料和设备按时、按质、按量供应是工程施工顺利地按照计划进行的前提。（   ）

4. 卖方所交货物与合同规定不符的，必须根据情况由卖方负责包换、包退，否则就要承担损失。（   ）

5. 逾期交货，买方不再需要时，应当在接到卖方交货通知后30 d内通知卖方，逾期不答复的，视为同意延期交货。（   ）

6. 买卖合同一方不履行合同义务或者履行合同义务不符合约定的，应当承担继续履行、采取补救措施或者赔偿损失等违约责任。（   ）

7. 成套设备是否保修、保修期限、费用负担者都应在合同中明确规定，不管设备制造企业是谁，都应由设备供应方负责。（   ）

8. 当事人约定检验期间的，买方应当在检验期间内将标的物的数量或者质量不符合约定的情形通知卖方，特殊情况下，买方有权延期通知。（   ）

9. 需方应当在项目成套设备逐步安装过程中，逐项验收。（   ）

10. 标的物不需要运输的，买卖双方在订立合同时知道标的物在某一地点的，卖方应当在该地点交付标的。（   ）

二、单选题

1. 监理合同的有效期是指（   ）。
    A. 监理合同中书面约定的履行期间
    B. 从签订监理合同起，至工程竣工移交及监理人获得报酬尾款止
    C. 监理人完成正常工作和附加工作时间之和
    D. 监理人完成正常工作、附加工作及额外工作时间之和

2. 通过招标选择的承包人，在合同协议书内明确的工期总天数应当为（   ）。
    A. 招标文件要求的天数
    B. 投标书内承包人承诺的天数
    C. 发包人和承包人协商的天数
    D. 承包人提交的施工组织设计中的天数

3. 材料采购合同管理过程中，采购方拒付货款，应当按照（   ）的结算办法的拒付规定办理。
    A. 中国人民银行   B. 双方合同约定
    C. 建设行政主管部门   D. 工程师指定

4. 监理评标通常采用（   ）对各投标人的综合能力进行对比。
    A. 评标价法   B. 综合评分法
    C. 加权打分法   D. 专家评审法

5. 当事人一方不履行非金钱债务或者履行债务不符合约定的,在( )的情形下,对方可以要求继续履行。
   A. 事实上不能履行   B. 债务的标的不适于强制履行
   C. 债权人在合理期限内未要求履行   D. 履行费用不高

6. 由于发包人或工程师指令承包人加快施工速度,缩短工期,工程师应当批准承包人的( )索赔。
   A. 费用   B. 工期
   C. 工期和费用   D. 工期、成本和利润

7. 用评标价法评标时,所谓的"评标价"是指( )。
   A. 中标价   B. 投标价
   C. 合同价   D. 评审标书优劣的衡量方法

8. 建设工程的设备供应主要方式不包括( )。
   A. 委托承包   B. 按设备包干
   C. 招标投标   D. 政府指定

9. 设备性能验收阶段,出现( )情况时,监理工程师不应当签发设备初步验收证书。
   A. 存在个别微小缺陷但不影响设备安全运行,供货方同意在限定时间内免费修理
   B. 第一次性能验收试验表明几项性能指标未达到保证值,但属于采购方的使用原因
   C. 第二次性能验收试验未达到保证值的几项缺陷,供货方采取相应措施后达到保证值
   D. 由于采购方生产运行的需要,在合同约定的期限内未能进行设备性能验收试验

10. 某一材料采购合同,双方约定违约金为70万元。合同履行过程中因供货方的原因导致不能交货,施工承包人为了避免停工待料,只能以高出原采购合同价100万元的价格采购同样的材料,则供货方应当赔偿给施工承包人( )万元。
    A. 30   B. 70   C. 100   D. 170

三、案例题

新阳监理公司承担了某项目的施工监理工作。经过招标,华夏公司选择了甲、乙施工单位分别承担A、B标段工程的施工,并按照《建设工程施工合同(示范文本)》(GF—2013—0201)分别和甲、乙施工单位签订了施工合同。华夏公司与乙施工单位在合同中约定,B标段所需的部分设备由建设单位负责采购。乙施工单位按照正常的程序将B标段的安装工程分包给丙施工单位。在施工过程中,发生了以下事件:

事件1:华夏公司在采购B标段的采暖设备时,设备生产厂商提出由自己的施工队伍进行安装更能保证质量,建设单位便与设备生产厂商签订了供货和安装合同并通知了新阳监理公司和乙施工单位。

事件2:总监理工程师根据现场反馈信息及质量记录分析,对A标段某部位隐蔽工程的质量有怀疑,随即指令甲施工单位暂停施工,并要求剥离检验。甲施工单位称该部位隐蔽工程已经专业监理工程师验收,若剥离检验,监理单位需赔偿由此造成的损失并相应延长工期。

事件3:专业监理工程师对B标段进场的配电设备进行检验时,发现由华夏公司采购的

某设备不合格,华夏公司对该设备进行了更换,从而导致丙施工单位停工。因此,丙施工单位致函新阳监理公司,要求补偿其被迫停工所遭受的损失并延长工期。

问题:

1. 在事件 1 中,华夏公司将设备交由厂商安装的做法是否正确?为什么?

2. 在事件 1 中,若乙施工单位同意由该设备生产厂商的施工队伍安装该设备,新阳监理公司应当如何处理?

3. 在事件 2 中,总监理工程师的做法是否正确?为什么?试分析剥离检验的可能结果及总监理工程师相应的处理方法。

4. 在事件 3 中,丙施工单位的索赔要求是否应当向监理单位提出?为什么?对该索赔事件应当如何进行处理?

附　录

中华人民共和国招标投标法

目　录

第一章　总则
第二章　招标
第三章　投标
第四章　开标、评标和中标
第五章　法律责任
第六章　附则

第一章　总则

第一条　为了规范招标投标活动，保护国家利益、社会公共利益和招标投标活动当事人的合法权益，提高经济效益，保证项目质量，制定本法。

第二条　在中华人民共和国境内进行招标投标活动，适用本法。

第三条　在中华人民共和国境内进行下列工程建设项目包括项目的勘察、设计、施工、监理以及与工程建设有关的重要设备、材料等的采购，必须进行招标：

（一）大型基础设施、公用事业等关系社会公共利益、公众安全的项目；

（二）全部或者部分使用国有资金投资或者国家融资的项目；

（三）使用国际组织或者外国政府贷款、援助资金的项目。

前款所列项目的具体范围和规模标准，由国务院发展计划部门会同国务院有关部门制订，报国务院批准。

法律或者国务院对必须进行招标的其他项目的范围有规定的，依照其规定。

第四条　任何单位和个人不得将依法必须进行招标的项目化整为零或者以其他任何方式规避招标。

第五条　招标投标活动应当遵循公开、公平、公正和诚实信用的原则。

第六条　依法必须进行招标的项目，其招标投标活动不受地区或者部门的限制。任何单位和个人不得违法限制或者排斥本地区、本系统以外的法人或者其他组织参加投标，不得以任何方式非法干涉招标投标活动。

第七条　招标投标活动及其当事人应当接受依法实施的监督。

有关行政监督部门依法对招标投标活动实施监督，依法查处招标投标活动中的违法行为。

对招标投标活动的行政监督及有关部门的具体职权划分，由国务院规定。

第二章 招标

第八条 招标人是依照本法规定提出招标项目、进行招标的法人或者其他组织。

第九条 招标项目按照国家有关规定需要履行项目审批手续的，应当先履行审批手续，取得批准。

招标人应当有进行招标项目的相应资金或者资金来源已经落实，并应当在招标文件中如实载明。

第十条 招标分为公开招标和邀请招标。

公开招标，是指招标人以招标公告的方式邀请不特定的法人或者其他组织投标。

邀请招标，是指招标人以投标邀请书的方式邀请特定的法人或者其他组织投标。

第十一条 国务院发展计划部门确定的国家重点项目和省、自治区、直辖市人民政府确定的地方重点项目不适宜公开招标的，经国务院发展计划部门或者省、自治区、直辖市人民政府批准，可以进行邀请招标。

第十二条 招标人有权自行选择招标代理机构，委托其办理招标事宜。任何单位和个人不得以任何方式为招标人指定招标代理机构。

招标人具有编制招标文件和组织评标能力的，可以自行办理招标事宜。任何单位和个人不得强制其委托招标代理机构办理招标事宜。

依法必须进行招标的项目，招标人自行办理招标事宜的，应当向有关行政监督部门备案。

第十三条 招标代理机构是依法设立、从事招标代理业务并提供相关服务的社会中介组织。招标代理机构应当具备下列条件：

（一）有从事招标代理业务的营业场所和相应资金；

（二）有能够编制招标文件和组织评标的相应专业力量；

（三）有符合本法第三十七条第三款规定条件、可以作为评标委员会成员人选的技术、经济等方面的专家库。

第十四条 从事工程建设项目招标代理业务的招标代理机构，其资格由国务院或者省、自治区、直辖市人民政府的建设行政主管部门认定。具体办法由国务院建设行政主管部门会同国务院有关部门制定。从事其他招标代理业务的招标代理机构，其资格认定的主管部门由国务院规定。

招标代理机构与行政机关和其他国家机关不得存在隶属关系或者其他利益关系。

第十五条 招标代理机构应当在招标人委托的范围内办理招标事宜，并遵守本法关于招标人的规定。

第十六条 招标人采用公开招标方式的，应当发布招标公告。依法必须进行招标的项目的招标公告，应当通过国家指定的报刊、信息网络或者其他媒介发布。

招标公告应当载明招标人的名称和地址、招标项目的性质、数量、实施地点和时间以及获取招标文件的办法等事项。

第十七条 招标人采用邀请招标方式的，应当向三个以上具备承担招标项目的能力、资信良好的特定的法人或者其他组织发出投标邀请书。

投标邀请书应当载明本法第十六条第二款规定的事项。

第十八条　招标人可以根据招标项目本身的要求，在招标公告或者投标邀请书中，要求潜在投标人提供有关资质证明文件和业绩情况，并对潜在投标人进行资格审查；国家对投标人的资格条件有规定的，依照其规定。

招标人不得以不合理的条件限制或者排斥潜在投标人，不得对潜在投标人实行歧视待遇。

第十九条　招标人应当根据招标项目的特点和需要编制招标文件。招标文件应当包括招标项目的技术要求、对投标人资格审查的标准、投标报价要求和评标标准等所有实质性要求和条件以及拟签订合同的主要条款。

国家对招标项目的技术、标准有规定的，招标人应当按照其规定在招标文件中提出相应要求。

招标项目需要划分标段、确定工期的，招标人应当合理划分标段、确定工期，并在招标文件中载明。

第二十条　招标文件不得要求或者标明特定的生产供应者以及含有倾向或者排斥潜在投标人的其他内容。

第二十一条　招标人根据招标项目的具体情况，可以组织潜在投标人踏勘项目现场。

第二十二条　招标人不得向他人透露已获取招标文件的潜在投标人的名称、数量以及可能影响公平竞争的有关招标投标的其他情况。

招标人设有标底的，标底必须保密。

第二十三条　招标人对已发出的招标文件进行必要的澄清或者修改的，应当在招标文件要求提交投标文件截止时间至少十五日前，以书面形式通知所有招标文件收受人。该澄清或者修改的内容为招标文件的组成部分。

第二十四条　招标人应当确定投标人编制投标文件所需要的合理时间；但是，依法必须进行招标的项目，自招标文件开始发出之日起至投标人提交投标文件截止之日止，最短不得少于二十日。

第三章　投标

第二十五条　投标人是响应招标、参加投标竞争的法人或者其他组织。

依法招标的科研项目允许个人参加投标的，投标的个人适用本法有关投标人的规定。

第二十六条　投标人应当具备承担招标项目的能力；国家有关规定对投标人资格条件或者招标文件对投标人资格条件有规定的，投标人应当具备规定的资格条件。

第二十七条　投标人应当按照招标文件的要求编制投标文件。投标文件应当对招标文件提出的实质性要求和条件作出响应。

招标项目属于建设施工的，投标文件的内容应当包括拟派出的项目负责人与主要技术人员的简历、业绩和拟用于完成招标项目的机械设备等。

第二十八条　投标人应当在招标文件要求提交投标文件的截止时间前，将投标文件送达投标地点。招标人收到投标文件后，应当签收保存，不得开启。投标人少于三个的，招标人应当依照本法重新招标。

在招标文件要求提交投标文件的截止时间后送达的投标文件，招标人应当拒收。

第二十九条 投标人在招标文件要求提交投标文件的截止时间前，可以补充、修改或者撤回已提交的投标文件，并书面通知招标人。补充、修改的内容为投标文件的组成部分。

第三十条 投标人根据招标文件载明的项目实际情况，拟在中标后将中标项目的部分非主体、非关键性工作进行分包的，应当在投标文件中载明。

第三十一条 两个以上法人或者其他组织可以组成一个联合体，以一个投标人的身份共同投标。

联合体各方均应当具备承担招标项目的相应能力；国家有关规定或者招标文件对投标人资格条件有规定的，联合体各方均应当具备规定的相应资格条件。由同一专业的单位组成的联合体，按照资质等级较低的单位确定资质等级。

联合体各方应当签订共同投标协议，明确约定各方拟承担的工作和责任，并将共同投标协议连同投标文件一并提交招标人。联合体中标的，联合体各方应当共同与招标人签订合同，就中标项目向招标人承担连带责任。

招标人不得强制投标人组成联合体共同投标，不得限制投标人之间的竞争。

第三十二条 投标人不得相互串通投标报价，不得排挤其他投标人的公平竞争，损害招标人或者其他投标人的合法权益。

投标人不得与招标人串通投标，损害国家利益、社会公共利益或者他人的合法权益。

禁止投标人以向招标人或者评标委员会成员行贿的手段谋取中标。

第三十三条 投标人不得以低于成本的报价竞标，也不得以他人名义投标或者以其他方式弄虚作假，骗取中标。

第四章 开标、评标和中标

第三十四条 开标应当在招标文件确定的提交投标文件截止时间的同一时间公开进行；开标地点应当为招标文件中预先确定的地点。

第三十五条 开标由招标人主持，邀请所有投标人参加。

第三十六条 开标时，由投标人或者其推选的代表检查投标文件的密封情况，也可以由招标人委托的公证机构检查并公证；经确认无误后，由工作人员当众拆封，宣读投标人名称、投标价格和投标文件的其他主要内容。

招标人在招标文件要求提交投标文件的截止时间前收到的所有投标文件，开标时都应当当众予以拆封、宣读。

开标过程应当记录，并存档备查。

第三十七条 评标由招标人依法组建的评标委员会负责。

依法必须进行招标的项目，其评标委员会由招标人的代表和有关技术、经济等方面的专家组成，成员人数为五人以上单数，其中技术、经济等方面的专家不得少于成员总数的三分之二。

前款专家应当从事相关领域工作满八年并具有高级职称或者具有同等专业水平，由招标人从国务院有关部门或者省、自治区、直辖市人民政府有关部门提供的专家名册或者招标代理机构的专家库内的相关专业的专家名单中确定；一般招标项目可以采取随机抽取方式，特殊招标项目可以由招标人直接确定。

与投标人有利害关系的人不得进入相关项目的评标委员会；已经进入的应当更换。

评标委员会成员的名单在中标结果确定前应当保密。

第三十八条　招标人应当采取必要的措施，保证评标在严格保密的情况下进行。

任何单位和个人不得非法干预、影响评标的过程和结果。

第三十九条　评标委员会可以要求投标人对投标文件中含义不明确的内容作必要的澄清或者说明，但是澄清或者说明不得超出投标文件的范围或者改变投标文件的实质性内容。

第四十条　评标委员会应当按照招标文件确定的评标标准和方法，对投标文件进行评审和比较；设有标底的，应当参考标底。评标委员会完成评标后，应当向招标人提出书面评标报告，并推荐合格的中标候选人。

招标人根据评标委员会提出的书面评标报告和推荐的中标候选人确定中标人。招标人也可以授权评标委员会直接确定中标人。

国务院对特定招标项目的评标有特别规定的，从其规定。

第四十一条　中标人的投标应当符合下列条件之一：

（一）能够最大限度地满足招标文件中规定的各项综合评价标准；

（二）能够满足招标文件的实质性要求，并且经评审的投标价格最低；但是投标价格低于成本的除外。

第四十二条　评标委员会经评审，认为所有投标都不符合招标文件要求的，可以否决所有投标。

依法必须进行招标的项目的所有投标被否决的，招标人应当依照本法重新招标。

第四十三条　在确定中标人前，招标人不得与投标人就投标价格、投标方案等实质性内容进行谈判。

第四十四条　评标委员会成员应当客观、公正地履行职务，遵守职业道德，对所提出的评审意见承担个人责任。

评标委员会成员不得私下接触投标人，不得收受投标人的财物或者其他好处。

评标委员会成员和参与评标的有关工作人员不得透露对投标文件的评审和比较、中标候选人的推荐情况以及与评标有关的其他情况。

第四十五条　中标人确定后，招标人应当向中标人发出中标通知书，并同时将中标结果通知所有未中标的投标人。

中标通知书对招标人和中标人具有法律效力。中标通知书发出后，招标人改变中标结果的，或者中标人放弃中标项目的，应当依法承担法律责任。

第四十六条　招标人和中标人应当自中标通知书发出之日起三十日内，按照招标文件和中标人的投标文件订立书面合同。招标人和中标人不得再行订立背离合同实质性内容的其他协议。

招标文件要求中标人提交履约保证金的，中标人应当提交。

第四十七条　依法必须进行招标的项目，招标人应当自确定中标人之日起十五日内，向有关行政监督部门提交招标投标情况的书面报告。

第四十八条　中标人应当按照合同约定履行义务，完成中标项目。中标人不得向他人转让中标项目，也不得将中标项目肢解后分别向他人转让。

中标人按照合同约定或者经招标人同意，可以将中标项目的部分非主体、非关键性工作分包给他人完成。接受分包的人应当具备相应的资格条件，并不得再次分包。

中标人应当就分包项目向招标人负责，接受分包的人就分包项目承担连带责任。

第五章　法律责任

第四十九条　违反本法规定，必须进行招标的项目而不招标的，将必须进行招标的项目化整为零或者以其他任何方式规避招标的，责令限期改正，可以处项目合同金额千分之五以上千分之十以下的罚款；对全部或者部分使用国有资金的项目，可以暂停项目执行或者暂停资金拨付；对单位直接负责的主管人员和其他直接责任人员依法给予处分。

第五十条　招标代理机构违反本法规定，泄露应当保密的与招标投标活动有关的情况和资料的，或者与招标人、投标人串通损害国家利益、社会公共利益或者他人合法权益的，处五万元以上二十五万元以下的罚款，对单位直接负责的主管人员和其他直接责任人员处单位罚款数额百分之五以上百分之十以下的罚款；有违法所得的，并处没收违法所得；情节严重的，暂停直至取消招标代理资格；构成犯罪的，依法追究刑事责任。给他人造成损失的，依法承担赔偿责任。

前款所列行为影响中标结果的，中标无效。

第五十一条　招标人以不合理的条件限制或者排斥潜在投标人的，对潜在投标人实行歧视待遇的，强制要求投标人组成联合体共同投标的，或者限制投标人之间竞争的，责令改正，可以处一万元以上五万元以下的罚款。

第五十二条　依法必须进行招标的项目的招标人向他人透露已获取招标文件的潜在投标人的名称、数量或者可能影响公平竞争的有关招标投标的其他情况的，或者泄露标底的，给予警告，可以并处一万元以上十万元以下的罚款；对单位直接负责的主管人员和其他直接责任人员依法给予处分；构成犯罪的，依法追究刑事责任。

前款所列行为影响中标结果的，中标无效。

第五十三条　投标人相互串通投标或者与招标人串通投标的，投标人以向招标人或者评标委员会成员行贿的手段谋取中标的，中标无效，处中标项目金额千分之五以上千分之十以下的罚款，对单位直接负责的主管人员和其他直接责任人员处单位罚款数额百分之五以上百分之十以下的罚款；有违法所得的，并处没收违法所得；情节严重的，取消其一年至二年内参加依法必须进行招标的项目的投标资格并予以公告，直至由工商行政管理机关吊销营业执照；构成犯罪的，依法追究刑事责任。给他人造成损失的，依法承担赔偿责任。

第五十四条　投标人以他人名义投标或者以其他方式弄虚作假，骗取中标的，中标无效，给招标人造成损失的，依法承担赔偿责任；构成犯罪的，依法追究刑事责任。

依法必须进行招标的项目的投标人有前款所列行为尚未构成犯罪的，处中标项目金额千分之五以上千分之十以下的罚款，对单位直接负责的主管人员和其他直接责任人员处单位罚款数额百分之五以上百分之十以下的罚款；有违法所得的，并处没收违法所得；情节严重的，取消其一年至三年内参加依法必须进行招标的项目的投标资格并予以公告，直至由工商行政管理机关吊销营业执照。

第五十五条　依法必须进行招标的项目，招标人违反本法规定，与投标人就投标价格、投标方案等实质性内容进行谈判的，给予警告，对单位直接负责的主管人员和其他直接责任人员依法给予处分。

前款所列行为影响中标结果的，中标无效。

第五十六条　评标委员会成员收受投标人的财物或者其他好处的，评标委员会成员或者参加评标的有关工作人员向他人透露对投标文件的评审和比较、中标候选人的推荐以及与评标有关的其他情况的，给予警告，没收收受的财物，可以并处三千元以上五万元以下的罚款，对有所列违法行为的评标委员会成员取消担任评标委员会成员的资格，不得再参加任何依法必须进行招标的项目的评标；构成犯罪的，依法追究刑事责任。

第五十七条　招标人在评标委员会依法推荐的中标候选人以外确定中标人的，依法必须进行招标的项目在所有投标被评标委员会否决后自行确定中标人的，中标无效。责令改正，可以处中标项目金额千分之五以上千分之十以下的罚款；对单位直接负责的主管人员和其他直接责任人员依法给予处分。

第五十八条　中标人将中标项目转让给他人的，将中标项目肢解后分别转让给他人的，违反本法规定将中标项目的部分主体、关键性工作分包给他人的，或者分包人再次分包的，转让、分包无效，处转让、分包项目金额千分之五以上千分之十以下的罚款；有违法所得的，并处没收违法所得；可以责令停业整顿；情节严重的，由工商行政管理机关吊销营业执照。

第五十九条　招标人与中标人不按照招标文件和中标人的投标文件订立合同的，或者招标人、中标人订立背离合同实质性内容的协议的，责令改正；可以处中标项目金额千分之五以上千分之十以下的罚款。

第六十条　中标人不履行与招标人订立的合同的，履约保证金不予退还，给招标人造成的损失超过履约保证金数额的，还应当对超过部分予以赔偿；没有提交履约保证金的，应当对招标人的损失承担赔偿责任。

中标人不按照与招标人订立的合同履行义务，情节严重的，取消其二年至五年内参加依法必须进行招标的项目的投标资格并予以公告，直至由工商行政管理机关吊销营业执照。

因不可抗力不能履行合同的，不适用前两款规定。

第六十一条　本章规定的行政处罚，由国务院规定的有关行政监督部门决定。本法已对实施行政处罚的机关作出规定的除外。

第六十二条　任何单位违反本法规定，限制或者排斥本地区、本系统以外的法人或者其他组织参加投标的，为招标人指定招标代理机构的，强制招标人委托招标代理机构办理招标事宜的，或者以其他方式干涉招标投标活动的，责令改正；对单位直接负责的主管人员和其他直接责任人员依法给予警告、记过、记大过的处分，情节较重的，依法给予降级、撤职、开除的处分。

个人利用职权进行前款违法行为的，依照前款规定追究责任。

第六十三条　对招标投标活动依法负有行政监督职责的国家机关工作人员徇私舞弊、滥用职权或者玩忽职守，构成犯罪的，依法追究刑事责任；不构成犯罪的，依法给予行政处分。

第六十四条 依法必须进行招标的项目违反本法规定，中标无效的，应当依照本法规定的中标条件从其余投标人中重新确定中标人或者依照本法重新进行招标。

第六章 附则

第六十五条 投标人和其他利害关系人认为招标投标活动不符合本法有关规定的，有权向招标人提出异议或者依法向有关行政监督部门投诉。

第六十六条 涉及国家安全、国家秘密、抢险救灾或者属于利用扶贫资金实行以工代赈、需要使用农民工等特殊情况，不适宜进行招标的项目，按照国家有关规定可以不进行招标。

第六十七条 使用国际组织或者外国政府贷款、援助资金的项目进行招标，贷款方、资金提供方对招标投标的具体条件和程序有不同规定的，可以适用其规定，但违背中华人民共和国的社会公共利益的除外。

第六十八条 本法自2000年1月1日起施行。

参 考 文 献

[1] 高群，张素菲. 建设工程招投标与合同管理[M]. 北京：机械工业出版社，2007.
[2] 戴勤友，刘新安，张国富. 招投标与合同管理[M]. 天津：天津科学技术出版社，2013.
[3] 王潇洲. 工程招投标与合同管理[M]. 广州：华南理工大学出版社，2009.
[4] 钱闪光，姚激，杨中. 工程招投标与合同管理[M]. 北京：北京邮电大学出版社，2012.
[5] 杨志中. 建设工程招投标与合同管理[M]. 2版. 北京：机械工业出版社，2013.
[6] 钟汉华，姜泓列，吴军. 建设工程招投标与合同管理[M]. 北京：机械工业出版社，2015.